ESP32 &
Arduino

藤本壱 Fujimoto Hajime

電子工作
プログラミング入門

JN044092

技術評論社

本書をお読みになる際の注意事項

本書をお読みになる前に、以下の点についてご確認ください。

●対象のハードウェアと開発環境

本書は、ESP32 と Arduino を、Arduino 言語でプログラミングすることについて解説しています。IDE（統合開発環境）として、Arduino IDE を使っています。Arduino IDE 以外の開発環境（例：ESP-IDF）については解説していません。

ESP32 を搭載したマイコンは多数ありますが、本書では Espressif Systems 純正の ESP32-DevKitC を使って動作を確認しています。ESP32-DevKitC 以外の ESP32 搭載マイコンでは、そのままではプログラムが動作しないこともあり得ます。

また、Arduino にはバリエーションが多くありますが、本書ではもっともよく使われている Arduino Uno で動作を確認しています。Arduino は製品によって CPU などの仕様がさまざまですので、Arduino Uno 以外で本書のプログラムを動作させるには、プログラムの書き換えが必要になったり、そもそも動作しなかったりすることがあります。

●開発に使うパソコン

Arduino IDE はパソコンにインストールして使います。Windows ／ Mac ／ Linux に対応していますが、本書では Linux での Arduino IDE の動作は検証していません。

●商標

本書に登場する製品名などは、一般に各社の登録商標、または商標です。本文中に ™、®マークなどは特に明記しておりません。

●免責

本書は情報の提供のみを目的としています。本書の運用は、お客様ご自身の責任と判断によって行ってください。本書に掲載されている情報やサンプルプログラム、ダウンロードしたサンプルファイルの実行などによって万一損害等が発生した場合でも、筆者および技術評論社は一切の責任を負いかねます。

まえがき

　「電子工作」という言葉を聞いて、皆さまはどのようなイメージを持たれるで
しょうか？

　「自分で電子回路を考え、細かな電子部品をはんだ付けして、ものを作ってい
く」というようなイメージの方もいらっしゃるかもしれません。実際に、その
ような電子工作は古くから行われていますし、現在でもそのような電子工作を
楽しんでいる方は多いです。

　一方で、ここ数年、「**マイコンと各種モジュールを配線して、プログラムを組ん
で制御する**」という形の電子工作が広がってきています。Raspberry Pi や
Arduino などの安価マイコンと、センサーやディスプレイなどのモジュールを
組み合わせることで、ものを作っていくことができます。本書を手に取られた
方の中には、入門書を片手に、実際にそのような電子工作を行ったことがある
方が多いのではないでしょうか。

　ただ、入門書レベルのことはできた方でも、いざ自分で何かを作ろうとすると、
壁に当たってしまうことが多いと思います。マイコンとモジュールを組み合わ
せる電子工作では、プログラムを組んで動作させていく形になるので、**ものを
作る作業の中で「プログラムを組むこと」が大きな比重を占めます。**

　しかし、これまでの入門書だと、プログラムを組むことについてはあまり詳
しく解説されていません。そのため、自分で何かを作ろうとしたときに、「プロ
グラムが組めない」という状況になってしまいます。

　そこで本書では、電子工作を行う上での「プログラミング」に焦点を当てました。
人気のマイコンである「ESP32」を主な対象にし、またプログラミング環境とし
て「Arduino IDE」を使います。Arduino IDE は、メジャーなマイコンである

Arduinoのためのプログラミング環境ですが、そのほかのマイコンにも対応させることが可能で、ESP32のプログラミングを行うこともできます。

　また、プログラムを作るための言語もいろいろありますが、本書では「Arduino言語」を取り上げます。Arduino言語は、汎用的なプログラミング言語である「C言語」や「C++」をベースに、Arduino独自の関数などを追加したものです。現在のプログラミング言語の中にはC言語の構文をベースにしているものが多くありますので（Java、JavaScript、PHPなど）、それらの言語になじみがある方にとっては、Arduino言語は比較的入りやすいと考えられます。

　本書は主に「電子工作の入門書ぐらいの経験がある方」を想定しています。「ArduinoなどでLチカ（LEDをチカチカさせること）ぐらいは行ったことがある」というレベルの方でも読み進めていくことができます。また、電子工作自体がほぼ初めての方のために、**第1章では電子工作の基本から話を始めています。**

　そして、**第2章～第5章では段階的にプログラミングを進めていき、Arduino言語での実際的なプログラミングができるレベルまで**解説します。Arduino言語の構文などの解説はもちろんのこと、ESP32でよく使われるライブラリの解説まで行います。

　さらに最後の**第6章では具体的な事例**として、GPSの位置情報を記録する「**GPSロガー**」、Bluetoothで制御できる「**ラジコンカー**」、そして気温・湿度・気圧・空気状態をサーバーに送信したりできる「**環境計**」の3つを紹介します。

　本書をお読みの皆さまが、ESP32を使ってご自分でさまざまなものを作ることができるようになれば、筆者として幸いです。

2020年4月

藤本　壱

Arduino言語をマスターして 電子工作の幅を広げよう

今どきの電子工作ではプログラミングが重要

　ここ数年、Raspberry PiやArduinoなどの手軽なマイコンが徐々に普及し、それらを使って電子工作を行いやすくなってきました。センサーなどの市販のさまざまなモジュールをマイコンに接続し、プログラムを作ることで、電子工作することができます。

　「電子工作」という言葉からは、はんだ付けなどの作業をイメージする方が多いかもしれません。しかし、今どきの電子工作でははんだ付けなどの作業はあまり必要ではありません。**センサーなどの制御はプログラムで行いますので、「プログラミングができるかどうか」が重要**になっています。

　ただ、これまでは「電子工作のプログラミング」にフォーカスした本はあまり見かけませんでした。そこで本書では、**ESP32**（WiFi機能を内蔵したマイコン）と**Arduino**を主なターゲットとし、それらのプログラムを組む際に使う「**Arduino言語**」を解説します。

ESP32

5

本書の構成

本書は第1章〜第6章の6つの章に分かれています。

第1章は導入編的な部分で、今どきの電子工作の始め方から、電子工作を始めるのに必要なもの、Arduino IDEのインストール、そして初めてのプログラミングまでを解説します。

第2章では、変数／制御構造／配列など、Arduino言語の基本的な構成要素を順を追って解説していきます。

第3章では、関数を取り上げます。Arduino言語にあらかじめ用意されている関数（組み込み関数）の使い方や、自分で独自の関数（ユーザー定義関数）を作る方法などを解説します。

第4章では、ライブラリの作成について紹介します。多くのプログラムで汎用的に使える処理をライブラリにする手順や、「オブジェクト指向」というプログラミング手法について解説します。

第5章では、既存の各種のライブラリを使うことを取り上げます。ESP32やArduinoに対応したライブラリは非常にたくさんありますが、ESP32／Arduinoの標準ライブラリを中心に、よく使うものを解説します。

そして、最後の**第6章**では、第5章までの知識をもとにした実践編として、GPSロガー／ラジコンカー／環境計の3つを作っていきます。

本書の想定読者層

本書では、「**電子工作の入門書を読んだことがあって、Lチカ（LEDを点滅させること）程度は試したことがある**」というぐらいのレベルの方を想定しています。ただし、**電子工作が初めての方**でも読むことができるように、第1章では基本的な話を入れています。

また、**プログラミング経験はなくても大丈夫です。**プログラム作りの基本から解説していきます。なお、ほかのプログラミング言語の経験があれば、より読み進めやすいでしょう。

サンプルファイルについて

　本書の中ではプログラムのソースコードが数多く出てきます。それらをすべて手で入力するのは手間がかかりますし、また入力ミスでプログラムが正しく動作しないことも起こり得ます。

　そこで、プログラムは**ダウンロード**できるようにしてあります。アドレスは次の通りです。

　　https://www.h-fj.com/ardprg/sample.zip

　ダウンロードしたZIPファイルを解凍すると、「ardprg」というフォルダができ、その中に「part1」〜「part6」のフォルダと、「stl」というフォルダができます。

　「part1」〜「part6」が、第1章〜第6章のそれぞれの章に対応したフォルダです。本文中で、「サンプルファイルは『part1』→『led_blink』フォルダにあります」のような記載がありますが、その「part1」などのフォルダが、ZIPファイル内のフォルダに対応しています。

　また、「stl」フォルダには、第6章のラジコンカーの事例で使う3Dプリンタのデータが入っています。ラジコンカーの製作の際には、プラスチックの板をカットする作業が出てきます。3Dプリンタをお持ちの方は、このデータをもとにパーツを出力することで、板のカットなどの作業をスキップすることができます。

目次

第**2**章 | Arduino言語の基本的な構文をマスターする 53

第3章 | 関数の使い方

121

第4章 ライブラリやクラスの利用と作成 **177**

第5章 各種のライブラリを使う

219

第**6**章 | プログラム制作事例

311

第1章

Arduinoプログラミングの第一歩

本書では、ESP32とArduinoを使ったプログラミングについて解説していきます。第1章ではその初めとして、今どきの電子工作の始め方から、電子工作を始めるのに必要なもの、電子工作とプログラミングの関係、初めてのプログラム作り、そしてArduinoの開発環境（Arduino IDE）上でESP32のプログラムを作る手順など、もっとも基本となる部分を解説します。

今どきの電子工作の始め方

「電子工作」という言葉を聞くと、ハードルが高そうに思う方が多いかもしれません。ただ、昔と比べると、ハードルはだいぶ下がっています。本書の第一歩として、今どきの電子工作の始め方を紹介します。

電子工作が手軽になった

電子工作というと、**さまざまな電子部品を組み合わせて、はんだ付けしながら、自分で回路を作っていくようなイメージ**を持っている方が多いのではないでしょうか。確かに、そのような電子工作ももちろん可能で、そのような工作をしている方もいます。

ただ、そのような電子工作だけではなく、**マイコンと各種のモジュールを配線して、プログラムで制御する**という形の電子工作が広がってきています。はんだ付けではなく、比較的シンプルな配線だけで、さまざまな工作が楽しめるようになってきました。

人気が高いマイコン「Arduino」

電子工作で使われるマイコンにはいろいろなものがありますが、中でも人気が高いものとして、本書で取り上げる「**Arduino**」があります。

Arduinoは、元々はイタリアで学生向けのマイコンのプロジェクトとしてスタートしたものです。値段が安くて使い勝手がよいことから、世界中で幅広く使われるようになりました。

Arduino Uno

Arduinoにはバリエーションが多数あります。その中でもっともポピュラーな製品は「**Arduino Uno**」です。名刺ぐらいの大きさのボードに、CPUやUSBポートなどが取り付けられています。センサーなどを接続しやすいように、ケーブルを接続するためのソケットが用意されています（図1.1）。

図1.1　Arduino Uno

Arduino Nano

　Arduino Unoと性能的には同等で、コンパクトな製品として、「**Arduino Nano**」もあります（図1.2）。**ブレッドボード**（後述）に直接刺すことができ、小さなものを作るのであれば、ブレッドボード上で工作を完結させることができます。

　さらに、Arduino Nanoの後継となる「Arduino Nano Every」や、本書執筆時点ではまだ日本では発売されていませんが、WiFi機能を内蔵した「Arduino Nano 33 IoT」なども登場しています。

図1.2　Arduino Nano

Arduino Leonardo／Arduino Micro

　Arduino Leonardoと**Arduino Micro**は、それぞれArduino Uno／Arduino Nanoの廉価版の位置づけの製品です。Arduino Uno／NanoとはCPUが異なり、またHID（Human Interface Device）機能を持っている点が特徴です。HID機能を

活用して、自作キーボード作りに使われることがよくあります。

Arduino Mega 2560

　より複雑な工作を行うことができる製品として、「**Arduino Mega 2560**」があります。Arduino Uno よりもメモリの量やピンの数が多く、多くの部品を接続して、複雑なものを作ることができます。

Arduinoの購入方法

　Arduino Uno などのマイコンは、電子工作関係の店（秋葉原の秋月電子通商など）で販売されています。また Amazon では、Arduino とブレッドボードなどをひとまとめにした入門キットがいろいろと販売されています。

本書での注意点

　本書では、Arduino向けのプログラムは、基本的には Arduino Uno で動作させることを想定しています。Arduino Uno 以外の Arduino だと、そのままでは動作しない場合がありますのでご注意ください。

WiFi内蔵で便利な「ESP32」

　ESP32は中国・上海の Espressif Systems が製造しているチップです。**WiFiとBluetoothを内蔵**していて、ネットワーク接続しやすいというメリットがあります。また、Arduino の統合開発環境である「Arduino IDE」で開発することができ、Arduino用のライブラリにも ESP32 に対応したものが多いので、「WiFiに対応した Arduino」のようなポジションを獲得して人気になっています。

　ESP32を搭載したマイコンは、Espressif Systems 本家が出している「**ESP32-DevKitC**」（図1.3）をはじめとして、さまざまな製品があります。ESP32-DevKitC は、秋葉原の秋月電子通商で販売されています（1,480円）。また、Amazonなどで各種の製品を入手することができます。

　さらに、本書執筆時点では、ESP32をベースにした「**M5Stack**」という製品も人気です。M5Stackは、ESP32を中心に、液晶ディスプレイやボタンなどを組み込んだ小型のマイコンです（図1.4）。M5Stack も Amazon などで購入することができます。

　なお本書では、ESP32向けのプログラムは、基本的にはESP32-DevKitCで動作させることを想定しています。それ以外の互換品などでは、そのままでは動作しない場合がありますのでご注意ください。

図1.3　ESP32-DevKitC

図1.4　M5Stack

Arduino や ESP32 での電子工作を始めるのに必要なもの

　電子工作というと、はんだごてなどの工具がいろいろと必要なイメージがあるのではないでしょうか。しかし、必須なものはそれほど多くはありません。ここでは、今どきの電子工作に必要なものをまとめます。

ブレッドボードとジャンプワイヤ

　電子工作を行う上で、「**配線**」だけは避けて通ることができません。ただ、「**ブレッドボード**」と「**ジャンプワイヤ**」を使うことで、配線を手軽に、しかもはんだ付けせずに行うことができます。

　ブレッドボードは、内部で配線がされている小さな板です。また、ジャンプワイヤは、両端がピンになっている電線です（図1.5）。マイコンと各種モジュールの間を、ブレッドボードとジャンプワイヤを経由して配線することができます。また、マイコンの種類によっては、ブレッドボードに直接刺すことができるものもあります（図1.6）。

　ジャンプワイヤは抜き差し自由なので、はんだ付けとは違って、**配線を間違えたとしても簡単にやりなおすことができます**。

なお、ESP32-DevKitCはブレッドボードに直接刺すことができますが、ESP32の幅が広いために、一般的なブレッドボードだと列数が不足して扱いにくいです。ESP32をブレッドボードで使う場合は、サンハヤトの「SAD-101」という製品か、秋葉原の秋月電子通商で売られている「EIC-3901」という製品を使うとよいでしょう。

図1.5　ブレッドボード (左) とジャンプワイヤ (右)

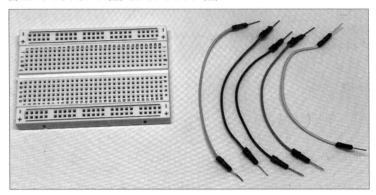

図1.6　ブレッドボードとジャンプワイヤで工作した例

▌パソコンとArduino IDE

　ArduinoやESP32にプログラムを書き込むには、それらとパソコンとをUSBケーブルで接続して、プログラムを転送します。パソコンはWindows／Macのどちらでもかまいません。

　また、プログラムを開発したり、出来上がったプログラムを書き込んだりするには、統合開発環境の「**Arduino IDE**」を使います（図1.7）。Arduino IDEはArduino本家のサイト（https://www.arduino.cc/）から無料でダウンロードすることができます。Arduino IDEのインストール方法は30ページで解説します。

図1.7　Arduino IDE

```
led_blink | Arduino 1.8.9                                    —    □    ×
ファイル 編集 スケッチ ツール ヘルプ

led_blink

void setup() {
  pinMode(3, OUTPUT);      // 3番ピンを出力用にする
}

void loop() {
  digitalWrite(3, HIGH);   // 3番ピンをオンにする
  delay(1000);             // 1秒間待つ
  digitalWrite(3, LOW);    // 3番ピンをオフにする
  delay(1000);             // 1秒間待つ
}



COM8のESP32 Dev Module, Disabled, Default 4MB with spiffs (1.2MB APP/1.5MB SPIFFS), 240MHz (WiFi/BT), QIO, 80MHz, 4MB (32Mb), 921600, None
```

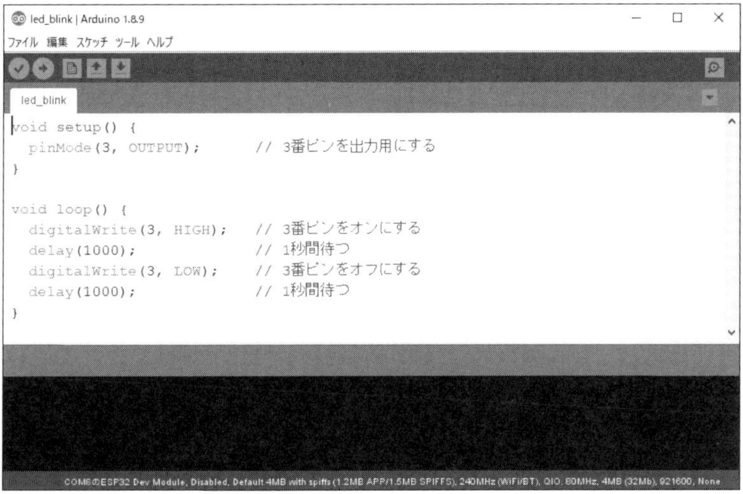

基本的な電子部品も必要

　電子工作する上で、基本的な電子部品が必要になる場面は多いです（図1.8）。

▌抵抗

　まず、「**抵抗**」は使うことが多いです。抵抗は**電圧や電流を調節する**ために使うものです。抵抗値の小さいものから大きいものまで、さまざまな抵抗があります。

▌LED

　「**LED**」もよく使います。LEDは「Light Emitting Diode」の略で、日本では「**発光ダイオード**」と呼びます。電流を流すと光る部品で、機器の動作状況を知らせたりする際によく使います。

▌スイッチ

動作のオン／オフを手で切り替えられるようにしたい場合、スイッチを使います。スイッチには種類がいくつかありますが、「**タクトスイッチ**」や「**スライドスイッチ**」がよく使われます。

タクトスイッチは押しボタン式のスイッチで、押している間だけ電流が流れます。また、スライドスイッチは、左右に動かすことでオンとオフを切り替えるものです。

図1.8　基本的な電子部品。左から順に抵抗／LED／タクトスイッチ

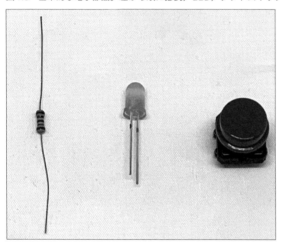

▌入門キットを買うのが便利

ここまで述べてきた電子部品や、ブレッドボード／ジャンプワイヤなどをひとまとめにしたものが、「**Arduino入門キット**」のような形で販売されています。Amazonで「Arduino入門キット」で検索すると、3,000〜5,000円程度でさまざまな入門キットが見つかります。

持っておく方がよいもの

ここまで述べたもののほかに、持っておく方がよいものがいくつかあります。

■ はんだごて

今どきの電子工作では、**はんだ付けなしでものを作れる**ことが増えていますが、**はんだ付けが必要になることもあります**。

たとえば、各種のモジュールの中には、基盤にピンが付いていないものがあります。そのようなボードを使う場合は、基盤にピンをはんだ付けする作業が必要になります。

Amazonを見ると、はんだごてやこて台などの一式をセットにしたものが2,000円程度で販売されています。

■ ピンヘッダ・ピンソケット

ピンが付いていないボードを使う場合、ピンも必要になります。差し込む方と差し込まれる方があり、それぞれを「**ピンヘッダ**」「**ピンソケット**」と呼びます (図1.9)。主にピンヘッダを使います。

ピンヘッダは、多数のピンが横に並んでいて、必要なピン数分だけ切り取って使えるようになっているものが販売されています。一方のピンソケットは切り取れるようにはなっていないことが多く、2ピン用や3ピン用など、必要なピン数に応じたものを入手します。

図1.9 ピンヘッダ (左) とピンソケット (右)

■ ワイヤーストリッパ

場合によっては、ジャンプワイヤの被膜をむいて、中の電線を出すことがあります。被膜にカッターナイフで少し傷をつければむくことができますが、「**ワイヤーストリッパ**」を使うとより簡単です (図1.10)。

ワイヤーストリッパはペンチのような形をしていて、電線の被膜部分だけを切ることができるものです。電線をワイヤーストリッパで挟み、そのまま電線の端の方に動かすと、被膜をむくことができます。

図1.10　ワイヤーストリッパ

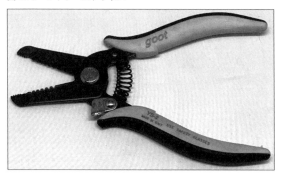

┃ヒートガンと熱収縮チューブ

　作るものによっては、被膜をむいた電線どうしをより合わせてつなぐことがあります。ただ、そのままだとほかの電線と接触してショート[1]してしまう恐れがあります。より合わせた部分をビニールテープで巻いて、電線がむき出しにならないようにすることもできますが、電線は細いのでビニールテープは巻きにくいです。

　このような場合、より合わせた部分を「**熱収縮チューブ**」で覆う方法があります。熱収縮チューブは、温度を上げると縮むチューブです。

　また、熱収縮チューブを熱する際に、「**ヒートガン**」を使います。ヒートガンはドライヤーと似たようなものですが、より高温の熱風を出すことができます。

1　本来電気が流れてはならないところに、電気が流れてしまうことを指します。

プログラミングで電子工作の世界が広がる

今どきの電子工作では、プログラミングが重要になっており、プログラミング次第でできることが大きく広がります。この節では、電子工作とプログラミングの関係についてまとめます。

プログラミングが占める割合が大きい

電子工作の「工作」という言葉からは、プラモデルを作るときのように、**手を動かして実際のものを組み立てるイメージ**を受けるのではないでしょうか。確かに、電子工作の中では、手を動かしてものを組み立てる場面ももちろんあります。

ただ、Arduinoなどのマイコンを使った今どきの電子工作では、作品を完成させるまでの過程で、「手を動かしてものを組み立てる」という作業は、それほど大きな割合を占めないことが多いです。それよりは、**プログラムを組む作業の方が大きな割合を占める**傾向があります。

電子工作では、センサーやモーターなどのさまざまなモジュールを組み合わせます。それらのモジュールは、**プログラムの組み方次第で、さまざまな動作をさせることができる**ようになっています。

そのため、作るものに合わせてプログラムを適切に組むことが必要になり、プログラミングが占める割合が高くなります。

ESP32 & Arduinoユーザーにプログラミングをすすめる理由

本書をお読みになっている方の中には、「Arduinoの入門書で電子工作を試してみた」という方が多いのではないでしょうか。入門書にはいろいろな事例が出ていて、本の通りに組み立ててプログラムを入力すれば、動作するものを作ることができます。

ただ、そこから自分なりの何かを作ろうとしたものの、壁に当たってしまった方も、また多いのではないかと思います。その1つの大きな原因は、「**プログラムの組み方がわからない**」ということです。

　入門書は、どちらかといえば「工作」の面を前面に出していて、プログラムについては「本の通り入力してください」という体裁になっていることが多いです。しかし、それではプログラムの仕組みがわからないので、自分でプログラムを組もうと思っても無理があります。

　ESP32やArduinoで自分なりの工作をいろいろやりたい人は、プログラムを組めるようになることが必須だといえます。

Arduino言語で開発

　パソコン向けにプログラムを作る場合、多彩なプログラミング言語の中から、目的に合ったプログラミング言語を選ぶことができます。たとえば、本書執筆時点ではAIが流行していますが、AI関係のプログラムの開発では、「Python[2]」という言語がよく使われています。また、iOSアプリを開発する場合だと、「Swift[3]」という言語を使うことが一般的です。

　一方、マイコンでプログラムを作る場合、選択肢はあまり多くない傾向があります。本書ではArduinoを取り上げますが、Arduinoでは通常は「**Arduino言語**」と呼ばれるプログラミング言語でプログラムを作ります。

　また、Arduinoには「Arduino IDE」という統合開発環境があり（図1.11）、その上で開発の作業を完結させることができます。Arduino IDEでESP32のプログラムを開発する際にも、Arduino言語を使うことができます。

2　汎用的なプログラミング言語で、さまざまな分野で利用されています。日本では以前はそれほど人気がなかったのですが、AIブームに乗ってよく使われるようになってきました。

3　Appleが開発したプログラミング言語です。主にiOSアプリを開発するためのプログラミング言語ですが、一般的なプログラム開発に利用することもできます。

図1.11　Arduino IDE

C言語／C++がベース

　では、Arduino言語はどのようなプログラミング言語なのでしょうか。大まか
にいえば、「**C言語やC++をベースに、Arduinoのプログラムを作りやすくした言語**」
だといえます（リスト1.1）。

リスト1.1　Arduino言語のプログラムの例

```
void setup() {
  pinMode(3, OUTPUT);      // 3番ピンを出力用にする
}

void loop() {
  digitalWrite(3, HIGH);   // 3番ピンをオンにする
  delay(1000);             // 1秒間待つ
  digitalWrite(3, LOW);    // 3番ピンをオフにする
  delay(1000);             // 1秒間待つ
}
```

　C言語は1972年に登場したプログラミング言語で、幅広い分野で使われています。
また、C++は1985年に登場した言語で、C言語に「オブジェクト指向[4]」という考
え方を追加したものです。

4　オブジェクト指向については、第4章で解説します。

Web系の開発ではPHP[5]やJavaScript[6]を使うことがよくありますが、PHP／JavaScriptのどちらも、C言語の構文をベースにしたものになっています。また、システム開発ではJavaを使うことが多いですが、JavaもC言語の構文がベースになっています。したがって、これらの言語の経験がある方なら、Arduino言語にも入りやすいと思います。

ただ、**C言語／C++は、データの型（整数や文字列[7]など）を厳密に扱う**言語です。PHPやJavaScriptではデータの型を意識することはそれほどありませんので、この点には慣れが必要かもしれません。

C言語／C++と異なる点

Arduino言語はC言語／C++をベースにしていますが、一部異なる点もあります。

▌プログラム開始時点の動作の違い

C言語やC++では、プログラムの実行が始まると、まず「main関数[8]」という部分が実行されるようになっています。しかし、Arduino言語のプログラミングではmain関数は登場せず、「**setup**」と「**loop**」の2つの関数を中心にしてプログラムを作っていきます。

なお、setup関数とloop関数については35ページで解説します。

▌Arduino向けの機能が使える

ArduinoやESP32のプログラミングでは、「**GPIO**」（汎用的な入出力ピン）を操作するなど、一般的なC言語／C++にはないような処理がいろいろと出てきます。そこで、それらの処理を行いやすくするために、多数の機能（関数など）が用意されています。

本書では、第2章以降の各章で、それらの各機能について紙面を多く割いて解説していきます。

---

5 Webアプリケーション開発用の言語で、Webの世界では広く使われています。HTMLの中にプログラムを直接書くことができる特徴があります。

6 Webページに動きをつけたりする際に使われるプログラミング言語で、Webブラウザ上で動作します。

7 プログラミングの世界では、文字の並びのことを一般に「文字列」と呼びます。たとえば、「abc」は文字列です。

8 関数についてはあとの節で順次解説します。

▌使えない関数がある

　C言語／C++には、「**標準ライブラリ**」というものがあります。標準ライブラリは、規格で定められた関数を集めたもので、C言語／C++のプログラムを作る際には、それらの関数を使うことができます。

　一方のArduino言語では、C言語／C++の標準ライブラリのすべてはサポートしておらず、使えない関数もあります。

Arduinoの開発環境（Arduino IDE）の インストールと使い方

Arduinoでは、プログラムの作成や書き込みなどを、「Arduino IDE」という統合開発環境で行います。この節では、Arduino IDEのインストールと使い方を解説します。

Arduino IDEの概要

　プログラム開発の際には、**IDE（Integrated Development Environment、統合開発環境）** を使うことがあります。IDEは、プログラムの入力や実行など、開発に必要な機能がまとめられていて、**それだけで開発を完結することができるソフトウェア**です。

　Arduinoでは「**Arduino IDE**」というIDEを使ってプログラムを作ります（図1.12）。「Arduino」という名前が入っていることからわかるように、主にArduinoで開発するためのソフトです。

　ただ、Arduino専用というわけではなく、「**ボードマネージャ**」という機能でArduino以外のマイコンでの開発にも使えるようになっています。

図1.12　Arduino IDE

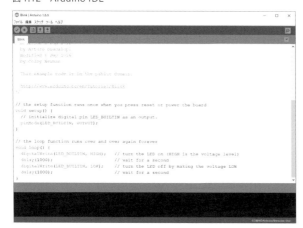

Arduino IDE のダウンロード

Arduino IDE は、**Arduinoの公式サイト（https://www.arduino.cc/）**でダウンロードすることができます。本書執筆時点では、バージョン1.8.10が最新でした。Windows／Mac／Linuxそれぞれに対応したIDEがあります。

このページにアクセスし、上端のメニューで「SOFTWARE」→「DOWNLOADS」をクリックすると、ダウンロードのページ（https://www.arduino.cc/en/Main/Software）にアクセスすることができます（図1.13）。このページの「Download the Arduino IDE」の箇所に、OSごとのダウンロードのリンクがあります。

Windowsユーザーの方は、「Windows installer, for Windows XP and Up」のリンクをクリックして、インストーラのファイルをダウンロードします。Mac用は1種類しかありませんので、それをダウンロードします。

図1.13　Arduino IDEのダウンロードのページ

ダウンロードのリンクをクリックすると、寄付を募るページが表示されます。「JUST DOWNLOAD」のボタンをクリックすると、ダウンロードのみ行うことができます。

Arduino IDEのインストール

Arduino IDEは次の手順でインストールします。

Windowsの場合

エクスプローラで、ダウンロードしたインストーラのファイルをダブルクリックすれば、インストールを行うことができます。画面の指示通りに進めていけばOKです。

Macの場合

Macでは、特にインストールの作業はありません。ダウンロードしたファイルをダブルクリックすれば、Arduino IDEを起動することができます。

Arduino IDEの基本的な使い方

Arduino IDEには、プログラムの作成やArduinoなどへの書き込み、またライブラリの管理など、開発に必要な機能が揃っています。基本的な使い方は次の通りです。

プログラムの作成

Arduino IDEを起動すると、プログラムを入力するための**エディタ**が表示されます。ここでプログラムを作っていきます。なお、Arduino IDEでは、プログラムのことを「**スケッチ**」と呼んでいます。

スケッチは、一般的なソフトと同様に、ファイルに保存して管理します。「ファイル」→「保存」メニューで保存することができます。また、「ファイル」→「開く」メニューで保存済みのスケッチを開くことができます。

プログラム書き込み前の準備

プログラムを作ったら、USBケーブルでArduinoやESP32をパソコンに接続し、プログラムを書き込みます。その前に、準備の作業を行います。

ArduinoやESP32は、**シリアルポート**[9]に接続されます。そこで、「ツール」→「シリアルポート」のメニューで、Arduinoなどの接続先（シリアルポート）を選びます。

Windowsパソコンでは、シリアルポートは「COM1」や「COM2」のように番号で表されます。また、Macでは「/dev/tty/XXX」のような名前で表示されます。

シリアルポートの一覧には、パソコンに標準装備されているシリアルポート（「COM1」など）も選択肢に出てきますが、それではないシリアルポートを選択します（図1.14）。

図1.14　Arduinoを接続したシリアルポートを選ぶ

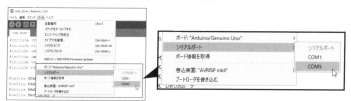

次に、「ツール」→「ボード」のメニューから、**書き込み先のマイコンの種類**を選びます。Arduinoにはバリエーションが多くありますので、接続したArduinoの種類に合わせて、正しいものを選ぶようにします（図1.15）。たとえば、Arduino Unoを使う場合だと、「ツール」→「ボード」→「Arduino/Genuino Uno」メニューを選びます。

図1.15　書き込み先のマイコンの種類を選ぶ

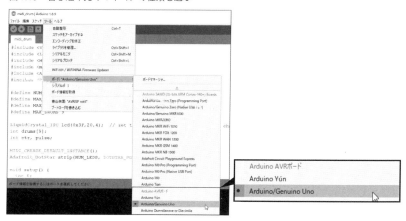

9　「シリアル」は、1ビットずつ信号を送受信する仕組みのことを指します。ArduinoやESP32ではUSBケーブルで接続しますが、接続するとパソコンに仮想的なシリアルポートができるようになっています。

なお、Arduino IDEをインストールしただけの状態だと、「ツール」→「ボード」の
メニューにはESP32は出てきません。ESP32を使う場合は、「ボードマネージャ」で
ESP32の情報を追加する必要があります。ボードマネージャについては46ページ
で解説します。

▌プログラムの書き込み

　プログラムを作り終わったら、**ArduinoやESP32にプログラムを書き込みます。**
それには、Arduino IDEの左上の方にある「→」のボタンをクリックするか、「スケッ
チ」→「マイコンボードに書き込む」のメニューを選びます。

　すると、まず「**コンパイル**」という作業が行われます。コンパイル（Compile）とは、
Arduino言語で書かれたプログラムを、ArduinoやESP32のCPUが直接実行でき
る形に変換することです。複雑なプログラムになるほど、コンパイルには時間が
かかります。

　コンパイルが終わると、Arduinoなどにプログラムが送信され、書き込みが行
われます。書き込み中は、Arduinoなどの送受信のLEDが点滅します。そして、
書き込みが終わると、Arduino IDEのソースコードのすぐ下の部分に、書き込み
が終わったというメッセージが表示されます。

　ただし、プログラムに**構文上の誤り**があると、コンパイルができないので**エラー**
になります。その場合は、ソースコードのすぐ下の部分がオレンジ色に変わり、
その下の欄にエラーメッセージが表示されます。メッセージに沿ってプログラム
を修正してから、再度書き込みを行います。

　なお、プログラムを書き込まずに、コンパイルだけ行って、プログラムの構文
に誤りがないかどうかを確かめることもできます。それには、Arduino IDEの左
上のチェックマークのボタンをクリックするか、「スケッチ」→「検証・コンパイル」
メニューを選びます。

Arduinoの最小限のプログラムの構成

Arduinoのプログラムでは、「setup」と「loop」の2つが最小単位になります。もっとも単純なプログラム例である「Lチカ」をベースに、「setup」と「loop」について解説します。

「関数」について

Arduino言語はC言語／C++をベースにしていますが、C言語／C++は「**関数**」(かんすう) の組み合わせで構成されます。したがって、Arduinoのプログラムも、関数の組み合わせとして作ります。

まず、「関数」という用語について簡単に述べておきましょう (詳しくは122ページで再度解説します)。

1つのプログラムは、細かな処理のブロックに分けることができます。たとえば、ロボットを動かすプログラムだと、次のようなブロックに分けることが考えられます。

❶ ロボットの初期化
❷ 足を動かす
❸ 手を動かす
❹ 首を動かす

このような、**プログラム内の1つひとつのブロックのことを、C言語など (Arduino言語も含む) では「関数」と呼んでいます。**

大きなプログラムを一度に作るのは大変ですが、細かな関数に分けて作っていけば、それぞれの関数の処理を単純化することができ、プログラムが作りやすくなります。

関数には名前を付けて、個々の関数を区別します。 名前は英数字で付けますが、処理の内容がよくわかるような名前を付けるようにします。

setup関数とloop関数

Arduino言語でのプログラムも、関数の組み合わせとして作っていきます。大きな処理を関数に分ける際の分け方は基本的には自由ですが、1つだけ決まりがあります。それは「『setup』と『loop』の2つの関数は必ず作る」ということです。

setup関数は、初期化の処理をする関数です。Arduinoでは、センサーなどのパーツを接続してものを作っていきますが、それらのパーツの初期設定を、setup関数の中で行います。

一方の**loop関数は、初期化が終わったあとのメインの処理に当たる関数**です。「loop」という名前の通り、loop関数は無限に繰り返して実行されます。

loop関数の内容は、作るものによってさまざまです。ただ、基本的には、センサー等の状況に応じて、モーターなどのものを動作させたり、液晶ディスプレイに状況を表示したりと、動作の中心になる処理を記述します（図1.16）。

setup関数とloop関数は必須なので、Arduino IDEで「ファイル」→「新規ファイル」メニューを選んで新規ファイルを作成すると、自動的にsetup関数とloop関数の外枠が作られるようになっています（リスト1.2）。

図1.16　setup関数とloop関数

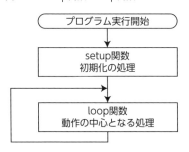

リスト1.2　Arduino IDEでファイルを新規作成すると、setup関数とloop関数が自動的に作られる

```
void setup() {
  // put your setup code here, to run once:

}

void loop() {
  // put your main code here, to run repeatedly:

}
```

「Lチカ」でのsetup関数とloop関数

電子工作の入門書では、最初の題材として「**Lチカ**」を取り上げることが一般的です。Lチカは、「**LEDをチカチカと点滅させる**」ことの略です。電子工作の例として、またプログラムの例としても、単純でわかりやすいものです。このLチカを通して、setup関数とloop関数を作ってみます。

Arduinoと LED を接続する

Lチカも電子工作の一種なので、プログラムを作る前に、まず工作を行います。ArduinoとLED／抵抗を図1.17のように接続します。ArduinoとLED／抵抗の間は、ジャンプワイヤで配線します。

LEDは、Arduino入門キットなどに入っているものを使います。また、抵抗は100〜220Ωのものを使います。これもArduino入門キットなどに入っています。

LEDを接続する際には、「**アノード**」（Anode）と「**カソード**」（Cathode）に注意します。LEDからは2本の足が出ていますが、**足の長い方がアノード、短い方がカソード**です。LEDではアノードからカソードの一方向にしか電流が流れず、アノードとカソードを逆に接続するとLEDが点灯しません。

図1.17でいうと、Arduinoの3番ピンに接続されている方がアノードで、抵抗に接続されている方がカソードです。

図1.17　ArduinoとLEDの配線

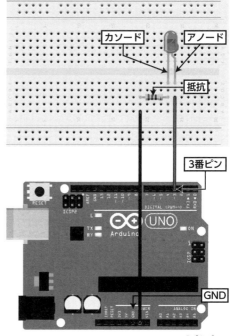

fritzing

setup関数を作る

次に、プログラムを作っていきましょう。まず、**setup関数**を作ります。

ArduinoやESP32には、「**GPIO**」と呼ばれるピンが複数あります。**GPIO**は「**General Purpose Input / Output**」の略で、日本語に訳すと「**汎用的な入出力**」という意味になります。その名前の通り、GPIOのピンはさまざまな用途で使うことができ、また出力用／入力用のどちらとしても使うことができます。

今回のLチカの例では、GPIOの3番のピンを使い、出力用にします。そして、電流を一定時間ごとにオン／オフすることで、LEDを点滅させます。GPIOは入出力どちらにも使うことができますが、初期化（＝setup関数）の際に、どちらに使うかを指定します。

そこで、setup関数をリスト1.3のようにします。プログラムのそれぞれの行の最後には、「;」（セミコロン）を付けて行の終わりであることを示します。

なお、リスト内の「//」からあとの部分は、「**コメント**」という書き方です。コメントはプログラムの実行には影響を与えません。あとでプログラムを見返すときなどのために、プログラムの処理内容などを書いておくのに使います。

リスト1.3　setup関数

```
void setup() {
  pinMode(3, OUTPUT);      // 3番ピンを出力用にする
}
```

Arduino言語には、Arduinoの動作を指定するための組み込み関数があらかじめ多数用意されていてます。GPIOの入出力の指定もその中の1つで、「**pinMode**」という関数で行います。

リスト1.3では、「pinMode(3, OUTPUT)」と記述しています。「3」は3番ピンを表し、「OUTPUT」は出力用にすることを意味します。したがって、このpinMode関数で、「**3番ピンを出力用にする**」という動作になります。

loop関数を作る

次に**loop関数**を作ります。

Lチカでは、次の処理を繰り返し実行することで、LEDを点滅させます。この処理をloop関数に書いていきます。

❶ LEDを点灯する

❷ ある時間（1秒など）待つ

❸ LEDを消灯する

❹ ある時間待つ

　実際にloop関数を作ると、**リスト1.4**のようになります。関数の中身は4行になっていますが、それぞれの行が前述の❶～❹の処理に対応しています。

リスト1.4　loop関数

```
void loop() {
  digitalWrite(3, HIGH);    // 3番ピンをオンにする  2行目
  delay(1000);              // 1秒間待つ  3行目
  digitalWrite(3, LOW);     // 3番ピンをオフにする  4行目
  delay(1000);              // 1秒間待つ  5行目
}
```

　LEDは3番ピンに接続しましたので、点灯させるには3番ピンをオンに（＝電流を流す）すればOKです。逆に、消灯するには3番ピンをオフに（＝電流を流さない）すればOKです。

　この「ピンをオン（またはオフ）にする」という処理は、「**digitalWrite**」というArduino組み込み関数[10]を使います。**ピン番号を数字で表し、オン／オフは「HIGH」と「LOW」で表します。**リスト1.4では、2行目で3番ピンをオンにし、4行目で3番ピンをオフにしています。

　また、「ある時間待つ」という処理は、「**delay**」というArduino組み込み関数で行います。待つ時間は、ミリ秒（＝1／1000秒）単位で指定します。

　リスト1.4では、3行目と5行目で「delay(1000)」という処理を行っていますので、点灯／消灯それぞれのあとに、1000ミリ秒（＝1秒）待つことになります。

　ここまでのloop関数によって、LEDが1秒ごとに点灯／消灯を繰り返すようになります。プログラムを入力し終わったら、Arduinoにプログラムを書き込んでみて、1秒ごとにLEDが点滅することを確認してみてください。

　また、delayの中の「1000」を書き換えれば、点滅する間隔を変えることができます。たとえば、3行目と5行目のdelayを「delay(100)」とすると、100ミリ秒（＝0.1秒）ごとにLEDを点滅させることができます。

10　関数の使い方には、自分で関数を作って使う方法と、あらかじめ用意されている関数を使う方法があります。この「あらかじめ用意されている関数」を、組み込み関数と呼びます。

▌サンプルファイル

　ここで紹介したプログラムのサンプルファイルは、「part1」→「led_blink」フォルダにある「led_blink.ino」ファイルです。このファイルをArduino IDEで開けば、setup関数とloop関数が入力された状態になります。

シリアルモニタにメッセージを表示する

プログラムの実行状況などを、パソコン側で確認したいことがよくあります。その際には「シリアルモニタ」を使うと便利です。この節では、シリアルモニタの基本的な使い方を解説します。

Arduino IDEでのデバッグの基本

プログラムを作ってみると、**コンパイルではエラーにならない（＝構文上の誤りはない）**ものの、**動作が思うようにならないことがよくあります。**このような動作上の不具合を、一般には「**バグ**」(Bug) と呼びます。そして、バグを見つけて修正することを、「**デバッグ**」(Debug) と呼びます。

デバッグのもっとも基本的な手法として、「プログラムのところどころに、その時点での動作状況を表示する処理を入れる」というものがあります。C言語では、文字を表示するのに「printf」という関数を使うので、このような手法を俗に「**printfデバッグ**」と呼びます。

ただ、ArduinoやESP32には標準ではディスプレイがありません。そこで、ディスプレイの代わりに、Arduino IDEの「**シリアルモニタ**」に文字を出力する、という手法を取ります。

Arduinoとパソコンとを USB ケーブルで接続すると、双方向に通信することができるようになっています。この仕組みを利用して、Arduinoからパソコンに文字を送信して、それをシリアルモニタに表示することで、printfデバッグと同様の作業を行うことができます。

シリアルモニタの使い方

シリアルモニタを使ってprintfデバッグを行うには、次のような手順を取ります。

シリアル通信の初期化

まず、プログラムの中に、シリアルモニタへ文字を送信する処理を入れます。Arduinoでシリアル通信を行うには、「**Serial**」というクラス（クラスの詳細は第4章で解説します）を使います。

Serialクラスを使うには、まず初期化を行います。それには、setup関数に「**Serial.begin**」という関数を追加します。

Serial.begin関数は「Serial.begin(速度)」のような書き方をします。「速度」には通信の際の速度（1秒あたりに送受信するビット数）を指定します。一般には、次の値のいずれかを指定します。

```
300, 1200, 2400, 4800, 9600, 14400, 19200, 28800, 38400, 57600, 115200
```

シリアルモニタに文字を送信する場合だと、115200で特に問題ありません。この場合、setup関数に次の行を追加します。

```
Serial.begin(115200);
```

なお、1秒間あたりの送受信ビット数は、「**bps**」（bit per secondの略）という単位で表します。上のSerial.begin関数の場合だと、「通信速度を115200bpsに設定する」というような言い方をします。

シリアルモニタに文字を送信する

Serial.begin関数で初期化を行ったあとは、「Serial.print」または「Serial.println」という関数を使って、シリアルモニタに文字を送信します。

Serial.print関数は、文字を送信したあとに、改行せずにさらに続けて文字を送信する場合に使います。たとえば、リスト1.5のような処理を実行すると、シリアルモニタには「abcde12345」と表示されます。

リスト1.5 Serial.print関数の例
```
Serial.print("abcde");
Serial.print("12345");
```

一方、**Serial.println**関数は、文字を送信したあとに改行を入れたい場合に使います。たとえば、リスト1.5の例で「Serial.print」を「Serial.println」に変えると、

シリアルモニタにはまず「abcde」が出力され、そのあとに改行が入って、さらに「12345」と出力されます。

シリアルモニタの表示

プログラムをArduinoに書き込んだら、USBケーブルを接続したままの状態で、Arduino IDEで「ツール」→「シリアルモニタ」メニューを選びます。

すると、**シリアルモニタ**のウィンドウが開きます。ウィンドウの右下に速度を選択する欄がありますので、プログラムのSerial.begin関数で指定したのと同じ速度を選びます（図1.18）。これで、プログラムから送信された文字列が、シリアルモニタに表示されていきます。

なお、シリアルモニタは自動的にスクロールするようになっています。スクロールを手動で行いたい場合は、シリアルモニタ左下の「自動スクロール」のチェックをオフにします。

図1.18 シリアルモニタの右下の欄で速度を選択する

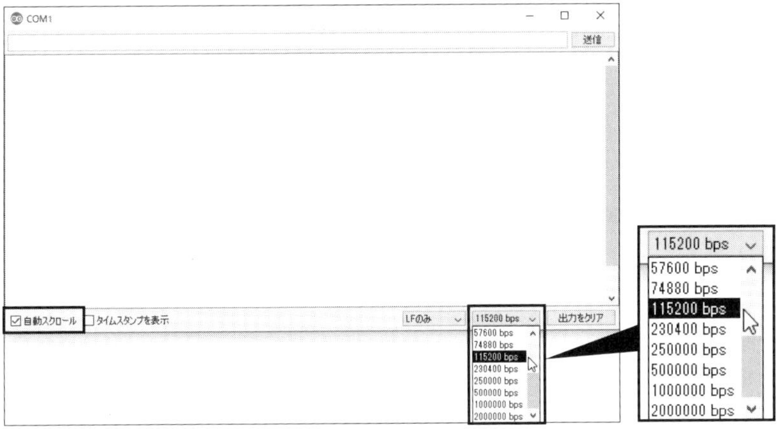

Lチカの状況をシリアルモニタに表示する

前の節でLチカのプログラムを作ってみました。このプログラムを書き換えて、LEDのオン／オフの状況をシリアルモニタに表示できるようにしてみます。

なお、ここで取り上げるプログラムのサンプルは、「part1」→「serial」フォルダにある「serial.ino」ファイルです。

setup 関数の書き換え

まず、setup 関数に **Serial.begin 関数**の行を追加して、シリアルモニタに文字を送信できるようにします。また、**Serial.println 関数**も追加して、初期化が終わったことを表すメッセージも送信するようにします。

リスト 1.6 は実際に書き換えを行った例です。3 行目の Serial.begin 関数で通信速度を 115200bps にしたあと、4 行目の Serial.println 関数で「Ready」という文字を送信しています。

リスト1.6　setup 関数を書き換えた例

```
void setup() {
  pinMode(3, OUTPUT);          // 3番ピンを出力用にする
  Serial.begin(115200);        // 通信速度を115200bpsにする　3行目
  Serial.println("Ready");     // シリアルモニタに「Ready」という文字を送信する　4行目
}
```

loop 関数の書き換え

次に、loop 関数を書き換えて、LED のオン／オフの状況をシリアルモニタに送信するようにします（リスト 1.7）。

前の節の loop 関数をもとに、3 行目と 6 行目を追加して、LED のオン／オフを切り替えたときに、「LED ON」「LED OFF」の文字を送信するようにしています。

リスト1.7　loop 関数を書き換えた例

```
void loop() {
  digitalWrite(3, HIGH);       // 3番ピンをオンにする
  Serial.println("LED ON");    // シリアルモニタに「LED ON」という文字を送信する　3行目
  delay(1000);                 // 1秒間待つ
  digitalWrite(3, LOW);        // 3番ピンをオフにする
  Serial.println("LED OFF");   // シリアルモニタに「LED OFF」という文字を送信する　6行目
  delay(1000);                 // 1秒間待つ
}
```

シリアルモニタを表示する

プログラムの書き換えが終わったら、Arduino にプログラムを書き込んで動作させ、シリアルモニタの表示を見てみましょう。

Arduino IDE で「ツール」→「シリアルモニタ」メニューを選んで、シリアルモニタを開きます。そして、画面右下の通信速度の欄で「115200」を選びます。する

と、プログラムが最初から実行され、シリアルモニタに状況が表示されます。

　プログラムの実行が始まった時点では、setup関数（リスト1.6）にあるSerial.
println関数によって、「Ready」の文字が出力されます。そして、そのあとはLED
のオン／オフに合わせて、「LED ON」と「LED OFF」の文字が交互に表示されま
す（図1.19）。

図1.19　シリアルモニタの表示の例

Arduino IDEで純正Arduino以外の開発を行う

Arduino IDEには「ボードマネージャ」という機能があり、Arduino以外のマイコンの開発を行うことができます。この節では、ボードマネージャで、ESP32での開発を行えるようにしていきます。

ボードマネージャの概要

Arduino IDEは、本来は純正のArduino（Arduino Unoなど）のプログラムを開発するためのIDEです。ただ、世の中には**Arduino以外にもさまざまなマイコンがあり、それらの開発もArduino IDEで行うことができれば便利です。**

そこで、Arduino IDEには「ボードマネージャ」という機能が用意されています。ボードマネージャは、名前の通り**マイコンの開発環境を管理することができる機能**です。これにより、**純正Arduino以外のさまざまなマイコンのプログラムをArduino IDE上で開発する**ことができます。

ボードマネージャでは、インターネットからマイコンの情報をダウンロードして必要なファイルなどをインストールするようになっています。

ESP32をArduino IDEで開発できるようにする

本書はArduinoとESP32のプログラミングについて解説していきますが、ESP32は純正Arduinoではないので、素のArduino IDEではプログラムを作ることができません。ESP32での開発を行うには、ボードマネージャを使います。

ボードマネージャの情報を追加する

ボードマネージャでほかのマイコンの開発を行えるようにするには、まず**Arduino IDEにボードマネージャの情報を追加**します。

「ファイル」→「環境設定」メニュー（Macでは「Arduino」→「Preferences」メニュー）を選んで「環境設定」ダイアログボックスを開きます。その中に「追加のボー

ドマネージャのURL」という入力欄がありますので、ボードマネージャのアドレスを入力して、「OK」ボタンをクリックします。

　また、この入力欄の右端のボタンをクリックすると、複数のアドレスを入力するためのダイアログボックスが開きます。1行に1つずつアドレスを入力することができます。

　ESP32の場合だと、ボードマネージャのアドレスは次の通りです。このアドレスを「追加のボードマネージャのURL」の欄に入力します（図1.20）。

https://dl.espressif.com/dl/package_esp32_index.json

図1.20　ESP32のボードマネージャのアドレスを入力した例

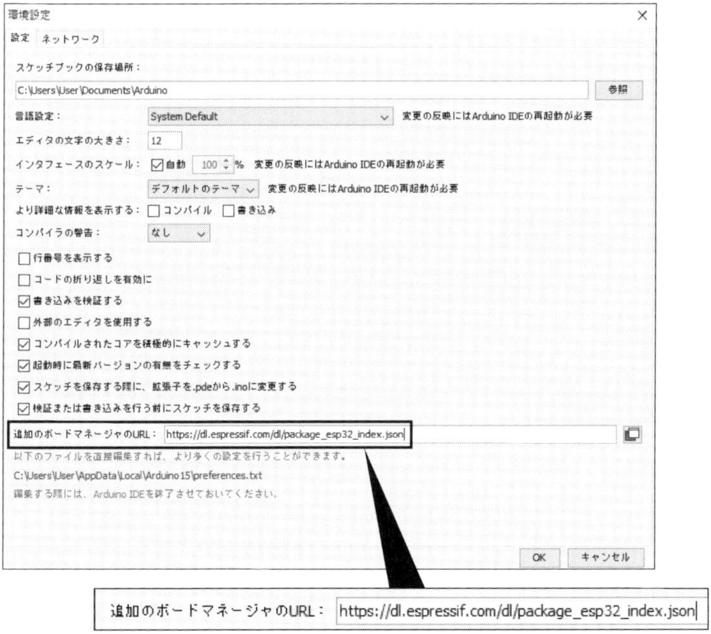

ESP32を使えるようにする

　次に、実際にESP32を使えるようにします。

　まず、「ツール」→「ボード」→「ボードマネージャ」メニューを選んで、**ボードマネージャ**を起動します。すると、利用できるマイコンボードが一覧で表示されます。その中で使いたいマイコンをクリックして、その右下の「インストール」ボタンをクリックします。

ESP32の場合だと、ボードマネージャには「esp32 by Espressif Systems」と表示されます。その箇所で「インストール」ボタンをクリックすると、ESP32の開発に必要なファイルなどがインストールされます（図1.21）。

図1.21　ボードマネージャでESP32をインストールする

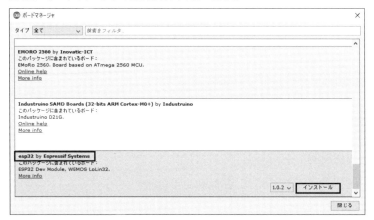

> **Arduino** と **ESP32** の違い
>
> Arduino IDE でESP32の開発を行うには、ボードマネージャでESP32の情報をインストールします。

ESP32でLチカする

前の節で、ArduinoでLチカを行い、また動作状況をシリアルモニタに出力してみました。これをESP32に置き換えて実行してみましょう。

ESP32とArduinoは同じではないので、Arduino用のプログラムをESP32で動作させるには、たいていは一部を修正します。ただ、ESP32のライブラリはArduinoと極力互換性を保つように作られているので、**比較的小幅な修正で済ませることができます。**

ESP32とLEDを接続する

まず、ESP32を抵抗とLEDに接続します。Arduino Unoで作ったときと同様に、GPIOのピン→LED→抵抗→GNDの順になるように接続します。また、ArduinoではGPIOのピン番号は1番から順に付けられていますが、ESP32では飛び飛びの

番号になっています。ここではGPIOの5番ピンを使うことにします（図1.22）。

図1.22 ESP32と抵抗／LEDの接続

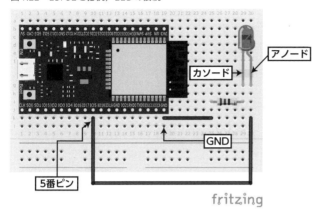

fritzing

ESP32用にプログラムを書き換える

次に、前の節で作ったプログラムをESP32用に書き換えます。といっても、レ
チカの場合だと、**GPIOのピン番号を書き換えるだけ**です（Arduino：3番ピン、
ESP32：5番ピン）。あとは修正する必要はありません。

実際にレチカのプログラムを書き換えると、リスト1.8のようになります。
pinMode関数やdigitalWrite関数のピン番号を3から5に変えただけで、あとは
Arduino用のプログラムと全く同じになっています。

リスト1.8 ESP32用のLチカのプログラム

```
void setup() {
  pinMode(5, OUTPUT);        // 5番ピンを出力用にする
  Serial.begin(115200);      // 通信速度を115200bpsにする
  Serial.println("Ready");   // シリアルモニタに「Ready」という文字を送信する
}

void loop() {
  digitalWrite(5, HIGH);     // 5番ピンをオンにする
  Serial.println("LED ON");  // シリアルモニタに「LED ON」という文字を送信する
  delay(1000);               // 1秒間待つ
  digitalWrite(5, LOW);      // 5番ピンをオフにする
  Serial.println("LED OFF"); // シリアルモニタに「LED OFF」という文字を送信する
  delay(1000);               // 1秒間待つ
}
```

USBシリアルドライバのインストール（Macの場合）

Macでは、ESP32のUSBポートを仮想シリアルポートとして認識させるためにドライバをインストールします。次のアドレスからドライバをダウンロードします。

> https://jp.silabs.com/products/development-tools/software/usb-to-uart-bridge-vcp-drivers

プログラムをESP32に書き込む

次に、プログラムをESP32に書き込んで動作させます。

書き込む前に、ESP32をUSBケーブルでパソコンに接続して、「ツール」→「シリアルポート」メニューで、ESP32を接続したシリアルポートを選びます。また、「ツール」→「ボード」→「ESP32 Dev Module」メニューを選んで、書き込み先のマイコンの種類としてESP32を選択します。

そして、「スケッチ」→「マイコンボードに書き込む」メニューを選んで、プログラムをESP32に書き込みます。書き込みが終わって、LEDが点滅すればOKです。また、「ツール」→「シリアルモニタ」メニューを選んでシリアルモニタを開き、その右下で通信速度を115200bpsに設定して、シリアルモニタに「LED ON」と「LED OFF」が交互に表示されることも確認します。

Arduino と **ESP32** の違い

- Arduino と ESP32 では、GPIOのピン番号が異なるなど違いがあります。
- Arduino用のプログラムを ESP32 で動作させるには、修正が必要になることが多いです。

Webブラウザ上で電子工作を体験できる 「Circuits on Tinkercad」

　電子工作するには、Arduinoをはじめとして部品がいろいろと必要で、それらを揃えるのはそれなりに手間と費用がかかります。実際に電子工作する前に、何かでシミュレーションできるとやりやすいです。

　そのような場合におすすめなサイトとして、CADメーカーのAutodesk社が提供している「**Circuits on Tinkercad**」があります（図1.23）。Tinkercad（https://www.tinkercad.com/）はWebブラウザ上で動作する簡易的なCADソフトで、Circuits on Tinkercadはその機能の1つです。

　Webブラウザ上で、Arduinoや各種パーツを配置し、プログラミングも行って動作を試してみることができます。

　また、**プログラミングはArduino言語で行う**ようになっていますので、Circuits on Tinkercadで動作を試したあとで、そのコードをArduino IDEに貼り付けることもできます。

図1.23　Circuits on Tinkercadの動作例

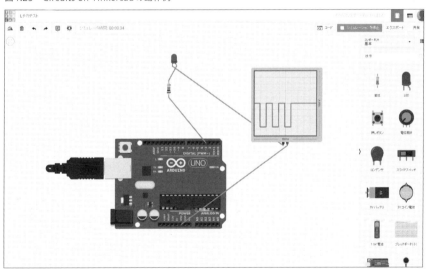

第 **2** 章

Arduino言語の基本的な
構文をマスターする

ESP32やArduinoでさまざまな電子工作を行っていく上で、
Arduino言語の基本をマスターしてプログラムを作っていくこと
は非常に重要です。第2章では、LEDやCdSセル（明るさに反
応する素子）などを使いつつ、変数／演算子／制御構造（条件
判断や繰り返し）／配列／ポインタ／変数のスコープと寿命など、
Arduino言語の基本的な部分を解説していきます。

データを変数で扱う

プログラムの中ではさまざまなデータを扱いますが、その際に「変数」が非常に重要な役割を果たします。第2章の初めに、変数について解説します。

「変数」とは？

　一般に、プログラムを実行しているときには、**いろいろな情報を記憶しておくこと**が必要です。たとえば、センサーからの入力に応じて処理を進める場合、その値をどこかに記憶しておいて処理を進めます。

　「変数」とは、このような**情報を記憶する入れもの**のことを指します。一般に、プログラムの中では変数をたくさん使います。変数の内容は、ESP32やArduinoのメモリ（RAM[1]）に記憶されます。

データの型

　Arduino言語（やそのベースのC言語／C++）では、「**データの型**」を意識してプログラムを作るようになっています。データの型としては、表2.1のようなものがあります。

表2.1　主なデータの型

型名	扱えるデータ
int	符号あり整数
long	符号あり整数
unsigned int	符号なし整数
unsigned long	符号なし整数
float	単精度浮動小数点数
double	倍精度浮動小数点数
char	文字
String	文字列
boolまたはboolean	真か偽

1　「Random Access Memory」の略。情報を電気的に記憶する素子で、変数の値などを記憶するのに使われます。

整数[2]関係のデータ型

整数値を扱うデータ型として、int／longと unsigned int／unsigned long があります。intとlongは符号（プラスとマイナス）のある整数を扱うのに対し、unsigned int／unsigned longは符号がない整数を扱います。

また、intとunsigned intでは、**マイコンのCPUによって扱える値の範囲が異なります**。たとえば、Arduino Unoでは、intは-32,767～32,768、unsigned intは0～65,535の範囲の整数を扱うことができます。一方、ESP32の場合は、intは-2,147,483,647～2,147,483,648、unsigned intは0～4,294,967,295の範囲の整数を扱うことができます。

浮動小数点数[3]関係のデータ型

小数点以下を含む値を扱いたい場合は、floatかdoubleを使います。floatよりもdoubleの方が扱える値の範囲が広くなります。

文字関係のデータ型

文字を扱う場合は、charやStringを使います。charは1文字だけを入れることができます。一方のStringは文字の並び（「文字列」と呼びます）を扱うことができます。

真偽を扱うデータ型

スイッチのオン／オフや、条件を満たしている／いないのように、**2つの値だけを取るデータ型**として、「boolean」があります。「bool」と略して書いてもかまいません。

変数の宣言

変数にデータを入れるには、まず「変数を使います」ということをプログラムに書きます。これを「**変数の宣言**」と呼びます。

2　「1」や「100」など、小数点以下がない値のことです。

3　「1.23456×10²³」のように、小数点を含む値×指数部という形で数値を表す方式のことです。プログラミング言語では、小数点以下を含む値を浮動小数点数として扱うことが一般的です。

変数の宣言の書き方

　変数の宣言は、次のような文で記述します。プログラムの中では、通常は変数を多数扱いますので、それぞれの変数に名前（**変数名**）を付けて区別します。

```
データ型名　変数名;
```

　たとえば、int型の変数を1つ宣言し、名前を「counter」にする場合だと、次のように記述します。

```
int counter;
```

　同じ型の変数を複数宣言する場合は、次のように変数名をコンマで区切って並べてもかまいません。

```
データ型名　変数名1, 変数名2, ……, 変数名n;
```

　たとえば、int型の変数を2つ宣言し、それぞれの名前を「counter1」「counter2」にする場合だと、次のように記述します。

```
int counter1, counter2;
```

変数名の付け方

　プログラムの中では変数を多数使いますので、それぞれの変数を区別できるように名前を付けます。

　変数の名前を付ける際には、1文字目はアルファベットまたはアンダースコア（_）にし、2文字目以降はアルファベット／数字／アンダースコアのいずれかにします。ただ、変数に「a」や「x」などの単純な名前を付けると、あとでプログラムを見直したときに、その変数の意味を思い出しにくくなります。**変数名を付ける際には、変数の内容がよくわかるような名前にする**ことをおすすめします。

　たとえば、温度センサーから温度の情報を得て、それを液晶ディスプレイに表示するようなプログラムを作るとしましょう。その場合、温度を入れておく変数には、「temperature」のような名前を付けるといいでしょう。

　なお、**アルファベットの大文字と小文字は区別されます。**たとえば、「temperature」と「Temperature」は別の変数を表します。また、一般には変数名はすべて小文字

で書くか、もしくは大文字と小文字を混在させて書きます。変数名をすべて大文字にすることは、あまり行いません（後述する「定数」で使うため）。

変数への代入

変数にデータを入れることを、「**代入**」と呼びます。代入は次のような文で表します。

```
変数名 = 代入する値;
```

定数の代入

一定の値のことを「**定数**」と呼びます。変数には定数を代入することができます。データの型によって定数の書き方は異なり、表2.2のようになります。

表2.2 定数の書き方

データの型	定数の書き方	代入の例
int long float double	数値をそのまま書く	counter = 5;
long unsigned long	数値のあとに「L」を付ける	counter = 100000L;
char	文字の前後を「'」で囲む	ch = 'A';
String	文字列の前後を「"」で囲む	msg = "Hello";
bool boolean	「true」か「false」	is_first = true;

なお、タブなどの特殊な文字は、「¥」とほかの文字を組み合わせて表します（表2.3）。「¥」のことを「**エスケープ文字**」と呼びます。

表2.3 特殊な文字の表し方

文字	表し方
改行	¥n
行頭	¥r
タブ	¥t
"	¥"
'	¥'
¥	¥¥
文字コード0 (null文字)	¥0

別の変数の代入

ある変数に、別の変数の値を代入することもできます。その場合は、代入する値の代わりに、変数名を書きます。たとえば、変数xに、変数yの値を代入したい場合は次のように書きます。

```
x = y;
```

関数の処理結果の代入

関数によっては、**処理結果**を値として返すものがあります。その値を変数に代入することもできます。その場合の書き方は次のようになります。

```
変数名 = 関数名(……);
```

なお、関数の処理結果を変数に代入する例は、あとで紹介します。

変数の値をシリアルモニタに表示する

プログラムのデバッグの際には、変数の値がどうなっているかを確認する場面が非常に多いです。次のような書き方で、変数の値を**シリアルモニタ**に出力することができます。

```
Serial.print(変数名);
Serial.println(変数名);
```

「print」と「println」の違いは、出力したあとに改行するかどうかです。**printは改行せず、printlnは改行します。**

たとえば、変数counterの値をシリアルモニタに出力し、そのあとに改行するなら次のように書きます。

```
Serial.println(counter);
```

変数を使った事例

　ごくシンプルな事例として、「**CdS セル**」で周囲の明るさを大まかに表示するものを作ってみます。

CdS セルの概要

　CdS（硫化カドミウム）セルは、明るさによって抵抗値が変化する素子です（図2.1）。明るいと抵抗が低くなり（数キロΩ程度）、暗いと高くなります（数メガΩ程度）。明暗に応じて電灯を自動的に点灯／消灯したりするなど、**明るさを大まかに判断**したいときによく使われます。

　Arduino入門キットなどには、たいていCdSセルも含まれています。また、ばら売りで買っても1個数十円程度です。

図2.1　CdS セル

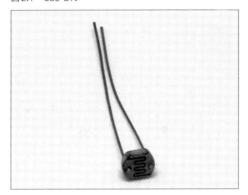

ESP32／Arduino と CdS セルを接続する

　ESP32やArduinoには**アナログ入力**機能があり、回路内のある点の電圧を読み取ることができます。この機能を使い、図2.2のように接続したときのA点の電圧を読み取って変数に代入し、それをシリアルモニタに表示するようにします。周囲が明るいと、A点の電圧は電源の電圧に近くなります。逆に、周囲が暗いと、A点の電圧は0Vに近くなります。

図2.2　CdSセルで明るさを調べる際の回路

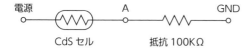

ESP32／CdSセルとの実際の接続は、それぞれ図2.3／図2.4のように します。電源（ESP32では3.3V、Arduinoでは5V）→CdSセル→抵抗→GNDの 順にブレッドボードとジャンプワイヤで接続します。そして、CdSセルと抵抗の 間の点を、ESP32では35番ピン、ArduinoではA0ピンに接続します。

図2.3　ESP32とCdSセルの接続

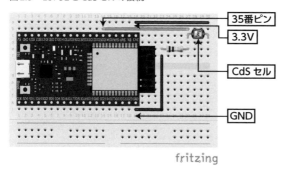

図2.4　ArduinoとCdSセルの接続

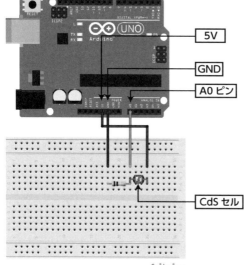

- 基本の電圧（ESP32は3.3V、Arduinoは5V）
- GPIOのピン番号

プログラムの作成

次に、プログラムを作成します。ESP32では、今回のプログラムはリスト2.1の
ようになります。また、Arduinoでは、リスト2.1の2行目と9行目にある「35」を「A0」
に書き換えれば動作します。

リスト2.1　電圧を読み取ってシリアルモニタに出力する

```
void setup() {
  pinMode(35, INPUT);    // 35番ピンを入力用にする  2行目
  Serial.begin(115200);  // 通信速度を115200bpsにする
}

void loop() {
  int dac;               // int型の変数dacを宣言する  7行目

  dac = analogRead(35);  // 電圧を読み取って変数dacに代入する  9行目
  Serial.println(dac);   // 変数dacの値をシリアルモニタに出力する  10行目
  delay(1000);           // 1秒間待つ
}
```

アナログ入力機能では、読み取った電圧がデジタルの値に変換されます。
ESP32の場合は、0〜3.3Vの電圧が4096段階（0〜4095）の整数値に変換されます。
また、**Arduinoの場合、0〜5Vの電圧が1024段階（0〜1023）の整数値に変換**さ
れます。そこで、読み取った電圧を整数型の変数に代入して、その値をシリアル
モニタに出力するようにします。

また、アナログ入力の値を読み取るには、Arduino組み込みの「**analogRead**」
という関数を使います。読み取った値を変数に代入するには、次のような書き方
をします。

```
変数名 = analogRead(ピン番号);
```

リスト2.1では、7行目の文で、「dac」という名前のint型の変数を宣言しています。
そして、9行目のanalogRead関数で読み取った値を変数dacに代入し、10行目の
Serial.println関数でシリアルポートに出力します。

プログラムを書き込んで実行し、シリアルモニタを開くと、CdSセルから読み取った値が1秒ごとに表示されます。ESP32では0～4095、Arduinoでは0～1023の範囲の値が表示され、明るいと値が大きくなります（図2.5）。CdSセルを手で覆うなどして暗くしてみると、値が変化します。

Arduino と ESP32 の違い

- analogRead関数で読み取る値の範囲（ESP32は0～4095の4096段階、Arduinoは0～1023の1024段階）

図2.5　CdSセルから読み取った値がシリアルモニタに表示される

サンプルファイル

　ここで取り上げたプログラムのサンプルファイルは、ESP32用は「part2」→「cds_esp32」フォルダ、Arduino用は「part2」→「cds_arduino」フォルダにあります。

さまざまな計算を行う (算術演算子の使い方)

プログラムの中で、さまざまな計算をする場面は多いものです。この節では、変数などを使って計算する方法を解説します。

計算式の基本的な書き方

プログラムの中で、「+」などの記号を使って**計算式**を書くことができます。使える記号には、表2.4のものがあります。これらの記号のことを「**算術演算子**」と呼びます。たとえば、次の文を実行すると、変数xの値に5を足し算して、結果を変数yに代入することができます。

```
y = x + 5;
```

足し算と引き算は算数と同じ記号を使いますが、**掛け算と割り算は記号が異なります**。また、「**剰余**」は割り算した余りを求める計算です。たとえば、次の文を実行すると、5を2で割った余りの1が、変数xに代入されます。

```
x = 5 % 2;
```

表2.4 計算に使う記号 (算術演算子)

計算	演算子
足し算	+
引き算	−
掛け算	*
割り算	/
剰余	%

変数の値を変化させる

変数の値を変化させることも、よくある処理です。たとえば、「変数xの値を2倍する」というようなことが考えられます。このような処理は、表2.5の演算子を使って次のように書くことができます。

```
変数名 演算子 値;
```

たとえば、前述の「変数xの値を2倍する」という処理は、次のように書くことができます。

```
x *= 2;
```

また、特によく行う計算として、「**変数の値を1増やす（減らす）**」というものがあります。これらは、それぞれ「**++**」「**--**」という演算子で表すことができます。たとえば、変数xの値を1増やすには次のように書きます。

```
x++;
```

表2.5 変数の値を変化させる演算子

計算	演算子
値を増やす	+=
値を減らす	-=
〇〇倍する	*=
〇〇分の1にする	/=
余りを求める	%=

計算を使った例

プログラムの中で計算を使った例として、前の節のサンプルを改良してみます。前の節ではアナログ入力から読み取った値をそのまま出力していましたが、今回はその値を電圧に変換して表示してみます。

ESP32の場合

ESP32の場合だと、実際の電圧（0～3.3V）に比例して、読み取った値は0～4095の4096段階になります。したがって、読み取った値を4096で割り、それに3.3を掛けることで、電圧に変換することができます。

そこで、前の節のプログラムのloop関数を書き換えて、読み取った値を電圧に変換する計算式を追加します（リスト2.2）。

まず、計算結果を代入するために「volt」という名前の変数を宣言します。電圧は小数点以下を含む値ですので、float型にします（3行目）。そして、読み取った値から電圧を計算する文を入れます（6行目）。

プログラムを書き込んで実行すると、読み取った値が電圧に変換されて、シリアルモニタに表示されます（図2.6）。

なお、6行目の文ですが、**計算の順序**に注意が必要です。この文を次のようにすると、正しい値になりません。

```
volt = dac / 4096 * 3.3;
```

変数dacは整数（int）型で、それを整数の4096で割ると、結果も整数として扱われます。しかし、変数dacは0～4095の4096段階の値を取り、それを4096で割ると、その答えは0～1の間の小数値になります。その整数部分（＝0）だけが取り出され、それに3.3を掛けるので、結果は常に0になってしまいます。

リスト2.2　読み取った値を電圧に変換して表示する

```
void loop() {
  int dac;                    // int型の変数dacを宣言する
  float volt;                 // float型の変数voltを宣言する  3行目

  dac = analogRead(35);       // 電圧を読み取って変数dacに代入する
  volt = 3.3 * dac / 4096;    // 読み取った値を電圧に変換する  6行目
  Serial.println(volt);       // 変数voltの値をシリアルモニタに出力する
  delay(1000);                // 1秒間待つ
}
```

図2.6　プログラムを実行したときのシリアルモニタの表示の例

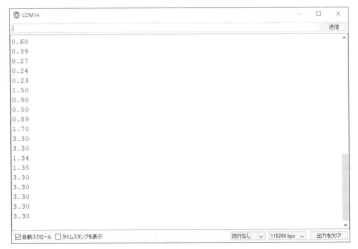

Arduinoの場合

　Arduinoも考え方はESP32と同じです。ただし、**読み取った値の範囲が0〜1023の1024段階であり、また実際の電圧の範囲が0〜5Vである**点が異なります。そのため、計算式を次のように変えます。

```
volt = 5.0 * dac / 1024;
```

Arduino と **ESP32** の違い

- analogRead関数で読み取る値の範囲（ESP32は0〜4095の4096段階、Arduinoは0〜1023の1024段階）
- アナログ入力の電圧の最大値（ESP32は3.3V、Arduinoは5V）

サンプルファイル

　ここで紹介したプログラムのサンプルファイルは、ESP32用は「part2」→「calc_esp32」フォルダ、Arduino用は「part2」→「calc_arduino」フォルダにあります。

ビット単位で計算する演算子

　一般的なプログラムでは使用頻度はそれほど高くありませんが、**ビット単位の計算**をすることもできます。数値を「0」「1」の2進数のビットに分解して行う計算です。表2.6の演算子を使うことができます。

　ビット演算をうまく使えば、プログラムを短くしたり、速度を上げたりすることができます。たとえば、**GPIOを直接制御してより速度を出したい場合**などに、ビット演算を使うことがあります。

　一方で、ビット演算を多用すると、プログラムが読みにくくなるという欠点もあります。

表2.6　ビット演算の演算子

計算	演算子
NOT	~
AND	&
OR	|
XOR	^
左シフト	<<
右シフト	>>

条件によって処理を分ける

プログラムの中では、その時々の状況に応じて、実行する処理を変えたい場面が多いです。この節では、「if」という文で、条件判断を行って処理を分ける方法を解説します。

if文の基本型

まず、**条件が1つだけ**の基本的なif文から説明しましょう。図2.7のように、条件が成立するかどうかで処理を分ける場合、その構文はリスト2.3のようになります。

条件の部分には、条件を判断するための式を入れます。条件式の書き方はいくつかありますが、表2.7の記号を使って2つの値を比較することがよくあります。比較に使う記号のことを「**比較演算子**」と呼びます。

ifとelseの間には、条件が成立したときに行う処理を入れます。複数の文からなる処理を入れてもかまいません。また、elseのあとには条件が成立しなかったときの処理を入れます。

「{」と「}」の間の文は、リスト2.3のように**字下げ（インデント）**して、「**ここは条件によって行われる処理だ**」ということをわかりやすくすることをおすすめします。

なお、条件が成立しなかったときに何もしない場合は、else以降の部分を省略します。

図2.7 基本的な条件判断

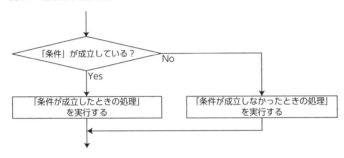

リスト2.3 if文の基本型

```
if (条件) {
    条件が成立したときの処理
}
else {
    条件が成立しなかったときの処理
}
```

表2.7 比較演算子の種類

演算子	意味	例とその意味
A == B	AとBが等しい	if (count == 10) 変数countの値が10の場合
A != B	AとBが異なる	if (count != 10) 変数countの値が10ではない場合
A > B	AがBより大きい	if (count > oldcount) 変数countの値が、変数oldcountの値より大きい場合
A < B	AがBより小さい	if (count < oldcount) 変数countの値が、変数oldcountの値より小さい場合
A >= B	AがB以上	if (count >= 10) 変数countの値が10以上の場合
A <= B	AがB以下	if (count <= 20) 変数countの値が20以下の場合

if文を使った例

if文で条件判断する例として、「**周りが暗くなったらLEDを点灯し、明るくなった ら消灯する**」ということを考えてみます。

動作の仕組みを考える

まず、ハード／ソフトをどのように組めば、目的の動作になるのかを考えてみ ましょう。

これまでの節で、CdSセルを入れた回路の電圧を、アナログ入力から読み取る 例を紹介しました。この例では、**周りが明るいとアナログ入力の値が大きくなり、 暗いと小さくなりました**。

そこで、**アナログ入力の値がある一定の値より小さいかどうかで条件判断し、周り の明るさでLEDのオン／オフを切り替える**ようにすれば、目的の動作になります。

ハードを接続する

それでは、実際にものを作っていきましょう。まずハードから作ります。

前の節まででCdSセルとLチカの例を紹介しましたが、それらを合わせた形の接続にします。ESP32で作る場合は図2.8、Arduino Unoで作る場合は図2.9のように接続します。

なお、回路を作る際には、部品をGNDに接続することが多くなります。そこで、ESP32などの**GNDとブレッドボードの「-」のラインのピンを接続して、GNDを「-」のラインに引き出し、各部品からGNDに接続する際には「-」のラインのピンを使う**ことが多いです。今回の例もその形にしています。

図2.8　ESP32で作る場合の接続　　　　　図2.9　Arduino Unoで作る場合の接続

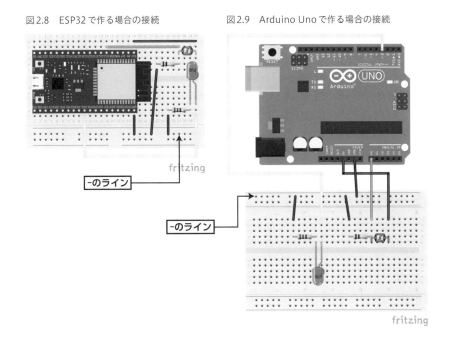

Arduino と **ESP32** の違い
- CdS セル／LED の接続先のピン番号

プログラムを作る

次に、ハードを動作させるためのプログラムを作ります。ここまでで作ってきたLチカやCdSのサンプルをもとにして、**if文で条件判断を行い、周りの明るさに応じてLEDをオン／オフできるようにします**。

ESP32用のプログラムは、リスト2.4のようになります。サンプルファイルは、「part2」→「cds_led_esp32」フォルダにあります。

このプログラムの肝は、14行目のif文です。ESP32の場合、**アナログ入力から読み取った値は0〜4095の値を取り、周りが明るいほど値が大きくなります。**

そこで、**値が2000より小さければ暗いと判断し**、15行目のdigitalWrite関数の文で、LEDをオンにします。一方、その条件を満たさなければ、19行目の文でLEDをオフにします。

実際にプログラムをESP32に書き込み、CdSセルを手で覆うなどして暗くして、そのときにLEDが点灯することを確認してみてください。

なお、Arduino Uno用のプログラムも、大筋ではリスト2.4と同じになります。ただし、CdSセルとLEDを接続するピン番号が異なります。また、**アナログ入力から読み取った値が0〜1023の範囲を取ります**ので、14行目のif文の条件を「dac < 500」に変えます。サンプルファイルは、「part2」→「cds_led_arduino」フォルダにあります。

リスト2.4　ESP32用のプログラム

```
void setup() {
  pinMode(35, INPUT);        // 35番ピンを入力用にする
  pinMode(5, OUTPUT);        // 5番ピンを出力用にする
  Serial.begin(115200);      // 通信速度を115200bpsにする
}

void loop() {
  int dac;                   // int型の変数dacを宣言する

  dac = analogRead(35);      // 電圧を読み取って変数dacに代入する
  Serial.print("CdS = ");    // 「CdS = 」をシリアルモニタに出力する
  Serial.print(dac);         // 変数dacの値をシリアルモニタに出力する
  Serial.print(", LED = ");  // 「, LED = 」をシリアルモニタに出力する
  if (dac < 2000) {          // 変数dacが2000より小さい(=暗い)かどうかを判断する  14行目
    digitalWrite(5, HIGH);   // LEDを点灯する  15行目
    Serial.println("ON");    // シリアルモニタに「ON」と出力する
  }
  else {
    digitalWrite(5, LOW);    // LEDを消灯する  19行目
    Serial.println("OFF");   // シリアルモニタに「OFF」と出力する
  }
  delay(100);                // 0.1秒間待つ
}
```

各種の条件判断文の書き方

　複数の条件を次々と判断したり、同時に満たすかどうかを判断したりなど、さまざまな条件判断を行うことができます。

　なお、具体的な例は、本書のこのあとの部分で出てきますので、この節では割愛します。

▌複数の条件を次々と判断する

　図2.10のように、**条件が複数あって、それぞれに応じて別々の処理を行いたい場合**があります。このような場合には、「**else if**」という構文を使ってリスト2.5のように書きます。

図2.10　複数の条件を次々と判断する

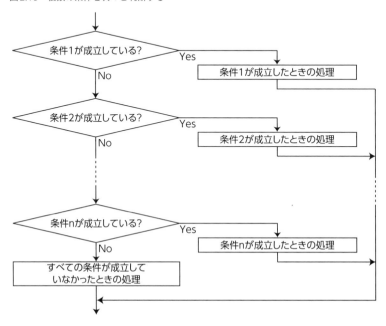

リスト2.5　図2.10に対応するif文

```
if (条件1) {
    条件1が成立したときの処理
}
else if (条件2) {
    条件2が成立したときの処理
}
……
else if (条件n) {
    条件nが成立したときの処理
}
else {
    すべての条件が成立していなかったときの処理
}
```

複数の条件をすべて満たすかどうかを判断する

図2.11のように、**複数の条件をすべて満たすかどうか**で処理を分けたい場合は、それぞれの条件の間を「**&&**」という演算子で結んで、リスト2.6のように書きます。

図2.11　複数の条件をすべて満たすかどうかを判断する

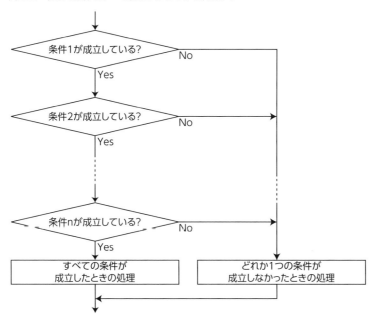

```
if (条件1 && 条件2 && …… && 条件n) {
   すべての条件が成立したときの処理
}
else {
   どれか1つの条件が成立しなかったときの処理
}
```

複数の条件をどれか1つでも満たすかどうかを判断する

　先ほどの「&&」の場合とは逆に、**複数の条件の中でどれか1つでも満たすかどう**
かで処理を分けたいこともあります（図2.12）。この場合は、それぞれの条件の間
を「||」という演算子で結んで、リスト2.7のように書きます。

図2.12　複数の条件をどれか1つでも満たすかどうかを判断する

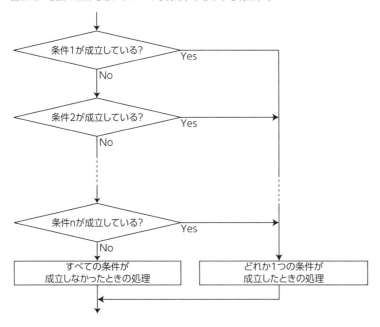

リスト2.7　図2.12に対応するif文

```
if (条件1 || 条件2 || …… || 条件n) {
   どれか1つの条件が成立したときの処理
}
else {
   すべての条件が成立しなかったときの処理
}
```

switch〜case文

変数の値に応じて処理を分けたい場合、if文で書くこともできますが、「switch〜case」という構文を使うこともできます。リスト2.8のif文は、リスト2.9のswitch〜case文に置き換えることができます。

リスト2.8　変数の値に応じて処理を分ける

```
if (変数 == 値1) {
  処理1
}
else if (変数 == 値2) {
  処理2
}
……
else if (変数 == 値n) {
  処理n
}
else {
  変数の値が値1〜値nのどれにも当てはまらないときの処理
}
```

リスト2.9　リスト2.8と同じ動作をするswitch〜case文

```
switch (変数) {
  case 値1:
    処理1
    break;
  case 値2:
    処理2
    break;
  ……
  case 値n:
    処理n
    break;
  default:
    変数の値が値1〜値nのどれにも当てはまらないときの処理
    break;
}
```

三項演算子（？と :）

　条件が成立するかどうかで、**変数に代入する値を変える**ことは、よくある処理です。if文で書くことができますが、「**三項演算子**」という構文を使うとコンパクトに表すことができます。

　リスト2.10のif文は、三項演算子を使うとリスト2.11のように表すことができます。

リスト2.10　条件が成立するかどうかで変数に代入する値を変える

```
if (条件) {
  変数 = 値1;
}
else {
  変数 = 値2;
}
```

リスト2.11　リスト2.10を三項演算子で書き換えた

```
変数 = 条件 ? 値1 : 値2;
```

同じような処理を一定回数繰り返す

プログラムの中では、同じような処理を一定回数繰り返す場面がよくあります。その場合には「for」という文を使います。この節では、for文の使い方を紹介します。

変数の値を変化させながら繰り返すfor文

たとえば、「**3つのLEDを順番に点灯させる**」という処理を考えてみましょう。この処理は、単純に考えると次の手順で実行することができます。

❶ 1個目のLEDを点灯する
❷ 一定時間待つ
❸ 1個目のLEDを消灯する
❹ 2個目のLEDを点灯する
❺ 一定時間待つ
❻ 2個目のLEDを消灯する
❼ 3個目のLEDを点灯する
❽ 一定時間待つ
❾ 3個目のLEDを消灯する

この例は「点灯→待機→消灯」の**同じパターンの処理を3回繰り返す**形になっています。そこで、LEDの番号を変数で扱い、その変数の値を1から3まで順に変えながら、「点灯→待機→消灯」の処理を行う形にすれば、プログラムを簡潔にすることができます。

このように、プログラムを作る中では、「**変数の値を一定ずつ変化させながら、繰り返し処理を行う**」ことは非常によくあります。「**for**」という文を使うと、繰り返しを実現することができます。

for文の基本的な書き方は、リスト2.12のようになります。また、このfor文は図2.13のような動作をします。

リスト2.12　for文の基本的な書き方

```
for (変数 = 初期値; 繰り返す条件; 変数を変化させる処理) {
  繰り返す処理
}
```

図2.13　リスト2.12のfor文の動作

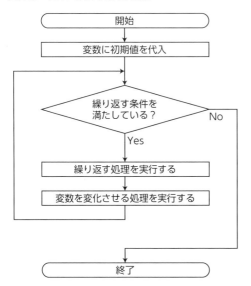

「**繰り返す条件**」の部分は、if文と同じような条件式で表します。また、「**変数を変化させる処理**」の部分は、変数の値を増減させる式で表します。

　例として、前述のように「1番から3番の順にLEDの点灯・消灯を繰り返す」ことを考えてみましょう。LEDの番号を変数ledで表すとすると、次のように考えればよいことになります。

❶　初期値は1
❷　繰り返す条件は、変数ledの値が3以下
❸　繰り返し1回ごとに、変数ledの値を1つずつ増やす

　「**変数ledの値が3以下**」の条件は、条件式で表すと「**led <= 3**」となります。また、「**変数ledの値を1増やす**」という処理は、「**led++**」の式で表すことができます。したがって、この処理をfor文で表すと、リスト2.13のように書けばよいことになります。

リスト2.13　3つのLEDを順に点灯・消灯する

```
for (led = 1; led <= 3; led++) {
  LEDの点灯・消灯を行う
}
```

ESP32で実装してみる

それでは、ここまでで取り上げてきた例を、ESP32を使って実装してみましょう。

■ハードの接続

まず、ESP32にLEDを接続します。12番〜14番の3つのピンのそれぞれで、ピン→LED→抵抗（220Ω程度）→GNDの順に接続します（図2.14）。

図2.14　ESP32での接続

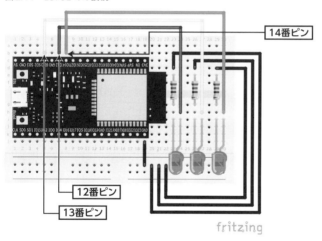

■setup関数の内容

次に、プログラムの**setup**関数を作ります（リスト2.14）。

今回の例では、**12番ピン〜14番ピンを出力用に設定する**処理を行います。ここでfor文を使います。

ピン番号を、変数ledに代入することにします（2行目）。12番〜14番のピンを出力用にするので、変数ledの値を12から14まで変化させながら、「pinMode(led, OUTPUT)」のpinMode関数を実行すれば（5行目）、それぞれのピンを出力用にすることができます。

「12から14まで変化させる」ということなので、for文は次のように考えること
ができます。

❶ 初期値は12
❷ 繰り返す条件は、変数ledの値が14以下
❸ 繰り返し1回ごとに、変数ledの値を1つずつ増やす

これらのことから、for文はリストの4行目のような形になります。

リスト2.14　setup関数

```
void setup() {
  int led;                     // ピン番号を代入するための変数 2行目

  for (led = 12; led <= 14; led++) {  // 変数ledの値を12~14で変化させて繰り返す 4行目
    pinMode(led, OUTPUT);      // ピンを出力用に設定 5行目
  }
}
```

▌loop関数の内容

次に、**loop関数**を作って、LEDを順に点灯させます。loop関数の内容は**リスト2.15**
のようになります。

for文の考え方は、setup関数の場合と同じです。そして、for文の繰り返しの中
で、点灯→待機→消灯の処理を行うようにしています（5~7行目）。

リスト2.15　loop関数

```
void loop() {
  int led;                     // ピン番号を代入するための変数

  for (led = 12; led <= 14; led++) {  // 変数ledの値を12~14で変化させて繰り返す
    digitalWrite(led, HIGH);   // LEDを点灯する 5行目
    delay(1000);               // 1秒間待つ 6行目
    digitalWrite(led, LOW);    // LEDを消灯する 7行目
  }
}
```

▌サンプルファイル

　ここで紹介したサンプルは、「part2」→「for_esp32」フォルダにあります。

　また、Arduino用のサンプルは「part2」→「for_arduino」フォルダにあります。
なお、Arduinoでは、**LEDを2番~4番のピンに接続**します（図2.15）。それに合
わせて、setup関数／loop関数内のfor文を次のように変えて、**変数ledの値を2~
4で変化させる**ようにしています。

```
for (led = 2; led <= 4; led++) {
```

図2.15　Arduino Unoに3つのLEDを接続する

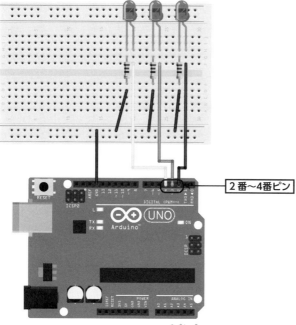

2番~4番ピン

fritzing

Arduino と ESP32 の違い

● LEDの接続先のピン番号（ESP32では12番~14番、Arduinoでは2番~4番）

条件を満たす間、繰り返しを続ける

繰り返し処理の中には、「ある条件を満たす間は繰り返し、繰り返す回数はその都度変化する」という場合もあります。このような繰り返しを行うには、「while」という文を使います。

繰り返す回数が決まらない繰り返しの例

プログラムの中でよくある処理の1つに、「**ファイルの読み込み**」があります。ESP32やArduinoでも、**SDカードモジュール**を接続してその中のファイルを読み込むことがあります（SDカードモジュールについては250ページを参照してください）。

ファイルを読み込む際には、「**ファイルの最後に達するまで、少しずつ読み込む**」という形で処理を進めることが一般的です。たとえば、テキストファイルを読み込む場合だと、ファイルにまだ続きがあるかどうかを判断しながら、少しずつ読み込んで処理を進めることが多いです（図2.16）。

図2.16　ファイルを読み込む処理

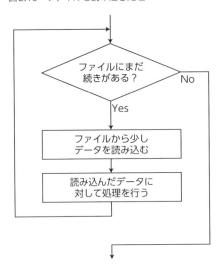

ファイルは長さが一定ではありませんので、繰り返す回数を事前に決めることができません。この例のように、**繰り返しの処理の内容によっては、繰り返しを始める前に繰り返す回数が決まらない場合もあります。**

while文を使った繰り返し

　前の節で、for文での繰り返しを取り上げました。**for文は、基本的には繰り返す回数が事前に決まっているときに使います。**

　一方、ファイルの読み込みのように、「**ある条件を満たしている間は、繰り返しを続ける**」というように、繰り返す回数が事前に決まらない形の繰り返しを行うこともよくあります。このような繰り返しは、「**while**」という文で表すことができます。

　while文は、リスト2.16のような書き方をします。条件が満たされている間は、繰り返しが続けられます。そして、条件を満たさなくなった時点で繰り返しから抜けます（図2.17）。

リスト2.16　while文の書き方

```
while (条件) {
   繰り返す処理
}
```

図2.17　リスト2.16のwhile文の動作

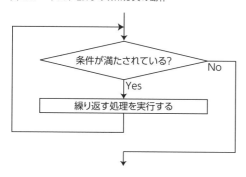

while文の繰り返しのバリエーション

　while文を使った繰り返しには、いくつかのバリエーションがあります。

条件判断の前に処理を入れる

　while文では繰り返しの最初に条件判断を行いますが、条件判断する前に、1行で済む程度の**ちょっとした処理**を入れたい場合もあります（図2.18）。

　たとえば、「センサーの値を読み取って変数に代入し、その値が何らかの条件を満たす間は繰り返す」という処理をしたい場合、条件を判断する前に、「**センサーの値を変数に代入**」という処理を行う形になります。

　このような場合は、while文のかっこの中で、条件判断の式の前に、コンマで区切ってちょっとした処理を書くことができます（リスト2.17）。

図2.18　条件判断する前にちょっとした処理を行う

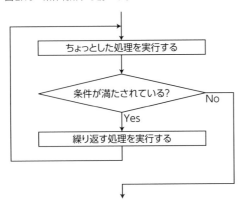

リスト2.17　図2.18に対応するwhile文の書き方

```
while (ちょっとした処理, 条件) {
    繰り返す処理
}
```

繰り返しを途中で抜ける

　繰り返しの処理の中で、**通常の繰り返し条件とは別の条件で、繰り返しから抜けたい**場合もあります（図2.19）。

　このような場合、while文の繰り返しの中で、if文で条件判断を行い、条件が成立した場合には「**break**」という文で繰り返しを抜けることができます。図2.19に対応する処理を、while文の繰り返しで書くとリスト2.18のようになります。

図 2.19 繰り返しを途中で抜ける

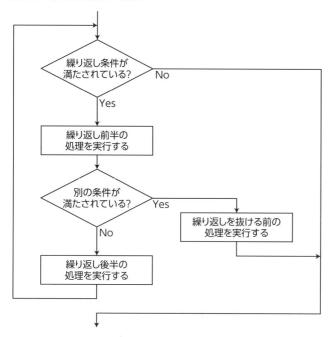

リスト 2.18 図 2.19 に対応する while 文の書き方

```
while (繰り返し条件) {
  繰り返し前半の処理
  if (別の条件) {
    繰り返しを抜ける前の処理
    break;
  }
  繰り返し後半の処理
}
```

　また、break 文で繰り返しを抜けることがある場合、**while 文での繰り返しを通常通り終えたのか、それとも break 文によって繰り返しを抜けたのかを、while 文のブロックのあとで判断**して処理を分けることがよくあります。

　このような場合は、boolean 型の変数を 1 つ宣言しておき、while 文の前でその変数に false を代入しておきます。そして、break 文で繰り返しを抜ける場合には、break 文の前にその変数に true を代入するようにします。

　こうすれば、while 文の繰り返しを通常通り抜ければ、変数の値は false のままになります。一方、break 文で繰り返しを抜ければ、変数の値は true になります。

したがって、while文のあとで、**変数の値がtrueかfalseかで、break文で抜けた かどうかを判断して処理を分ける**ことができます（リスト2.19）。

リスト2.19　break文で繰り返しを抜けたのかどうかを判断する

```
変数 = false;
while (繰り返し条件) {
  繰り返し前半の処理
  if (別の条件) {
    変数 = true;
    繰り返しを抜ける前の処理
    break;
  }
  繰り返し後半の処理
}
if (変数 == true) {
  break文で繰り返しを抜けた場合の処理
}
else {
  while文の繰り返しを通常通り終えた場合の処理
}
```

while文を使った例

まず、次のようなゲームをすることを考えてみてください。

❶ 10秒以内で、かつ10秒になるべく近いタイミングでスイッチを押した人が勝ち
❷ 10秒を超えるまでスイッチを押さなかったら負け

そして、このようなゲームをするための装置を、ESP32やArduino Unoで作ってみることにします。その中でwhile文を使う処理が出てきます。

▌プログラムの流れを考える

まず、この装置を実現するための、プログラムの流れを考えることから始めます。基本的な流れは次のようになります。

❶ 10秒の間、スイッチが押されたかどうかを判断し続けます。
❷ スイッチが押されれば、その時点までの経過時間を表示します。
❸ 10秒間スイッチが押されなければ、「負け」であることを表示します。

この流れをもとに、処理をもう少し細分化して流れ図に表してみると、図2.20のようになります。この図の中で**網掛けした部分を見ると、85ページの図2.19の形になっています。**

そこで、while文を使い、「**現在時刻と開始時刻の差が10秒以内**」という条件で繰り返しを行うようにします。また、「**スイッチが押された**」という条件が満たされたときに、break文で繰り返しから抜けるようにします。

図2.20　ここで作るプログラムの流れ

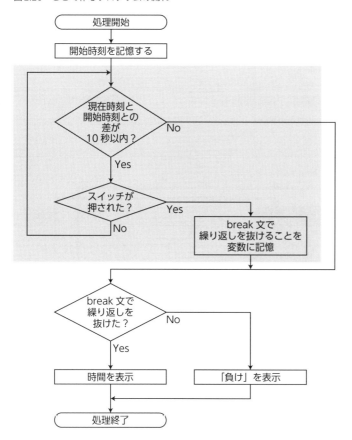

■ハードウェアの接続

それでは、実際に装置を作っていきましょう。まず、ハードウェアを接続します。もっとも、接続はいたって単純で、ESP32やArduino Unoにタクトスイッチ（押しボタンスイッチ）を1つ接続するだけです。

ESP32やArduino Unoの2番ピンに、タクトスイッチの片側を接続します。そして、もう片側をGNDに接続します（図2.21、図2.22）。

　なお、本来であれば「**プルアップ抵抗**」も必要ですが、今回の例では簡略化するために、ESP32やArduino Unoに内蔵されているプルアップ抵抗[4]を使います。

図2.21　ESP32での接続

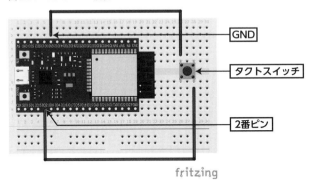

図2.22　Arduino Unoでの接続

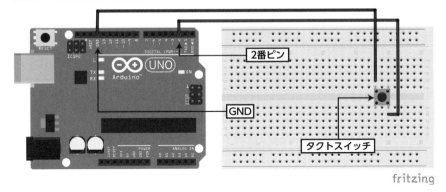

■ プログラムの内容

　次に、プログラムを作ります。今回のプログラムは、setup関数だけで動作します（リスト2.20）。

4　プルアップ抵抗は、スイッチなどの入力信号が確実にHIGHかLOWになるようにして、誤動作しないようにするために、回路に追加する抵抗のことです。
　なお、スイッチでプルアップ抵抗を使うと、スイッチを押したときに入力がLOWになり、押していないときに入力がHIGHになって、HIGH／LOWが逆になります。

リスト2.20　setup関数

```
void setup() {
  // 開始時刻と現在時刻のための変数を宣言  2行目
  unsigned long s_time, e_time;
  // break文で繰り返しを抜けたかどうかの変数を宣言  4行目
  boolean is_break = false;

  Serial.begin(115200);      // シリアルモニタの初期化  7行目
  pinMode(2, INPUT_PULLUP);  // 2番ピンを入力用にする  8行目
  Serial.println("3");       // カウントダウンする  9行目
  delay(1000);
  Serial.println("2");
  delay(1000);
  Serial.println("1");
  delay(1000);
  Serial.println("Start");   // 「Start」と表示する  15行目
  s_time = millis();         // 開始時刻を変数s_timeに代入  16行目
  // 現在時刻を変数e_timeに代入し、
  // e_timeとs_timeの差が10秒以内の間は繰り返す  18行目
  while (e_time = millis(), e_time - s_time < 10000) {
    // スイッチが押されたかどうかを判断  20行目
    if (digitalRead(2) == LOW) {
      is_break = true;       // break文で繰り返しを抜けた  22行目
      break;
    }
  }
  // break文で繰り返しを抜けたかどうかを判断  26行目
  if (is_break == true) {
    // break文で繰り返しを抜けた場合は、ボタンを押すまでの時間を出力  28行目
    Serial.print("時間は");
    Serial.print((double) (e_time - s_time) / 1000.0);
    Serial.println("秒でした");
  }
  else {
    // while文を最後まで実行した場合は、「10秒を超えました」と出力  34行目
    Serial.println("10秒を超えました");
  }
}
```

▼ ❶ 変数の宣言

2〜5行目では、s_time／e_time／is_breakの3つの変数を宣言しています。s_timeは、繰り返しに入る直前の時刻を代入するために使います。また、e_timeは、繰り返しの中で現在時刻を代入するものです。そして、is_breakは、break文で繰り返しを抜けたかどうかを代入するものです。

▼ ❷ 初期化

　7～8行目は初期化の処理です。シリアルモニタを初期化し（7行目）、2番ピン
を入力用に設定します（8行目）。また、9～15行目は、「3、2、1、Start」とカウン
トダウンを出力します。

▼ ❸ メインの処理

　16行目以降がこのプログラムの中心の部分です。まず、16行目の文で、変数s_
timeに開始時刻を代入します。「**millis**」はArduino組み込みの関数で、**Arduino
（ESP32）を起動してからその時点までの経過時間**をミリ秒（1000分の1秒）単位で
得ることができます。

　19行目がwhile文です。変数e_timeに現在時刻を代入してから、e_timeとs_
time（開始時刻）の差が10000ミリ秒（＝10秒）未満であるかどうかを判断し、そ
の条件が成立する間は、21～23行目の処理を繰り返します。

　そして、21行目のif文で、スイッチが押されたかどうかを判断します。
「**digitalRead**」はArduino組み込みの関数で、指定のピンの入力値をデジタル（HIGH
かLOW）で得るものです。

　スイッチを押すと値がLOWになり（➡88ページ）、条件を満たすので22行目に
進みます。「break文で繰り返しを抜けた」ということを表すために、変数is_
breakにtrueを代入してから（22行目）、break文で繰り返しを抜けます。

　27行目以降は、結果を出力する部分です。10秒以内にスイッチが押されて、
break文で繰り返しを抜けた場合は、22行目の文で変数is_breakの値がtrueになっ
ています。そのため、29～31行目に進み、「時間は○○秒でした」のように出力さ
れます。

　「○○」の部分は、変数e_time（ボタンが押される直前の時刻）とs_time（繰り
返しに入る直前の時刻）の差から求めます。そのままだと単位がミリ秒なので、
1000で割って秒単位にしてから出力します（30行目）。なお、「(double)」は「**キャ
スト**」という構文で、その直後の値をdouble型に変換することを意味します（➡
115ページ）。

　一方、10秒以内にスイッチが押されなかった場合、変数is_breakの値は、5行
目で初期化したときのままで、falseになります。その場合は、33行目のelse以降
に進み、「10秒を超えました」と出力します。

▌サンプルファイル

　ここで取り上げたサンプルファイルは、「part2」→「while」フォルダにあります。

多数のデータを配列で効率よく扱う

同じ性質を持つデータを多数扱うときに、「配列」を使うと効率よく処理することができます。この節では「配列」を取り上げます。

配列の概要

プログラムを作る中で、**同じ性質を持つ多数のデータを、まとめて処理すること**がよくあります。

たとえば、センサーから値を読み取るときに、**ノイズなどの影響で、時々普段とは異なる値が入ってくる**ことがあります。その影響を除くために、1回の読み取り値を直接使うのではなく、次のようにすることが考えられます。この場合に、「センサーから読み取った値」を複数個まとめて扱う処理が出てきます。

❶ センサーからの値を10回読み込む
❷ 10個の値のうちの最大値と最小値は捨てる
❸ 残り8個の値を平均する

このような多数のデータを処理する際には、「**配列**」を使うと便利です。配列は変数の一種で、**多数のデータを、0から始まる続き番号で区別できる**ものです。

たとえば、「sdata」という名前で、10個のデータを保存できる配列を宣言するとします。この場合、最初のデータは「sdata[0]」のように表します。番号の「0」を角かっこで囲んで指定します。

以後、その次のデータは「sdata[1]」、さらにその次のデータは「sdata[2]」のように表し、最後の10個目のデータは「sdata[9]」で表します（図2.23）。

なお、配列の個々のデータのことを、一般に「**要素**」と呼びます。また、要素の番号のことを「**インデックス**」や「**添字**」（そえじ）と呼びます。図2.23でいうと、「sdata[0]」や「sdata[1]」が要素で、番号の「0」や「1」がインデックスにあたります。

図2.23　配列のイメージ

配列変数 sdata			
sdata[0]	sdata[1]	……	sdata[9]

配列の基本的な使い方

　配列は変数の一種なので、宣言してから値を代入し、計算式などの中で使っていきます。

配列の宣言

　配列を宣言するには、次のような書き方をします。

```
型名　配列名[要素数];
```

　たとえば、int型で要素が10個ある配列を宣言し、その名前を「sdata」にしたい場合だと、次のように書きます。

```
int sdata[10];
```

　通常の変数と同様に、コンマで区切って同じ型の変数や配列を一度に宣言することもできます。たとえば、次のように書くと、10個の要素がある配列sdata／5個の要素がある配列buf／通常の変数numの3つのint型の変数をまとめて宣言することができます。

```
int sdata[10], buf[5], num;
```

要素を扱う

　配列の個々の要素は、「**配列名 [インデックス]**」のように表します。たとえば、配列sdataの0番の要素は、「sdata[0]」と表します。
　配列の要素は、一般の変数と同じように、値を代入したり、式の中で使ったりすることができます。たとえば、配列sdataの0番の要素に100を代入するには次のように書きます。

```
sdata[0] = 100;
```

　インデックスは変数で指定することもできます。たとえば、変数iの値が5のとき
に次の文を実行すると、配列sdataの5番目の要素に200を代入することになります。

```
sdata[i] = 200;
```

配列の初期化

　配列を宣言する際に、初期値をまとめて代入することができます。その場合は、
宣言を次のように書きます。個々の初期値をコンマで区切り、その部分全体を波かっ
こで囲みます。また、初期値の数から要素の数が決まりますので、要素数の指定
を省略することができます。

```
型名　配列名[] = { 初期値1, 初期値2, ……, 初期値n };
```

　たとえば、「pins」という名前のint型の配列を宣言し、初期値として3／5／10
の3つの値を代入したいとします。この場合は、次のように書きます。

```
int pins[] = { 3, 5, 10 };
```

配列を使った例

　配列を使った例として、91ページで挙げた「センサーの値の読み取り」を取り
上げます。センサーから値を10回読み取り、その中の最大値と最小値を除いた残
り8個のデータを平均します。
　さまざまなセンサーを使うことが考えられますが、ここでは59ページで紹介し
たCdSセルを使うことにします。ハードの接続方法は60ページと同じです。また、
setup関数の内容も61ページと同じです。

loop関数の内容

　loop関数の内容は、リスト2.21のようになります。
　なお、このプログラムはESP32用です。Arduino UnoではCdSセルをA0ピン
に接続しますので、Arduino Unoで行う場合は、8行目の「analogRead(35)」の「35」
を「A0」に変えます。

リスト2.21　loop関数

```
void loop() {
  // 変数の宣言
  int i, dac, dacs[10], dac_min, dac_max;

  dac_min = 9999;              // 最小値の初期値を9999にする  5行目
  dac_max = -1;                // 最大値の初期値を-1にする  6行目
  for (i = 0; i < 10; i++) {   // 変数iを0から9まで変化させながら繰り返す  7行目
    dacs[i] = analogRead(35);  // 電圧を読み取って配列dacsのi番目の要素に代入する  8行目
    if (dacs[i] < dac_min) {   // 読み取った値が最小値より小さければ、  9行目
      dac_min = dacs[i];       // 最小値を更新する
    }
    if (dacs[i] > dac_max) {   // 読み取った値が最大値より大きければ、  12行目
      dac_max = dacs[i];       // 最大値を更新する
    }
    delay(50);                 // 0.05秒間待つ  15行目
  }

  dac = 0;                     // 変数dacを0に初期化  18行目
  for (i = 0; i < 10; i++) {   // 配列dacsの各要素を変数dacに順に足す  19行目
    dac += dacs[i];
  }
  // 10回の合計から最大値と最小値を引き、8で割って平均する  22行目
  dac = (dac - dac_max - dac_min) / 8;
  Serial.println(dac);         // 変数dacの値をシリアルモニタに出力する  24行目
}
```

Arduino と **ESP32** の違い

- CdSセルの接続先のピン番号（ESP32では35番、Arduinoでは A0）

▼ ❶ 変数の宣言

3行目の文で、i／dac／dac_min／dac_maxの4つのint型の変数と、10個の要素を持つ配列dacsを宣言しています。それぞれの変数の使いみちは、表2.8の通りです。

表2.8　各変数の使いみち

変数	使いみち
i	for文での繰り返し回数のカウント
dac	最終的な値を計算
dac_min	最小値を保存
dac_max	最大値を保存
dacs[10]	10回の読み取り値を保存

94

▼ ❷ 最小値／最大値の初期化

5行目と6行目では、変数dac_min／dac_maxに、初期値としてそれぞれ9999と−1を設定します。

あとでセンサーから読み取った値とこれらの変数を比較して、それまでの最大値／最小値を超えたら、値を更新するようにします。そこで、dac_minの初期値は、センサーの取りうる値よりも大きくしておきます。逆に、dac_maxの初期値は、センサーの取りうる値よりも小さくしておきます。

▼ ❸ センサーから値を10回読み込む

7〜16行目では、センサーから値を10回読み込み、配列に代入していきます。7行目のfor文で変数iの値を0から9まで順に変化させながら繰り返し、8行目で配列dacsに読み取った値を代入していきます。インデックスを変数iで指定していますので、繰り返しが進むごとに、配列の0番から9番までの要素に順に値が代入されます。

9〜11行目は、**読み取った値と、それまでの最小値とを比較して、読み取った値の方が小さければ最小値を更新する**処理です。また、12〜14行目は、最大値を更新する処理です。

▼ ❹ 読み取った値の合計を求める

18〜21行目は、10回の読み取り値を合計して、変数dacに代入する処理です。

まず、18行目で変数dacの値を0にしておきます。そして、19〜21行目のfor文で、変数dacに配列dacsのそれぞれの要素の値を足していきます。

▼ ❺ 平均の計算と出力

23行目では、10回の読み取り値の合計から最大値（dac_max）と最小値（dac_min）を引き、その残りを8で割って平均を求めています。そして、24行目で変数dacの値を出力します。

▌サンプルファイル

ここで取り上げたサンプルファイルは、ESP32用は「part2」→「cds_array_esp32」フォルダ、Arduino Uno用は「part2」→「cds_array_arduino」フォルダにあります。

配列を使う際の注意

配列はインデックスで要素を指定しますが、**インデックスの値が適切であるかどうかのチェックは、自分で行う必要があります。**

たとえば、「int a[10];」のように、10個の要素を持つ配列を宣言したとします。この状態で、次のような文を実行して、宣言した10個の要素を超える要素に値を代入しようとすると、プログラムが誤動作します（リセットがかかったりします）。

```
a[20] = 123;
```

配列を使うプログラムで、**動作が思うようにいかない場合、要素の番号が正しくないことがよくあります。**この点には注意する必要があります。

ポインタの利用

C言語／C++の特徴の1つとして、「ポインタ」があります。この節では、このポインタについて解説します。

メモリのアドレスを指し示す「ポインタ」

コンピュータの中では、**情報はメモリに記憶されています。**ここまで変数や配列を紹介しましたが、変数や配列もメモリに記憶されます。

メモリは多数ありますので、**それぞれに番号を付けて区別するように**なっています。この番号のことを、「**アドレス**」と呼びます。

C言語／C++のプログラムでは、場合によっては、**アドレスをもとにして、メモリにアクセスする**ことがあります。そのときに「**ポインタ**」というものを使います。**ポインタは変数の一種で、アドレスを代入するためのもの**です。

■ポインタの宣言

ポインタは変数の一種なので、宣言してから使います。宣言の仕方は次のようになり、変数名の前に「*」を付けます。

```
型名  *変数名;
```

たとえば、「num_p」という名前のint型のポインタを宣言するには、次のように書きます。

```
int *num_p;
```

同じ型のポインタを複数宣言する場合は、「*変数名」の部分をコンマで区切って複数書くこともできます。たとえば、「p1」と「p2」という名前のint型のポインタを宣言するには次のように書きます。

```
int *p1, *p2;
```

変数のアドレスをポインタに代入する

ポインタにはアドレスを代入しますが、好き勝手なアドレスを代入することはできません。**何らかの形でメモリを確保して、そのメモリのアドレスを代入する**ようにします。

その方法の1つとして、「変数のアドレスを代入する」ということがあります。変数を宣言すると、その変数のためにメモリが確保されますので、そのアドレスを代入することができます。

ある変数のアドレスを得るには、その変数名の前に「**&**」を付けます。たとえば、int型の変数numと、ポインタnum_pがあるとします。この場合、変数numのアドレスをポインタnum_pに代入するには、次のように書きます。

```
num_p = &num;
```

仮に、変数numが100番のメモリに記憶されているとします。この場合、上の文を実行すると、ポインタnum_pには、numのアドレスである100が代入されることになります（図2.24）。

図2.24　ポインタに変数のアドレスを代入する例

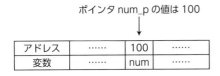

ポインタでメモリにアクセスする

ポインタにはメモリのアドレスが入っていますので、**そのアドレスのメモリの値を読み出したり、値を代入したりすることができます。**

「ポインタが指すメモリの内容」は、「***ポインタ名**」のように表します。たとえば、ポインタnum_pが指すメモリに、123という値を代入するには、次のように書きます。

```
*num_p = 123;
```

ポインタと配列の関係

前の節で配列を紹介しましたが、**配列はポインタと密接な関連があります。**

配列の先頭要素のアドレスをポインタに代入する

配列を宣言すると、連続したメモリ領域が確保されます。この状態で、次のような文を実行すると、**配列の先頭要素のアドレスが、ポインタに代入されます。**

```
ポインタ = 配列変数名;
```

たとえば、リスト2.22のようなプログラムを実行したとします。この場合、ポインタpには、配列dataの先頭要素のアドレスが代入されます。

リスト2.22　配列の先頭要素のアドレスをポインタに代入する

```
int data[10], *p;
p = data;
```

ESP32だと、int型のデータは4バイトのメモリを使います。仮に、配列dataの先頭のアドレスが100番だったとすると、そのあとの各要素のアドレスは、104番、108番……のようになります。そのため、リスト2.22を実行したときの状況は、図2.25のようになります。

図2.25　リスト2.22を実行したときの状況

ポインタ p の値は 100

アドレス	……	100	104	……	136	……
要素	……	data[0]	data[1]	……	data[9]	……

Arduino と **ESP32** の違い

Arduino Uno では、int型のデータは2バイトのメモリを使います。そのため、Arduino Unoの場合、図2.25の配列の各要素のアドレスは、100番、102番、104番……のようになります。

ポインタで配列にアクセスする

ポインタに配列の先頭要素のアドレスを代入したあとで、**ポインタを通してその配列の各要素にアクセスすることができます。**

まず、98ページで述べたように、「*ポインタ名」の書き方を使うことができます。この書き方をすると、配列の先頭の要素にアクセスする形になります。

たとえば、リスト2.23のプログラムを実行するとします。2行目の文で、ポインタpに配列dataの先頭のアドレスを代入しています。そのため、3行目の文を実行すると、ポインタpを通して、配列dataの先頭の要素に1を代入する動作になります。仮に、ポインタpの値が100だったとすると、動作は図2.26のようになります。

リスト2.23　ポインタを通して配列の先頭要素に1を代入する

```
int data[10], *p;
p = data;
*p = 1;
```

図2.26　リスト2.23の動作

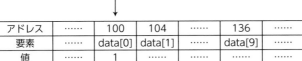

ポインタ p の値は 100

アドレス	……	100	104	……	136	……
要素	……	data[0]	data[1]	……	data[9]	……
値	……	1	……	……	……	……

*p＝1 で配列の先頭要素に 1 を代入

また、ポインタを通して配列の各要素にアクセスするには、「*（**ポインタ＋インデックス**）」か、「**ポインタ［インデックス］**」のどちらかの書き方を使います。後者の書き方は配列と全く同じになります。

たとえば、pがポインタであって、かつある配列の先頭アドレスが代入されているとします。この場合、次のどちらの文も、その配列の1番の要素に10を代入する動作になります。

```
*(p + 1) = 10;
p[1] = 10;
```

ポインタをどう使う？

　ここまでの話を読んでみても、「**ポインタをどのようにして使えばよいのか？**」ということがわかりにくいのではないかと思います。

　かつてのC言語では、ポインタを使う機会が多くありました。しかし、ポインタは理解しにくく、C言語習得の壁になっていました。そのため、C++やArduino言語では、ポインタを極力使わなくても済むような仕組みが導入されています。

　ただ、ポインタを全く使わなくてもいいかといえば、そうではありません。時々ですが、ポインタが必要な場面があります。

▌文字列とポインタの関係

　C言語では、**文字列は本来は「文字の配列」として扱います。**ただ、それではあまり扱いやすいとはいえません。そこで、Arduinoでは**String型**が用意され、文字列を扱いやすくなっています。

　ただ、場合によっては、String型ではなく、文字の配列として文字列を扱う場合もあります。その際に、ポインタが絡んできます。

▌関数とポインタの関係

　関数を呼び出す際に、「**ポインタ渡し**」という方法を使うことがあります（➡154ページ）。これも、かつてのC言語では一般的によく使われていた方法です。ただ、現在のC++（およびArduino言語）では、ポインタ渡しではなく「**参照渡し**」という方法を使うことができます（➡153ページ）。

▌状況によって要素数が変わる配列

　C言語では、配列を宣言する際に、要素の数を指定する必要があります（➡92ページ）。ただ、場合によっては、**プログラムの動作状況に応じて配列の要素の数を変えたいこともあります。**

　この場合には、「**malloc**」という関数を使ってメモリを動的に確保し、そのアドレスをポインタに代入して、そのポインタを介して配列を操作するという手法を取ります。なお、malloc関数については173ページで解説します。

変数にアクセスできる範囲（スコープ）と寿命を理解する

プログラムの中では変数を多用しますが、変数をどこで宣言するかによって、プログラムの中で変数を使える範囲（スコープ）が異なります。また、変数がいつからいつまで存在するか（寿命）も違います。この節では、変数のスコープと寿命を取り上げます。

1つの関数の中だけでアクセスできる変数（ローカル変数）

一般に、プログラムは多数の関数を組み合わせて作っていきます。ここまで作ったプログラムではsetup関数とloop関数だけですが、複雑なプログラムになると、処理を関数に分けていくことが一般的です。

関数の中で変数を宣言すると、その変数はその関数の中でのみアクセスすることができ、ほかの関数から読み書きすることができません。このような変数のことを、「**ローカル変数**」と呼びます。

ローカル変数の例

たとえば、リスト2.24のようなsetup関数とloop関数があるとします。setup関数では、int型の変数aとbを宣言しています。一方、loop関数では、int型の変数cとdを宣言しています。

この場合、setup関数内の変数aとbは、loop関数では読み書きすることができません。一方、loop関数内の変数cとdは、setup関数内では読み書きすることができません。

リスト2.24　ローカル変数の例

```
void setup() {
  int a, b;
  ……
}

void loop() {
```

```
  int c, d;
  ......
}
```

ローカル変数の寿命

ローカル変数は、関数が実行されるたびに生成され、関数の実行が終わるとメモリから消えます。

たとえば、前述のリスト2.24では、loop関数の中で宣言した変数cとdは、loop関数が実行されるたびに生成され、loop関数が終わるたびにメモリから消えます。

ブロック内の変数

「{」と「}」で囲まれた部分を、「**ブロック**」と呼びます。if文やfor文では、条件によって実行する範囲を「{」と「}」で囲みますが、それもブロックにあたります。

ブロックの中で変数を宣言すると、その変数はそのブロックの中だけでアクセスすることができ、ブロックの外からアクセスすることはできません。また、ブロックが終了するとメモリから消えます。

たとえば、loop関数をリスト2.25のように書いた場合、if文のブロックで宣言した変数xは、if文から抜けるとメモリから消え、アクセスすることができなくなります。

リスト2.25　ブロック内で変数を宣言する例

```
void loop() {
  ......
  if (条件) {
    int x;
    ......
  }
  ......
}
```

また、if文やfor文などの「(」と「)」の間で変数を宣言すると、その変数はそのif文などのブロックの中だけでアクセスすることができます。

たとえば、リスト2.26のようなfor文があるとします。かっこの中で「int i = 0;」として、変数iを宣言し、0で初期化しています。この変数iは、for文のブロックの中でのみアクセスすることができます。

リスト2.26　for文のかっこの中で変数を宣言する例

```
for (int i = 0; i < 10; i++) {
  ......
}
```

すべての関数からアクセスできる変数（グローバル変数）

　状況によっては、**プログラムのどこからでも同じ変数にアクセスできるようにしたい場合があります**。たとえば、プログラム全般の設定を変数に記憶する場合、その変数はプログラムのあちこちの関数からアクセスすることが必要になります。

　このような場合は、「**グローバル変数**」を宣言します。**グローバル変数は、すべての関数からアクセスできるような変数**です。関数の外で変数を宣言すると、その変数はグローバル変数になります。

　また、**グローバル変数は、プログラムの実行中は常にメモリに存在します**。ある関数の実行が終わっても、メモリからは消えません。

グローバル変数の例

　たとえば、リスト2.27のようなプログラムがあるとします。1行目でint型の変数xを宣言していますが、この宣言の文は関数の外にありますので、変数xはグローバル変数になります。

　また、変数xはグローバル変数なので、setup関数／loop関数のどちらからもアクセスすることができます。5行目の「x = 0;」の文は、グローバル変数のxに0を代入する動作になります。また、9行目の「x++;」の文は、グローバル変数のxの値を1増やす動作になります。

　さらに、xはグローバル変数なので、メモリにずっと存在します。そのため、loop関数が実行されるたびに、xの値は1ずつ増えていきます。結果として、このプログラムを実行すると、**シリアルモニタに1、2、3……と数が順に出力されます**（図2.27）。

　なお、リスト2.27のサンプルファイルは、「part2」→「global」フォルダにあります。

リスト2.27　グローバル変数の例

```
int x;

void setup() {
```

```
  Serial.begin(115200);   // シリアルモニタを初期化
  x = 0;                  // グローバル変数xに0を代入する  5行目
}


void loop() {
  x++;                    // グローバル変数xの値を1増やす  9行目
  Serial.println(x);
}
```

図2.27　リスト2.27を実行したときのシリアルモニタの出力

ローカルであるが消えない変数（static変数）

　ローカル変数は、関数（または関数内のブロック）の中だけでアクセスすること
ができ、関数（やブロック）が終わるとメモリから消えます。一方、グローバル変
数はすべての関数からアクセスすることができ、またプログラムの実行中はメモ
リに存在し続けます。

　ただ、場合によっては、「**特定の関数内だけでアクセスできて、なおかつプログラ
ムの実行中はメモリに存在し続ける**」という、ローカルとグローバルの中間的な変
数が必要になることもあります。

　この場合は、関数内で変数を宣言する際に、次のように「**static**」というキーワー
ドを追加します。

```
static 型名  変数名;
```

また、次のように初期値を指定すると、関数が初めて実行される時点でその変数に初期値が代入されます。

```
static 型名  変数名 = 初期値;
```

　たとえば、リスト2.28のようなloop関数があるとします。この場合、初めてloop関数が実行される際に、2行目の文でint型のstatic変数xが宣言され、1で初期化されます。そして、loop関数が実行されるごとに、xの値がシリアルモニタに出力され（4行目）、xの値が2増えます（5行目）。結果として、シリアルモニタには1、3、5……と奇数が表示されます。

リスト2.28　static変数の例

```
void loop() {
  static int x = 1;     // static変数のxを宣言して1で初期化  2行目

  Serial.println(x);    // 変数xの値をシリアルモニタに出力  4行目
  x += 2;               // xの値を2増やす  5行目
}
```

グローバル変数とstatic変数を使う例

　93ページで、配列を使ってセンサーのデータを平均する例を紹介しました。そのときは、loop関数を1回実行するごとにデータを10回読み込んで、その平均を求めていました。

　これを変えて、loop関数を1回実行するごとにデータを1回だけ読み込むようにし、それ以前に読み込み済みのデータと合わせて平均するようにしてみます。

このプログラムの考え方

　この例では、読み込んだデータを配列のどの要素に記憶するかを、「ptr」というint型の変数で表すことにします。そして、loop関数が1回実行されるごとに、配列のptr番目の要素に値を代入して、ptrの値を1つ増やします。たとえば、ptrの値が3の場合だと、図2.28のように動作します。

　また、ptrが9（＝配列の最後）の場合は、ptrの値を1増やすと10になって、インデックスの上限を超えてしまいます。そこで、その場合はptrの値を0に戻すようにします（図2.29）。

　ただし、プログラムが始まった直後は、まだデータがない状態です。そこで、setup関数で10回データを読み込んで、あらかじめ配列の各要素に代入しておくようにします。

　このようにするには、**setup関数とloop関数の両方で、同じ配列にアクセスする**ことが必要です。そこで、配列はグローバル変数にします。

　また、**変数ptrの値はloop関数の中だけで使いますが、loop関数が終わってもメモリに存在し続ける**ことが必要です。そこで、変数ptrはstatic変数にします。

図2.28　配列のptr番目の要素に値を代入して、ptrの値を1つ増やす

インデックス	0	1	2	3	4	5	6	7	8	9
要素の値										

　　　　　　　　　↑
　　　　　　　　　ptr

↓読み込んだデータを配列に記憶して、ptr を 1 増やす

インデックス	0	1	2	3	4	5	6	7	8	9
要素の値										

　　　　　　　　　　↑
　　　　　　　　　　ptr

図2.29　ptrがインデックスの上限を超えたら0に戻す

インデックス	0	1	2	3	4	5	6	7	8	9
要素の値										

　　　　　　　　　　　　　　　　　　　　↑
　　　　　　　　　　　　　　　　　　　　ptr

↓ptr がインデックスの上限を超えるので 0 に戻す

インデックス	0	1	2	3	4	5	6	7	8	9
要素の値										

　　↑
　　ptr

グローバル変数の宣言とsetup関数

　まず、読み込んだデータを記憶するために、グローバル変数の配列を宣言します。そして、setup関数の中で、最初の10回のデータを読み込みます（リスト2.29）。

　グローバル変数の宣言は、1行目の文で行っています。int型で要素が10個の配列を宣言し、名前をdacsにしています。

　そして、8～14行目で10回の繰り返しを行い（8行目）、CdSセルから読み込ん

だ値を配列の0番〜9番の要素に記憶します（12行目）。また、データの読み込み中であることを、シリアルモニタに出力します（10〜11行目）。

なお、このsetup関数はESP32用です。Arduino Unoで実行する場合は、6行目と12行目にある「35」を「A0」に置き換えます。

リスト2.29　グローバル変数の宣言とsetup関数

```
int dacs[10];              // データを記憶するための配列  1行目

void setup() {
  int i;

  pinMode(35, INPUT);      // 35番ピンを入力用にする  6行目
  Serial.begin(115200);    // 通信速度を115200bpsにする
  for (i = 0; i < 10; i++) {   // 10回繰り返す  8行目
    // メッセージを出力
    Serial.print(i);
    Serial.println("番目の初期値データを読み込んでいます");
    dacs[i] = analogRead(35);  // データを読み込む  12行目
    delay(500);              // 0.5秒間待つ
  }
}
```

Arduino と **ESP32** の違い

- CdSセルの接続先のピン番号（ESP32では35番、ArduinoではA0）

loop関数

loop関数の内容は、94ページのサンプルと似ています。ただし、読み込んだデータを配列に記憶する部分が異なります（リスト2.30）。

まず、今回のプログラムでは、**記憶先の要素の番号を、static変数のptrで表す**ようにします（4行目）。そして、**データを記憶するごとにptrの値を1つ増やして、次の記憶先を指す**ようにします（7行目）。

また、ptrの値が9のときにptrの値を1増やすと10になって、インデックスの上限を超えます。そこで、ptrの値が10になったら、0に戻すようにします（8〜10行目）。

なお、このloop関数はESP32用です。Arduino Unoで実行する場合は、6行目にある「35」を「A0」に置き換えます。

リスト2.30　loop関数

```
void loop() {
  // 変数の宣言
  int i, dac, dac_min, dac_max;
  static int ptr = 0;

  dacs[ptr] = analogRead(35);      // 電圧を読み取って配列dacsのptr番目の要素に代入  6行目
  ptr++;                            // 変数ptrの値を1増やす  7行目
  if (ptr == 10) {                  // 配列の最後の要素まで値を代入した？  8行目
    ptr = 0;                        // 次の代入先を最初の要素に戻す
  }
  dac_min = 9999;                   // 最小値の初期値を9999にする
  dac_max = -1;                     // 最大値の初期値を-1にする
  for (i = 0; i < 10; i++) {        // 変数iを0から9まで変化させながら繰り返す
    if (dacs[i] < dac_min) {        // 読み取った値が最小値より小さければ、
      dac_min = dacs[i];            // 最小値を更新する
    }
    else if (dacs[i] > dac_max) {   // 読み取った値が最大値より大きければ、
      dac_max = dacs[i];            // 最大値を更新する
    }
  }

  dac = 0;                          // 変数dacを0に初期化
  for (i = 0; i < 10; i++) {        // 配列dacsの各要素を変数dacに順に足す
    dac += dacs[i];
  }
  // 10回の合計から最大値と最小値を引き、8で割って平均する
  dac = (dac - dac_max - dac_min) / 8;
  Serial.println(dac);             // 変数dacの値をシリアルモニタに出力する
  delay(500);                      // 0.5秒間待つ
}
```

Arduino と **ESP32** の違い

- CdSセルの接続先のピン番号（ESP32では35番、ArduinoではA0）

サンプルファイル

　ここで取り上げたサンプルファイルは、ESP32用は「part2」→「cds_var_esp32」フォルダにあります。また、Arduino Uno用は「part2」→「cds_var_arduino」フォルダにあります。

定数に名前を付ける

プログラムの中で出てくる定数に名前を付けると、プログラムが読みやすくなります。この節では定数に名前を付ける方法を紹介します。

定数には名前を付けた方がよい

プログラムの中に定数を直接書くと、プログラムの意味がすぐには理解しにくくなります。

たとえば、3番ピンにLEDを接続して点灯させるとします。次のように書けば可能ですが、「3」が何を意味するのかがすぐにはわかりにくいです。

```
digitalWrite(3, HIGH);
```

そこで、「3」と定数を書く代わりに、「led_pin」のような名前を付けて次のように書けば、プログラムが読みやすくなります。

```
digitalWrite(led_pin, HIGH);
```

このように、定数には名前を付けた方がよいのです。その方法として、「#define文」と「const」の2つの方法があります。

プログラム内の文字列を置き換える——#define文

定数を扱う1つの方法として、「#define」という文があります。

#define文は、プログラム中のある文字列を、ほかの文字列に置換する働きをするもので、「マクロ」と呼ばれます。定数を定義する際に、#define文を使うことがよくあります。

#define文は次のような書き方をします。また、#define文は、通常はプログラムの先頭の方（setup関数などよりも前）に記述します。

```
#define マクロ名 置換後の値
```

たとえば、次のような #define 文を書いたとします。

```
#define LED_PIN 3
```

これ以後のプログラムの中で「LED_PIN」という文字列が出てくると、それらはすべて「3」に置換されます。結果として、定数の「3」に、「LED_PIN」という名前を付けたのと同じような効果があります。

なお、#define文で定数に名前を付ける場合、大文字のアルファベットを使うことが一般的です。

読み取り専用の変数を宣言する――const

通常の変数は代入／読み取りの両方を行うことができます。一方で、定数を扱うために、**読み取り専用の変数**を宣言することができます。その際には次のような書き方をして、「**const**」を付加します。

```
const 型名 変数名 = 値;
```

たとえば、int型の変数led_pinを宣言し、値として3を代入して、読み取り専用にしたいとします。この場合は、次のような書き方をします。

```
const int led_pin = 3;
```

constを付けて宣言した変数は、読み取り専用になりますので、**値を代入することはできません。**たとえば、上のように変数led_pinを宣言したあとで、「led_pin = 5;」のような文でほかの値を代入しようとすると、コンパイル時に「assignment of read-only variable '変数名'」のようなエラーが発生します。

■ ポインタとconstの関係

ポインタを宣言する際にも、constを使うことができます。ただ、ポインタでは、次の2つの代入先があり、それぞれをconstにするかどうかを決めることができます。

❶ ポインタに代入するメモリのアドレス

❷ ポインタが指しているメモリの内容

　次のように、変数名の前にconstを付けて宣言すると、ポインタに代入するアドレスが読み取り専用になり、別のアドレスを代入することができなくなります。

```
型名* const 変数名 = アドレス;
```

　たとえば、リスト2.31のようなプログラムの場合、ポインタptrには配列aの先頭要素のアドレスが代入され、それ以後はptrにアドレスを代入しなおすことができなくなります。

リスト2.31　ポインタにアドレスを代入しなおすことができないようにする
```
int a[10];
int* const ptr = a;
```

　一方、次のように宣言すると、ポインタが指しているメモリに代入することができなくなります。

```
const 型名 *変数名;
```

　たとえば、次のようにポインタptrを宣言した場合、ptrが指すメモリに代入することができなくなります。

```
const int *ptr;
```

　さらに、次のような書き方をすれば、ポインタに代入するアドレスと、ポインタが指すメモリの内容の両方が読み出し専用になります。

```
const 型名* const 変数名 = アドレス;
```

　たとえば、リスト2.32のようなプログラムの場合、ポインタptrには配列aの先頭要素のアドレスが代入され、それ以後はptrにアドレスを代入しなおすことができなくなります。また、ptrの指すメモリに何かを代入することもできなくなります。

リスト2.32　アドレスを代入しなおすこともメモリに代入することもできないようにする

```
int a[10];
const int* const ptr = a;
```

そのほかの便利な構文

第2章の最後に、この節までで出てきていない構文の中で、よく使うものをいくつか紹介します。

プログラムにコメントを付ける

　一度作ったプログラムを、しばらく時間がたってから見直してみると、プログラムの内容を忘れてしまっていて、「ここは何をする処理だったっけ？」となってしまうことが少なくありません。このようなことをなるべく避けるために、プログラムに「**コメント**」を付けておくことをおすすめします。

　コメントは、プログラム中に入れておくことができるメモのようなものです。あとでプログラムを見直したり、複数人でプログラムを作ったりするときのために、「ここは何をする処理なのか」ということをコメントとして書いておくことができます。

　また、コメントの部分は、コンパイルする際には無視されるようになっていますので、プログラムの実行には全く影響しません。

　コメントを書く方法は、次の2つがあります。

▌行末までのコメント

　1つ目の方法は、「**//**」を使う書き方です。「**//**」から行末までに書いたものは、**コメントとみなされます**。たとえば、次の文では、「**//**」のあとにある「LEDを点灯する」はコメントとなります。

```
digitalWrite(led_pin, HIGH);  // LEDを点灯する
```

▌複数行にまたがるコメント

　もう1つの方法は、**コメントにしたい部分を**「**/***」と「***/**」で囲む書き方です。複数行にまたがるコメントを入れたい場合に、この書き方を使うことができます。

たとえば、リスト2.33のように書くと、「/*」と「*/」の間にある文章はコメントとみなされます。

リスト2.33 複数行にまたがるコメント

```
/*
この部分はコメントです。
プログラムの実行には影響しません。
*/
```

データの型の変換

C言語では、数値の型としてintやfloatなどいくつかの種類があります。計算式などの中で、型が異なる変数を混在させる場合に、「**型の変換**」を考慮する必要が出てくることがあります。

▌暗黙的[5]な型変換

代入の際には、**左辺の型に合わせて自動的に変換が行われます**。たとえば、次の文で、変数dがdouble型、変数iがint型の場合、dにはiをdouble型に変換した値が代入されます。

```
d = i;
```

また、式の中で2つの型が混在する場合、精度が高い方に合わせて、自動的に型が変換されるようになっています。

たとえば、前述の例と同じようにdouble型の変数dとint型の変数iがあるとします。int型よりもdouble型の方が精度が高いので、次の計算をすると変数iはdouble型に変換されてから計算されます。

```
d + i
```

▌キャストでの型変換

場合によっては、型を明示して変換することが必要になることもあります。これを「**キャスト**」と呼びます。値や変数の前に「(型名)」のように書くことで、キャ

---

[5] 「人間が意識しなくても、プログラミング言語側が自動的に処理してくれる」ような状況のことを、「暗黙的」と呼びます。

ストを行うことができます。

たとえば、リスト2.34のようなプログラムがあるとします。このとき、変数d
はdouble型なので、10÷4を小数点以下まで求めて、2.5が代入されるように思う
かもしれません。しかし、変数aとbはともにint型なので、割り算の際には型の
変換は行われず、整数での割り算が行われ、そのあとに代入の処理が行われます。
結果として、変数dの値は2になります。

リスト2.34　割り算の結果が思うようにならない例

```
int a = 10, b = 4;
double d;

d = a / b;
```

dの値が2.5になるようにするには、aとbをdouble型に変換すればOKです。そ
こで、割り算の文を次のように書き換えてキャストすれば、意図した通りの動作
になります。

```
d = (double) a / (double) b;
```

なお、**計算式の中で2つの型が混在する場合、精度が高い方に合わせて自動的に
型が変換されます。**そのため、上の式では、aとbの両方ではなく、aだけを
double型にキャストすれば、bも自動的にdouble型に変換されることになります。
したがって、次のようにしてもかまいません。

```
d = (double) a / b;
```

条件によってコンパイルする部分を変える

条件によって、プログラムの一部をコンパイルするかどうかを変えたい場合があり
ます。たとえば、次のような場合です。

❶ プログラムにデバッグ用の処理を入れたときに、完成版ではその部分をコンパ
イルしないようにしたい

❷ 複数のボード（例：ESP32とArduinoの両方）に対応したプログラムを書き、
Arduino IDEでのボードの選択に応じて、そのボード用の部分だけがコンパ
イルされるようにしたい

このようなときには、リスト2.35のような構文を使って、**マクロが定義されているかどうかで、コンパイルする部分を変えることができます。**

1つのマクロだけを対象にする場合は、#elifの部分は省略します。また、マクロが定義されていないときに何もしない場合は、#elseの部分を省略します。

リスト2.35　マクロが定義されているかどうかでコンパイルする内容を変える

```
#if defined(マクロ1)
マクロ1が定義されているときにコンパイルする部分
#elif defined(マクロ2)
マクロ2が定義されているときにコンパイルする部分
……
#elif defined(マクロn)
マクロnが定義されているときにコンパイルする部分
#else
マクロ1〜マクロnのどれも定義されていないときにコンパイルする部分
#endif
```

また、複数のマクロのどれかが定義されているかどうかでコンパイルするかどうかを変えたい場合は、次のように「defined(マクロ名)」の部分を「||」で区切って複数書きます。

```
#if defined(マクロ名1) || defined(マクロ名2) || …… || defined(マクロ名n)
```

なお、マクロを1つだけ判断して、#elifを使わない場合は、「#if defined(マクロ名)」を「#ifdef マクロ名」と書くこともできます。

デバッグ用の処理をコンパイルするかどうかを変える

デバッグ用の処理をコンパイルするかどうかを変えたい場合だと、リスト2.36のようにプログラムを組んでおきます。

リスト2.36　デバッグ用の処理をコンパイルするかどうかを変えられるようにする

```
#if defined(DEBUG)
デバッグ用の処理
#endif
```

デバッグ用の処理を有効にする場合は、リスト2.36より前の部分に「#define DEBUG 1」のような文を入れて、「**DEBUG**」というマクロを定義します。一方、デバッ

グ用の処理を無効にする場合は、「DEBUG」のマクロを定義しない（DEBUGを定義する #define 文を入れない）ようにします。

■複数のボードに対応させる

Arduino IDE では、**ボードマネージャで選択したボードに応じてマクロが定義される**ようになっています（表2.9）。

これらの**マクロが定義されているかどうかで、コンパイルする部分を切り替えれば、複数のボードに対応したプログラムを作ることができます。**

リスト2.37は、CdSセルの値を読み取る例（➡59ページ）を、ESP32とArduino Unoのどちらでもコンパイルできるようにした例です。定数に代入する値を、ESP32とArduino Unoとで別々にするために、プログラムの先頭部分に #if～#endif の部分を入れています。

なお、リスト2.37のサンプルファイルは、「part2」→「detect_board」フォルダにあります。

表2.9　ボードを判別するためのマクロ（主なもの）

定数	ボード
__AVR_ATmega328P__	CPU に ATmega328P を搭載したボード（Arduino Uno や Arduino Nanoと、それらの互換ボード）
__AVR_ATmega32U4__	CPUにATmega32U4を搭載したボード（Arduino Leonardo や Arduino Microと、それらの互換ボード）
__AVR_ATmega2560__	CPUにATmega2560を搭載したボード（Arduino Mega 2560 と、その互換ボード）
ARDUINO_AVR_NANO_EVERY	Arduino Nano Every
ESP32	ESP32搭載のボード

リスト2.37　複数のボードに対応する例

```
#if defined(__AVR_ATmega328P__)
const int cds_pin = A0;      // Arduino Unoでのピン番号
const int dac_max = 1024;    // Arduino Unoでのアナログ入力の最大値
const float volt_max = 5.0;  // Arduino Unoでのアナログ入力の最大値に対応する電圧
#elif defined(ESP32)
const int cds_pin = 35;      // ESP32でのピン番号
const int dac_max = 4096;    // ESP32でのアナログ入力の最大値
const float volt_max = 3.3;  // ESP32でのアナログ入力の最大値に対応する電圧
#endif

void setup() {
  pinMode(cds_pin, INPUT);   // CdSのピンを入力用にする
```

```
  Serial.begin(115200);        // 通信速度を115200bpsにする
}

void loop() {
  int dac;                     // int型の変数dacを宣言する
  float volt;                  // float型の変数voltを宣言する

  dac = analogRead(cds_pin);   // 電圧を読み取って変数dacに代入する
  volt = volt_max * dac / dac_max; // 読み取った値を電圧に変換する
  Serial.println(volt);        // 変数voltの値をシリアルモニタに出力する
  delay(1000);                 // 1秒間待つ
}
```

配線図を描くのに便利な「Fritzing」

　本書の中では、ArduinoやESP32と各種パーツとの配線図が多数出てきます。これらの図は、すべて「Fritzing」というソフトで描いています（図2.30）。

　Fritzingはオープンソースで開発されている電子工作向けのソフトで、配線図や回路図などを描く機能を持っています。Arduinoはもちろんのこと、さまざまなマイコンや電子部品のデータが用意されていて、それらを組み合わせて配線図を簡単に描くことができます。

　また、多くのFritzingユーザーによって、標準では用意されていない部品も作られています。たとえば、ESP32は標準では含まれていませんが、ユーザーが作ったものが公開されています。

　Fritzingは次のサイトでダウンロードすることができます。Windows／Mac／Linuxに対応しています。

https://fritzing.org/

図2.30　Fritzing

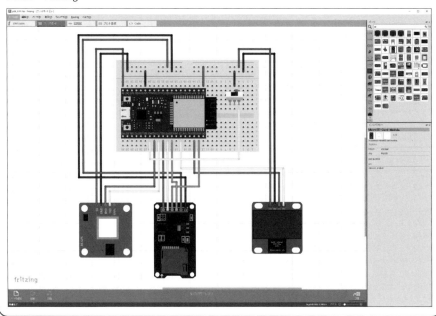

第**3**章

関数の使い方

ESP32やArduinoでプログラムを作っていく中で、「関数」を
使う場面は多いです。第3章では、Arduino言語の組み込み関
数（計算関係／文字列処理／入出力のピンの制御／割り込みな
ど）の使い方や、ESP32の「DeepSleep」関係の関数の使い方、
また独自の関数（ユーザー定義関数）を作る方法など、関数の
使い方を解説していきます。

関数の仕組みを知る

第3章の初めとして、まず関数がどのようなものであるか、また動作の仕組みはどうなっているかといった基本を解説します。

関数とは？

中学校や高校の数学の授業で、「一次関数」や「三角関数」などが出てきますので、「**関数**」（かんすう）という言葉は聞いたことがあるはずです。

数学の中での関数は、変数に何かの値を与えたときに、一定の計算を行って結果を求めるものです。たとえば、「f(x)=2x+3」という関数の場合だと、「xの値を2倍して3を足す」という計算を行って結果を求めます。

プログラミング言語での関数も、数学的な関数と似たものです。ただ、数学の関数よりも概念を広げて、「**何らかの値を与えると、それに応じて処理をして、結果の値を返す**」ものになります。

たとえば、「ピン番号を与えると、そのピンから入力値を読み取って、読み取った値を返す」というような処理を、関数として定義することができます。

関数に与える値のことを、「**引数**」（ひきすう）や「**パラメータ**」と呼びます。また、関数の処理後に返される結果のことを、「**戻り値**」（もどりち）と呼びます。引数と戻り値の用語を使えば、関数は「**引数を与えると、それに応じた処理をして、戻り値を返すもの**」ということができます（図3.1）。

図3.1 関数の仕組み

組み込み関数とユーザー定義関数

　Arduino言語や、そのベースになっているC言語／C++には、あらかじめ用意されている関数が多数あります。そのような関数を総称して、「**組み込み関数**」と呼びます。数学的な計算を行う関数や、文字列の処理、日付・時刻の操作など、さまざまな関数があります。

　一方で、関数を自分で定義して、プログラムの中で利用することもできます。このような関数を総称して、「**ユーザー定義関数**」と呼びます。

　これまでに作ってきたプログラムでは、「setup」と「loop」の2つの関数を使ってきました。これらの関数も、自分で内容を決めていく関数ですので、ユーザー定義関数の一種といえます。

　また、プログラムのあちこちで、同じような処理を何度も行うことがよくあります。そのときに、その「**同じような処理**」をユーザー定義関数にまとめることで、**プログラムを効率的に作っていくことができます**。

　さらに、1つの関数の内容が非常に長くなると、プログラムが読みにくくなっていきます。そのようなときには、その**関数を大まかなブロックごとに細かな関数に分け、それぞれの関数をなるべくシンプルにして、メンテナンスしやすい形にする**こともできます。

関数の呼び出し方

　プログラムの中で関数を使うには、一般的に次のような書き方をします。

```
変数 = 関数名(引数1, 引数2, ……, 引数n);
```

　「変数」には、戻り値を代入するための変数を指定します。関数によって、戻り値のデータの型が決まっていますので、その型の変数を使います。

　引数はかっこで囲みます。また、複数の引数が必要な関数の場合は、それらの引数をコンマで区切って並べます。

　たとえば、「func1」という関数があって、2つの引数を渡すことが必要だとします。引数を変数xとyで渡し、戻り値を変数zに代入する場合だと、次のように書きます。

```
z = func1(x, y);
```

　関数によっては、引数がない場合もあります。そのときは、かっこの間には何
も書きません。「関数名( )」のようになります。
　また、戻り値が不要な場合は、「変数 =」の部分を書かずに、「関数名(引数1, 引
数2, ……, 引数n);」の部分だけを書きます。

▌オブジェクトを処理する関数

　131ページで、String型の文字列の処理を行う関数を紹介します。String型を
はじめとして、「**オブジェクト**」と呼ばれるものでは、次のような形で関数を実行
することが多いです。

```
戻り値用変数 = 変数名.関数名(引数1, 引数2, ……, 引数n);
```

　たとえば、String型の変数strに文字列が入っているとして、その3文字目から
10文字目の前までを抜き出して、変数str2に代入する場合は次のように書きます。

```
str2 = str.substr(3, 10);
```

　なお、オブジェクトについては第4章で解説します。

数値を扱う関数

プログラムの中で、数値に対してさまざまな処理を行う場面があります。その場合は、数値関係の組み込み関数を使うことができます。

比較的簡単な関数

数値を扱う関数の中で、数学的な知識が特に必要なく、比較的簡単な関数として表3.1のようなものがあります。

表3.1　比較的簡単な関数

関数	戻り値
max(a, b)	aとbのどちらか大きい方の値
min(a, b)	aとbのどちらか小さい方の値
abs(a)	aの符号を取った値（aがマイナスの値なら、マイナスを取った値）
constrain(x, a, b)	xの値をa以上b以下に制限した値 図3.2参照
map(x, a, b, c, d)	図3.3参照

constrain関数は、引数を3つ取り、値をある範囲の中に制限したいときに使います（図3.2）。引数をx／a／bとすると、次の3つの状況に応じて戻り値が変わります。

❶ xがaとbの間にある → 戻り値はx
❷ xがaより小さい → 戻り値はa
❸ xがbより大きい → 戻り値はb

図3.2　constrain関数の動作

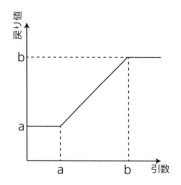

また、**map関数**は値を変換するときに使います。たとえば、ある数xが0以上100以下の数だったとして、それを0以上1000以下に変換して変数yに代入したいとします。この場合、次のように書きます。

```
y = map(x, 0, 100, 0, 1000);
```

図3.3　map関数の動作

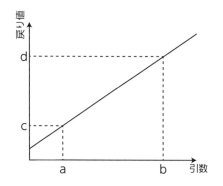

センサーからアナログ入力で読み取った値は、私たちが通常使うような値になっていないことがよくあります。たとえば、あるセンサーでは、値を読み取ったときに、0%に対応する値が1000、100%に対応する値が2000になるといった動作をしたりします。

この場合、map関数を使うと、読み取った値を実際の%に変換することができます。読み取った値が変数xに代入されていて、それを%に変換して変数yに代

入したい場合なら、次のように書きます。

```
y = map(x, 1000, 2000, 0, 100);
```

ただし、map関数は引数／戻り値ともにint型を使い、小数点以下の値は捨てられます。その点は注意が必要です。

乱数を扱う関数

サイコロのように、毎回ランダムな値（**乱数**）が必要になる場合があります。そのときは、乱数を生成する関数を使います。

▌乱数を生成する——random関数

random関数は、乱数を生成する関数です。引数は1つまたは2つ取り、いずれもlong型の値を使います。また、戻り値もlong型になります。

引数を1つだけ指定した場合は、0〜（引数の値−1）の範囲の整数の乱数が戻り値になります。たとえば、次のようにすると、変数xには0〜9までの乱数が代入されます。

```
x = random(10);
```

また、引数を2つ指定すると、（1つ目の引数の値）〜（2つ目の引数の値−1）の範囲の整数の乱数が戻り値になります。たとえば、次のようにすると、変数xには1〜6までの乱数が代入されます。

```
x = random(1, 7);
```

▌乱数のパターンを変える——randomSeed関数

random関数は、ある乱数の列をもとにして、順に乱数を生成しています。そのため、Arduinoが起動した直後に生成される乱数は、常に同じパターンになってしまいます。

そこで、「**randomSeed**」という関数を使って、乱数の生成パターンを変えるようにします。引数としてunsigned long型の値を取り、戻り値はありません。アナ

ログ入力から読み取った値など、randomSeed関数の引数には、一定しない値を
指定するようにします。

たとえば、次のようにすると、アナログ入力のA0ピンから読み取った値を、
randomSeed関数の引数に指定することになります。

```
randomSeed(analogRead(A0));
```

数学的な関数

三角関数や指数関数など、数学的な関数もいくつか用意されています（表3.2）。
三角関数では、引数の角度は弧度法（180度を π とする）で指定します。

引数の型は、sq関数とsqrt関数は任意の数値型で、それ以外の関数はfloatです。
また、戻り値の型はすべてdoubleです。

表3.2　数学的な関数

関数	戻り値
sin(x)	xの正弦（サイン）
cos(x)	xの余弦（コサイン）
tan(x)	xの正接（タンジェント）
pow(x, y)	xのy乗
sq(x)	xの2乗
sqrt(x)	xの平方根（ルート）

リスト3.1は、0度～360度に対応するsinとcosの値を計算し、それらをコンマ
で区切って、シリアルモニタに出力する例です。

このプログラムを実行したあと、Arduino IDEで「ツール」→「シリアルプロッ
タ[1]」メニューを選ぶと、出力された値をグラフにして見ることができます（図3.4）。

なお、リスト3.1のサンプルファイルは、「part3」→「sin」フォルダにあります。

リスト3.1　sinとcosをシリアルモニタに出力する

```
#define PI 3.141592653

void setup() {
  Serial.begin(115200);   // シリアルモニタを初期化する
}
```

1　シリアルプロッタは、シリアルから送信されてきた値をグラフ化して表示する機能です。

```
void loop() {
  for (int i = 0; i < 360; i++) {    // iの値を0〜360で変化させながら繰り返す
    Serial.print(sin(PI / 180 * i));  // sinを求めてシリアルモニタに出力する
    Serial.print(",");                // 「,」をシリアルモニタに出力する
    Serial.println(cos(PI / 180 * i)); // cosを求めてシリアルモニタに出力する
    delay(100);                        // 0.1秒間待つ
  }
}
```

図3.4　リスト3.1の出力結果をシリアルプロッタでグラフ化した例

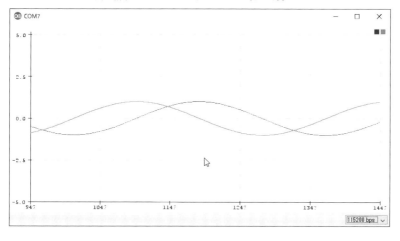

文字列関係の処理を行う

プログラムの中で、文字列を加工したりすることもよくあります。そのため、文字列関係の関数も用意されています。

文字列操作関数の書き方

Arduinoでは、**String型**の文字列を扱うことが多いです。String型は「オブジェクト」に属し（オブジェクトは195ページで解説します）、次の形で関数を実行することが多いです。

```
戻り値用変数 = 変数名.関数名(引数1, 引数2, ……, 引数n);
```

String型はオブジェクトなので、上の書き方を使って関数を実行します。たとえば、変数strがString型である場合、その変数strを関数で操作するには、次のように書きます。

```
戻り値用変数 = str.関数名(引数1, 引数2, ……, 引数n);
```

文字列の情報を得る関数

文字列の文字数など、**文字列の情報を得る関数**として、表3.3のようなものがあります。「n文字目」などの文字列内での位置は、文字列の先頭を0文字目として数えます。

表3.3　文字列の情報を得る関数

関数	戻り値（得られる情報）	戻り値の型
charAt(n)	n文字目の文字	char
substring(x, y)	x文字目から (y-1) 文字目の文字列 yを省略すると、x文字目以降のすべての文字列	String
length( )	文字数	int

たとえば、変数strに「abcdefgh」という文字列を代入しているとします（図3.5）。

図3.5　変数strの内容

順番	0	1	2	3	4	5	6	7
値	a	b	c	d	e	f	g	h

この状態でリスト3.2のプログラムを実行すると、各関数の戻り値（＝変数chなどに代入される値）は、表3.4のようになります。

なお、リスト3.2を含むサンプルファイルは、「part3」→「string1」フォルダにあります。

リスト3.2　文字列の情報を得る例

```
ch = str.charAt(3);
subs = str.substring(2, 5);
len = str.length();
```

表3.4　リスト3.2を実行したときの結果

関数	関数の動作	戻り値
str.charAt(3)	strの3文字目を得る	d
str.substring(2, 5)	strの2文字目から (5-1) 文字目を得る	cde
str.length( )	strの文字数を得る	8

文字列を操作する関数

文字列の一部を置換するなど、**文字列を操作する関数**としては、次の各関数があります。どの関数も、「変数.関数名(……)」に指定した変数が操作され、その内容が変化します。

▼ ❶ 変数.concat(str)

変数の文字列に、strの文字列を連結します。strには、String型の値だけでなく、文字列に変換できる型（intなど）を指定することもできます。

▼ ❷ 変数.remove(x, y)

変数の文字列のx文字目からy文字を削除します。x／yともにunsigned int型の値を渡します。戻り値はありません。

▼ ❸ 変数.replace(s1, s2)

変数の文字列の中で、s1の文字列をs2の文字列に置換します。s1／s2ともにString型を渡します。戻り値はありません。

❹ 変数.setCharAt(x, c)

変数の文字列の中で、x文字目の文字をcに置換します。xはunsigned int型、cはchar型の値を渡します。

❺ 変数.toLowerCase()／変数.toUpperCase()

文字列中の半角アルファベットを、すべて小文字（toLowerCase）／大文字（toUpperCase）に置換します。引数はありません。

❻ 変数.trim()

変数の文字列の先頭／最後にスペースがあれば、それを削除します。

たとえば、変数strに「abcdefgh」の文字列が代入されている場合、関数の実行例は表3.5のようになります。なお、表3.5の各関数を含むサンプルファイルは、「part3」→「string2」フォルダにあります。

表3.5　各関数の実行例 (strに「abcdefgh」の文字列が入っている場合)

関数	関数の動作	関数実行後のstrの値
str.concat("ijk")	strに「ijk」を連結	abcdefghijk
str.remove(2, 5)	strの2文字目から5文字削除	abh
str.replace("def", "ijk")	strに含まれる「def」を「ijk」に置換	abcijkgh
str.setCharAt(4, 'i')	strの4文字目を「i」に置換	abcdifgh
str.toUpperCase( )	strのアルファベット小文字を大文字に変換	ABCDEFGH

文字列を比較する関数

変数に入っている文字列を、ほかの文字列と比較する関数として、次のようなものがあります。各関数とも、引数のstrにはString型の値を渡します。また、fromにはunsigned int型の値を渡します。

❶ 変数.compareTo(str)

変数の文字列とstrの文字列を、辞書順[2]で比較します。辞書順で見たときに、変数の文字列の方が前に出てくる場合は、戻り値はマイナスの数値になります。一方、変数の文字列の方が後ろになる場合は、戻り値はプラスの値になります。また、変数とstrの文字列が同じなら、戻り値は0になります。

2　正確には、文字列の個々の文字を文字コード順で比較します。小文字だけの英単語を比較すれば、辞書に出てくる順番になります。

▼ ❷ 変数.endsWith(str)

変数の文字列の最後が、strの文字列で終わっているかどうかを判断します。終わっている／いないで、戻り値はtrue／falseになります。

▼ ❸ 変数.equals(str)

変数の文字列とstrの文字列が一致しているかどうかを判断します。一致している／いないで、戻り値はtrue／falseになります。

▼ ❹ 変数.equalsIgnoreCase(str)

equalsとほぼ同じですが、アルファベットの大文字／小文字は区別しません。

▼ ❺ 変数.indexOf(str, from)

変数の文字列の中に、strの文字列を含んでいるかどうかを判断します。fromを省略した場合は、文字列の先頭から比較します。また、fromを指定すると、文字列の先頭からその文字数をスキップして、残りの部分を比較します。

strを含んでいる場合は、見つかった位置が戻り値になります。一方、含んでいなければ戻り値は-1になります。

▼ ❻ 変数.lastIndexOf(str, from)

indexOfと同様ですが、文字列の最後から判断する点が異なります。ただし、戻り値の値は、文字列の先頭から数えた文字数になります。

たとえば、変数strに「abcdefgh」の文字列が代入されている場合、関数の実行例は表3.6のようになります。これらの例を含むサンプルファイルは、「part3」→「string3」フォルダにあります。

表3.6　各関数の実行例 (strに「abcdefgh」の文字列が入っている場合)

関数	関数の動作	戻り値
str. compareTo("abcdf")	strと「abcdf」を辞書順で比較	-1
str.endsWith("fgh")	strが「fgh」で終わっているかどうかを判断	true
str.equals("abcde")	strが「abcde」と一致しているかどうかを判断	false
str.equalsIgnoreCase("AbCdEfGh")	strが「AbCdEfGh」と一致しているかどうかを判断 (大文字／小文字は区別しない)	true
str.indexOf("def")	strが「def」を含むかどうかを判断 (含んでいればその位置)	3

これらの関数は、if文の中で使って、**文字列の内容によって処理を分ける際に使う**ことが多いです。たとえば、リスト3.3のように書くと、変数passの文字列が「12345」かどうかで処理を分けることができます。

リスト3.3　変数passの内容が「12345」かどうかで処理を分ける

```
if (pass.equals("12345")) {
  変数passの文字列が「12345」である場合の処理
}
else {
  「12345」でないときの処理
}
```

char型の配列を扱う

Arduino言語にはString型があり、文字列を比較的簡単に扱うことができます。ただ、かつてのC言語では、文字列は「**文字（char型）の配列**」として扱っていました。

現在でも、文字列をchar型の配列として扱う場面がところどころで出てきます。ここでは、char型の配列の扱い方や、それに関係する関数についてポイントになる箇所を取り上げます。

char型の配列としての文字列

char型の配列で文字列を表す場合、配列の個々の要素に文字を入れていきます。そして、**最後の文字の次の要素の値を0にして、「ここで文字列が終わっている」ことを表す**ようにします。

したがって、**char型の配列で文字列を表す場合、少なくとも文字数+1個の要素がある配列を宣言しておく必要があります。**

たとえば、「Hello」という文字列をchar型の配列で表すとします。「Hello」は5文字なので、要素数が6個以上あるchar型の配列を宣言する必要があります。そして、先頭の要素に「H」、その次の要素に「e」……と各要素に文字を入れていき、最後の要素の次に0を入れます（図3.6）。

図3.6　「Hello」の文字列をchar型の配列で表す

インデックス	0	1	2	3	4	5
値	H	e	l	l	o	0

char型の配列に文字列をコピーする

char型の配列で文字列を表す場合、「**strcpy**」という関数で配列に文字列をコピーします。書き方は次のようになります。

```
strcpy(配列名, 文字列)
```

たとえば、前述の例のように、char型の配列で「Hello」の文字列を表したいとします。配列の名前を「msg」にする場合だと、リスト3.4のように書きます。

リスト3.4　strcpy関数の例
```
char msg[6];
strcpy(msg, "Hello");
```

また、ある配列に入っている文字列をほかの配列にコピーする場合も、strcpy関数を使って次のように書きます。

```
strcpy(コピー先の配列名, コピー元の配列名)
```

文字列の連結

char型の配列で表されている文字列に、ほかの文字列を連結することも多いです。この場合は「**strcat**」という関数を使って次のように書きます。

```
strcat(配列名, 連結する文字列または配列名)
```

たとえば、配列msgに文字列が入っているときに、その後ろに「Taro」という文字列を連結する場合は次のように書きます。

```
strcat(msg, "Taro");
```

なお、配列のサイズは、連結後の文字列をすべて格納できるだけあることが必要です。たとえば、連結後の文字数が10文字になるなら、要素数は少なくとも11個以上必要です。

char型配列の文字列でよく使う関数

strcpyやstrcatのほかにも、char型配列の文字列を操作する関数はいくつかあります。その中で特によく使うものとして、次のようなものがあります。

▼ ❶ strlen関数

文字列の文字数を得る関数です。引数として配列名を渡します。戻り値が文字数になります。

▼ ❷ strchr関数

文字列の中に、ある1文字（char型）が含まれているかどうかを調べる関数です。次のように書き、戻り値は見つかった文字のアドレスになります。見つからなければ「NULL」という値になります。

```
strchr(配列名, 文字)
```

▼ ❸ strstr関数

文字列の中に、ある文字列が含まれているかどうかを調べる関数です。次のように書き、戻り値は見つかった文字のアドレスになります。見つからなければ「NULL」という値になります。

```
strstr(配列名, 文字列またはほかの配列名)
```

▼ ❹ strcmp関数

文字列をほかの文字列と比較し、辞書順でどちらが前になるかを調べる関数です。次のように書きます。

```
strcmp(配列名1, 文字列または配列名2)
```

配列名1の文字列の方が辞書順で後ろになる場合は、戻り値はプラスの値になります。一方、配列名1の文字列の方が辞書順で前になる場合は、戻り値はマイナスの値になります。そして、文字列が一致していれば、戻り値は0になります。

データ型を変換する

プログラムの中で、データの型を変換する場面もよくあります。この節では、データ型を変換する関数を紹介します。

文字列を数値に変換する

「123」のような文字列の形で得られたデータを、数値の123に変換するようなことは、プログラムの中でよく出てきます。String型の関数として、表3.7のデータ変換関数があります。

表3.7　文字を数値に変換する関数

変換先の型	関数
int	toInt( )
float	toFloat( )
double	toDouble( )

たとえば、変数strの値が「123」という文字列になっている場合、次の文を実行すると、変数iには数値の123が代入されます。

```
i = str.toInt();
```

数値を文字列に変換する

数値のデータを文字列に変換する場面もあります。「String」という関数[3]を使うと、数値をString型に変換することができます。

たとえば、変数iの値が1000になっているときに次の文を実行すると、変数strには文字列の「1000」が代入されます。

3　正確には「Stringクラスのコンストラクタ」です。コンストラクタについては200ページで解説します。

```
str = String(i);
```

数値をフォーマットした文字列に変換する

　たとえば、「気温は〇〇度です」のように、**文章の一部に数値のデータを入れたいことは非常に多いです**。前述のString関数を使って数値を文字列に変換し、その前後に文章を連結するという方法もありますが、やや手間がかかります。

　また、String関数では、変換後の文字列の文字数を指定することができません。たとえば、「1000より小さい値を変換した場合は、『(スペース) 123)』のように、スペースを前に入れて4文字にしたい」というようなことも多いです。String関数とlength関数を組み合わせればできなくはありませんが、これも手間がかかります。

　これらのようなときには、**「sprintf」や「dtostrf」などの関数を使って、数値をフォーマット (書式付け) した形に変換する**とよいでしょう。

sprintf関数

　sprintf関数は、文章の一部に数値を入れた文字列を作ったり、桁数を指定して数値を文字列に変換する関数です。次のような書き方をします。

```
sprintf(バッファ, 書式指定文字列, 値, 値, ……)
```

　「**バッファ[4]**」には、変換後の文字列の保存先を指定します。char型の配列を宣言しておき、その配列の名前を指定します。書式付けたあとの文字列を格納できるように、配列のサイズをよく考慮するようにします。

　「**書式指定文字列**」は、数値などのデータを書式付ける方法を表した文字列です。通常の文字列の中に、表3.8のような記号を入れることで、書式付けを行うことができます。

　そして、バッファと書式指定文字列のあとに、書式付けたい値をコンマで区切って並べます。書式指定文字列内の「%d」などの数／型と、書式付けたい値の数／型が一致するようにする必要があります。

4　データを蓄積するための配列などのことを、一般に「バッファ」(Buffer) と呼びます。

表3.8　書式指定文字列

文字列	データの型
%d	int
%u	unsigned int
%ld	long
%lu	unsigned long
%c	char
%s	charの配列（またはcharへのポインタ）
%x	unsigned int (16進数に変換し、a〜fは小文字)
%X	unsigned int (16進数に変換し、a〜fは大文字)
%lx	unsigned long (16進数に変換し、a〜fは小文字)
%lX	unsigned long (16進数に変換し、a〜fは大文字)

　たとえば、「温度は○○度です」のような文字列を得たいとします。また、「○○」のところには、int型の変数cの値を入れたいとします。バッファ用に配列bufを宣言してあるものとすると、次のように書くことでフォーマットしたあとの文字列を得ることができます。

```
sprintf(buf, "温度は%d度です", c);
```

　「%」と「d」などの文字の間に数値を入れて、変換後の文字数を指定することができます。変換後の文字数が少ない場合は、先頭にスペースが入ります。たとえば、書式指定文字列「%5d」とした場合で、変換後の数値が4桁以下だと、先頭にスペースが入って5文字になります。

　さらに、%dなどの数値関係の書式指定文字列では、「%05d」のように、文字数の前に「0」を入れることもできます。この場合、変換後の文字数が少ない場合は、先頭に「0」の文字が入ります。たとえば、「%05d」のときに数値の123を変換すると、「00123」のようになります。

　なお、sprintf関数を使ったサンプルは、「part3」→「sprintf」フォルダにあります。

String型をsprintf関数で書式付ける

　sprintf関数の書式指定文字列を見ると、String型に対応するものがありません。String型を書式付けるには、String型の「c_str」という関数を使って、文字列の先頭のアドレスを得て、それをsprintf関数に渡します。

　たとえば、String型の変数nameに何らかの名前が入っているときに、「名前は○○です」のように書式付けた文字列を得たいとします。バッファ用に配列bufを

宣言してあるものとすると、次のように書きます。

```
sprintf(buf, "名前は%sです", name.c_str());
```

float／double型をdtostrfで書式付ける

C言語本来のsprintf関数では、floatやdoubleに対応した書式指定文字列があります。しかし、**Arduino言語のsprintf関数は、float／doubleには対応していません。**

Arduinoでfloatやdoubleの値を書式付けるには、「**dtostrf**」という関数を使います。dtostrf関数の書き方は次のようになります。

```
dtostrf(値, 全文字数, 小数点以下文字数, バッファ)
```

「全文字数」には、変換後の文字列全体の文字数を指定します。また、「小数点以下文字数」は、変換後の文字列の中で、小数点からあとの部分の文字数を指定します。

たとえば、double型の変数dがあるとします。それを、全部で8文字、小数点以下を6文字の文字列に変換したいとします。また、バッファ用に配列bufを宣言してあるとします。この場合、次のように書きます。

```
dtostrf(d, 8, 6, buf);
```

char型配列とString型の変換

Arduinoでは、文字列は基本的にString型で扱います。一方で、char型の配列で文字列を表すこともあります（➡134ページ）。そこで、**char型配列とString型との間でデータを変換する**ことも出てきます。

char型配列からString型への変換

char型配列をString型に変換する場合は、次のように書きます。

```
String 変数名 = String(配列名);
```

たとえば、「msg_a」という名前のchar型配列に文字列が入っているときに、それを「msg」という名前のString型変数に変換するには、次のように書きます。

```
String msg = String(msg_a);
```

┃String型からchar型配列への変換

一方、String型の文字列をchar型配列に変換する場合、String型の「c_str」という関数とstrcpy関数を組み合わせて、次のように書きます。

```
strcpy(配列名, 変数名.c_str());
```

たとえば、「msg」という名前のString型変数に入っている文字列を、「msg_a」というchar型配列に変換するには、次のように書きます。

```
strcpy(msg_a, msg.c_str());
```

なお、char型の配列（上の例だとmsg_a）はあらかじめ宣言しておく必要があります。また、その要素数は、String型変数に入っている文字列をすべて格納できるだけのサイズが必要です。

デジタル／アナログの入出力を制御する

ESP32やArduinoでは、GPIOのピンでデジタル／アナログの入出力を行い、接続したハードウェアを制御します。この節では、デジタルやアナログの入出力を行う関数を取り上げます。

ピンのモードを設定する

ESP32やArduinoのGPIOでは、**ピンごとに入力／出力のどちらかを選んで使うことができます。**この設定は、「pinMode」という関数で行います。書き方は次の通りです。また、モードを指定する値は、表3.9から選びます。

```
pinMode(ピン番号, モード)
```

たとえば、3番ピンを出力用にする場合だと、次のように書きます。

```
pinMode(3, OUTPUT);
```

なお、「INPUT_PULLUP」は、**ピンを入力用にして、なおかつESP32／Arduino内蔵のプルアップ抵抗を使う設定**です。スイッチのオン／オフの状態を読み取る場合などに利用します。

表3.9　モードを指定する定数

定数	動作
OUTPUT	ピンを出力用にする
INPUT	ピンを入力用にする
INPUT_PULLUP	ピンを入力用にして、内蔵のプルアップ抵抗を使う

デジタル出力を行う

デジタル出力は、LEDの点灯／消灯など、**HIGHかLOWの二択の出力**です。デジタル出力を行うには、digitalWrite関数を使います。書き方は次の通りです。

```
digitalWrite(ピン番号, 値)
```

たとえば、3番ピンをHIGHにするには、次のように書きます。

```
digitalWrite(3, HIGH);
```

デジタル入力を行う

デジタル入力は、スイッチからの入力など、**HIGHかLOWのどちらかの状態を得る入力**です。これには「digitalRead」という関数を使います。書き方は次の通りです。また、戻り値は入力した値（HIGHかLOW）になります。

```
digitalRead(ピン番号)
```

たとえば、3番ピンからデジタル入力を得て変数iに代入する場合は、次のように書きます。

```
i = digitalRead(3);
```

なお、スイッチにプルアップ抵抗を接続して、スイッチのオン／オフを読み取る場合、オン／オフのそれぞれで、digitalRead関数で読み取る値はLOW／HIGHになります。オンがHIGHになりそうなイメージですが、逆になりますので注意が必要です。

アナログ入力を行う

ArduinoやESP32にはアナログ入力の機能もあります。**ADC (Analog to Digital Converter)** が内蔵されていて、**ピンから読み取ったアナログの電圧値を**

デジタルの値に変換することができます。各種のセンサーから値を読み取る際に、アナログ入力を使うことが多いです。

Arduino UnoやNanoでは、0～5Vの電圧が、0～1023の数値に変換されます。またESP32では、0～3.3Vの電圧が、0～4095の数値に変換されます。

アナログ入力を行うには、「analogRead」という関数を使います。digitalRead関数と同じく、引数はピン番号で、戻り値は入力した値です。

たとえば、3番ピンからアナログ入力を得て変数aに代入する場合は、次のように書きます。

```
a = analogRead(3);
```

Arduino と **ESP32** の違い

- Arduinoのアナログ入力では、0～5Vの電圧が0～1023の数値に変換されます。
- ESP32のアナログ入力では、0～3.3Vの電圧が0～4095の数値に変換されます。

PWM出力を行う

出力する電圧をアナログ的に制御したい場合、「**PWM**」という方法を取ります。

PWMの概要

PWMは「Pulse Width Modulation」の略で、**オン／オフを周期的に繰り返して、疑似的にアナログの電圧を出力**する方法です。

たとえば、オンの電圧が5Vの場合に、オン／オフの時間の割合を半々にするとします。すると、平均的に見ると、5Vの半分である2.5Vの電圧を出力しているのと同じような状態になります（図3.7）。

オンとオフの時間の比率のことを、「**デューティ（duty）比**」と呼びます。疑似的なアナログ電圧は、**オンの電圧×デューティ比**になります。

ESP32やArduinoにはPWMの機能があり、PWM出力を簡単に行うことができます。LEDの明るさを制御したり、モーターにかける電圧を制御したりする際にPWMを使います。

図3.7　PWM出力の考え方

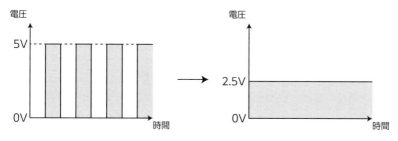

ESP32でのPWM出力

ESP32では、16系統のPWM出力を同時に行うことができます。それぞれの系統を「チャンネル」と呼びます。また、「ledcSetup」「ledcAttachPin」「ledcWrite」の3つの関数を組み合わせてPWM出力を行います。

ledcSetup関数は、各チャンネルの動作を設定する関数で、次のように書きます。

```
ledcSetup(チャンネル番号, 周波数, ビット数)
```

チャンネル番号は0〜15の数値で指定します。周波数は、1秒間にオン／オフを繰り返す回数のことです。また、ビット数はデューティ比の段階を決める値です。16までの値を指定することができます。16を指定すると2の16乗（＝65,536）段階になります。

ledcAttachPin関数は、PWM出力に使うGPIOのピンに、PWMのチャンネルを割り当てる関数で、次のように書きます。

```
ledcAttachPin(ピン番号, チャンネル番号)
```

そして、**ledcWrite関数**で、PWM出力を行います。書き方は次の通りです。

```
ledcWrite(チャンネル番号, デューティ比)
```

デューティ比の引数には、ledcSetup関数で指定したビット数に応じた値を指定します。たとえば、ビット数を8にした場合だと、8ビットで表すことができる値の範囲は0〜2の8乗−1（＝255）なので、デューティ比には0〜255の値を指定します。

リスト3.5は、ESP32でPWM出力を行う例です。setup関数の中でledcSetup関数とledcAttachPin関数を呼び出し、PWMの設定（3行目）と、ピンへのチャンネルの割り当て（4行目）を行います。そして、loop関数の中でledcWrite関数を実行し（9行目）、PWM出力を行います。

49ページの図のようにESP32の5番ピンにLEDと抵抗を接続し、リスト3.5のプログラムを実行すると、**LEDが徐々に明るくなっていく**ことがわかります。

なお、リスト3.5のサンプルファイルは、「part3」→「pwm_esp32」フォルダにあります。

リスト3.5　ESP32でPWM出力を行う例

```
void setup() {
  pinMode(5, OUTPUT);           // 5番ピンを出力用にする
  ledcSetup(0, 1000, 8);        // PWMのチャンネル0を、周波数1000Hz、8ビットに設定する  3行目
  ledcAttachPin(5, 0);          // 5番ピンにPWMのチャンネル0を割り当てる  4行目
}

void loop() {
  for (int i = 0; i <= 255; i++) {  // 変数iを0〜255で変化させながら繰り返す
    ledcWrite(0, i);            // チャンネル0でアナログ出力を行う  9行目
    delay(10);                  // 0.01秒間待つ
  }
}
```

ArduinoでのPWM出力

Arduinoでは、「**analogWrite**」という関数でPWM出力を行うことができます。書き方は次の通りです。

```
analogWrite(ピン番号, デューティ比)
```

「デューティ比」には、0〜255の値を指定します。0／255が、それぞれ0%／100%に対応します。

また、GPIOのピンの中で、**PWM出力に対応しているピンは一部だけ**になっていて、なおかつArduinoの機種によって異なります（表3.10）。

表3.10　PWM出力に対応しているピンの番号

機種	ピン番号
Arduino Uno Arduino Nano	3, 5, 6, 9, 10, 11
Arduino Mega 2560	2～13, 44～46
Arduino Leonardo Arduino Micro	3, 5, 6, 9, 10, 11, 13

　リスト3.6はPWM出力を行う例です。for文を使って、デューティ比の引数を0から255まで順に変化させながら、3番ピンでPWM出力を行っています。3番ピンの電圧は0Vから5Vまで少しずつ変化していきます。

リスト3.6　3番ピンでPWM出力を行う例

```
for (int i = 0; i <= 255; i++) {   // 変数iを0～255で変化させながら繰り返す
  analogWrite(3, i);               // 3番ピンでアナログ出力を行う
  delay(10);                       // 0.01秒間待つ
}
```

　3番ピンにLEDと抵抗を接続して（➡37ページの図）、このプログラムを実行すると、**LEDが少しずつ明るくなっていく**ことがわかります。

　なお、リスト3.6を含むサンプルファイルは、「part3」→「pwm_arduino」フォルダにあります。

Arduino と **ESP32** の違い

- ESP32でPWM出力を行うには、ledcSetup／ledcAttachPin／ledcWriteの3つの関数を組み合わせます。
- ArduinoでPWM出力を行うには、analogWrite関数を使います。

音を出す

ArduinoやESP32にブザーを接続して、簡単な音を出すこともできます。

ESP32の場合

　ESP32で音を出すには、「ledcWriteTone」または「ledcWriteNote」という関数を使います。また、これらの関数を使う際には、あらかじめledcSetup／ledcAttachPin関数で、PWMの設定を行っておきます。

ledcWriteTone関数は、音の高さを周波数で指定する関数です。次のように書きます。

```
ledcWriteTone(チャンネル, 周波数)
```

　たとえば、チャンネル0で440Hzの音（ラの音）を出す場合は、次のように書きます。

```
ledcWriteTone(0, 440);
```

　また、**ledcWriteNote関数**は、音名とオクターブを使って、次のように書きます。音名は表3.11の定数で指定します。また、オクターブには0~8の値を指定します。

```
ledcWriteNote(チャンネル, 音名, オクターブ)
```

　たとえば、チャンネル0でオクターブ4のドの音を出すには、次のように書きます。

```
ledcWriteNote(0, NOTE_C, 4);
```

　なお、音を止めるには、ledcWriteTone関数で周波数として0を指定します。たとえば、チャンネル1の音を止めるには、「ledcWriteTone(1, 0);」を実行します。

表3.11　音名を表す定数

音	定数
ド	NOTE_C
ド#（レ♭）	NOTE_Cs
レ	NOTE_D
レ#（ミ♭）	NOTE_Eb
ミ	NOTE_E
ファ	NOTE_F
ファ#（ソ♭）	NOTE_Fs
ソ	NOTE_G
ソ#（ラ♭）	NOTE_Gs
ラ	NOTE_A
ラ#（シ♭）	NOTE_Bb
シ	NOTE_B

▌Arduinoの場合

Arduinoでは、音関係の関数として「tone」と「noTone」があります。**tone関数**は音を出す関数で、次のような書き方をします。

```
tone(ピン番号, 周波数, 長さ)
```

ピン番号には、ブザーを接続するピンの番号を指定します。周波数には、音の周波数を指定します。そして、長さには音を出し続ける時間をミリ秒単位で指定します。長さを省略すると、noTone関数を実行するまで音が出続けます。

noTone関数は、音を止める関数です。次のように、引数にピン番号を取ります。

```
noTone(ピン番号)
```

なお、同時に複数の音を出すことはできません。たとえば、3番ピンで音を出しているときに、4番ピンでも音を出そうとしても音は出ません。また、3番ピンで音を出しているときに、3番ピンでさらに別の音を出そうとすると、あとで実行したtone関数の音だけが出ます。

Arduino と ESP32 の違い

- ESP32で音を出すには、ledcSetup/ledcAttachPin関数でPWMの設定を行った上で、ledcWriteTone関数またはledcWriteNote関数を使います。
- Arduinoで音を出すには、tone/noTone関数を使います。

ユーザー定義関数を作る

組み込みの関数を利用するだけでなく、自分で関数を作ることもできます（ユーザー定義関数）。この節では、ユーザー定義関数の作り方を解説します。

ユーザー定義関数の外枠を作る

まず、**ユーザー定義関数の外枠**から作ります。これは**リスト3.7**のような形になります。

リスト3.7　ユーザー定義関数の外枠

```
戻り値の型名　関数名(引数の型名　引数名，引数の型名　引数名，……) {
    関数の中身の処理
}
```

「関数名」には、自分で関数の名前を決めて付けます。処理の内容を簡潔に表した名前を付けるようにします。

また、**関数には引数を渡すことができます**。引数を複数使うこともできますので、それぞれの引数に名前を付け、また型名も指定します。なお、引数が全くない場合は、かっこの間の部分を省略するか、もしくは「void」を入れます。

そして、関数の処理が終わったら、その結果を戻り値として返すことができます。そこで、**戻り値の型も指定します**。なお、戻り値のない関数にしたい場合は、型名を「void」にします。

たとえば、次のような関数を作りたいとします。関数の名前は「read_cds」にするものとします。

❶ あるピンに接続したCdSセルの入力値を読み取ります。ピン番号は自由に指定できるようにします。

❷ 読み取った値に対して計算し、明るさを0～100の値で表すようにします。

❸ 計算した結果を戻り値として返します。なお、計算結果の型はdouble型になるとします。

まず、**ピン番号を自由に指定したいので、ピン番号の値を引数で渡せるようにしま
す**。引数名は「pin」にするとよいでしょう。ピン番号は整数の値なので、型はint
にします。

　また、**計算結果の型はdouble型で、それを戻り値としますので、戻り値の型も
double になります**。

　これらのことから、この関数の外枠を作ると、リスト3.8のようになります。

リスト3.8　read_cdsの外枠の例

```
double read_cds(int pin) {
    関数の中身の処理
}
```

ユーザー定義関数の中身を作る

　次に、ユーザー定義関数の中身を作っていきます。

　これまでにsetup関数とloop関数でプログラムを作ってきましたが、それらの
関数と同じ方法で、ユーザー定義関数の中身を作ることができます。

　また、**引数は変数として扱うことができ、関数の処理の中で使うことができます**。
たとえば、リスト3.8の例だと、関数の中では「pin」という名前のint型の変数を
使うことができ、その変数を通して、引数に渡された値を得ることができます。

　そして、関数の処理が終わったら戻り値を返します。これは「**return 戻り値;**」
の文で行います。

　たとえば、前述のread_cds関数で考えてみましょう。まず、アナログ入力を読
み取りますが、読み取った値はint型の変数analogInに代入するものとします。ま
た、計算を行って明るさを0〜100で表すようにし、double型の値として求めます
ので、その値をdouble型の変数retに代入するものとします。

　ESP32でこのプログラムを作る場合、アナログ入力は0〜4095の範囲を取りま
すので、それを0〜100の値に変換するような関数になります。結果として、
read_cds関数はリスト3.9のような形になります。

　なお、リスト3.9を若干改良し、ArduinoとESP32の両方で使えるようにしたサ
ンプルは、「part3」→「read_cds」フォルダにあります。60ページの図のように接
続すれば、read_cdsフォルダのファイルを実行することができます。

```
double read_cds(int pin) {
  int analogIn;
  double ret;

  analogIn = analogRead(pin);            // 引数で指定されたピンからアナログ入力値を読み取る
  ret = (double) analogIn / 4095 * 100;  // アナログ入力値をもとに0〜100の値を求める
  return ret;                            // 戻り値として変数retの値を返す
}
```

関数への引数の渡し方

　関数には、引数を渡すことができます。引数には定数だけではなく変数を指定することもできますが、変数を指定した場合には、「**その変数がどのようにして関数に渡されるか**」という点が重要です。

　Arduino言語では「**値渡し**」「**参照渡し**」「**ポインタ渡し**」の3種類の方法を取ることができます。

▌値渡し

　値渡し（あたいわたし）とは、**変数の値だけをコピーして関数に渡す**方法です。**関数の中で引数の値を書き換えたとしても、関数を呼び出した側の変数は変化しません**。ユーザー定義関数を作る際には、値渡しを使うことが多いです。

　たとえば、リスト3.10のように、「func」という名前のユーザー定義関数とloop関数があるとします。func関数の2行目では、引数のxの値を1増やす処理をしています。一方、loop関数では、変数numに10を代入したあとで（9行目）、関数funcを呼び出し、引数としてnumを渡しています（10行目）。

　この場合、func関数には、loop関数の変数numそのものが渡されるのではなく、値の10だけが渡されます。そのため、関数の中で引数の値を変化させても、loop関数の変数numの値は変化しません。結果として、func関数を実行したあとでも、変数numの値は10のままになります。

リスト3.10 値渡しの例

```
void func(int x) {
  x++;
  …… (そのほかの処理) ……
}
```

```
void loop() {
  int num;

  num = 10;
  func(num);
  // 変数numの値は10のまま  11行目
}
```

▌参照渡し

　参照渡しは、値渡しとは異なり、**変数そのものを関数に渡す**方法です。**関数の中で引数の値を書き換えると、関数を呼び出した側の変数も書き換わります。**

　引数を参照渡しにするには、ユーザー定義関数の側で、引数名の前に「&」の記号を付けます。一方、関数を呼び出す側は、値渡しの場合と同じく、単に変数名を書くだけになります。

　たとえば、前述のリスト3.10を参照渡しを使って書き換えると、リスト3.11のようになります。func関数では、引数xを参照渡しで受け取るようにしています（1行目）。

　この状態で、loop関数からfunc関数を呼び出して変数numを渡すと（10行目）、func関数には変数numそのものが渡されます。そのため、関数の中で引数の値を1増やすと（2行目）、loop関数の変数numも1増えます。結果として、func関数の実行が終わったあとには、変数numの値は10から1増えて11になります。

リスト3.11　参照渡しの例

```
void func(int &x) {
  x++;
  …… （そのほかの処理） ……
}

void loop() {
  int num;

  num = 10;
  func(num);
  // 変数numの値は1増えて11になる  11行目
}
```

　参照渡しを使う場面は、大きく分けて2通りです。その1つは、**複数の戻り値を返したい場合**です。

　関数から戻り値を返すことができますが、返すことができるのは1つの値だけ

です。そこで、複数の戻り値を使いたい場合に、戻り値の数だけ参照渡しの引数を使い、関数ではそれらの引数に値を代入するようにします。

たとえば、CdSセルから読み取った値を処理する関数を作るとして、読み取った生の値（型はint）と、何らかの計算をした値（型はdouble）の2つを返せるようにしたいとします。この場合、参照渡しの引数を2つ用意し、それぞれに生の値と計算後の値を代入して、関数を終えるようにします。

それぞれの引数名をrawとcalcedにする場合だと、リスト3.12のように関数を作ります。

リスト3.12　参照渡しで2つの戻り値を返す例

```
void 関数名(int &raw, double &calced) {
  ……
  raw = 生の値;
  calced = 計算後の値;
}
```

参照渡しのもう1つの使いみちは、**引数としてサイズが大きなデータを渡すときに、パフォーマンスを落とさないようにする**ことです。

値渡しでサイズの大きなデータを渡そうとすると、データをコピーするのにメモリを消費し、またコピーの処理に時間がかかってパフォーマンスが悪くなります。参照渡しにすればデータのコピーは不要になりますので、値渡しよりもパフォーマンスを上げることができます。

なお、大きなデータを渡すために参照渡しを使うだけで、関数の中では引数の値を変化させないのであれば、関数側で引数に「const」を付けて、値を変化させられないようにしておきます（➡111ページ）。

▎ポインタ渡し

ポインタ渡しは、ユーザー定義関数側では引数をポインタにし、呼び出し側では変数のアドレスを渡す形です。**動作的には参照渡しとほぼ同じで、呼び出し側の変数の値を関数側で書き換えることができます**。リスト3.11をポインタ渡しで書き換えると、リスト3.13のようになります。

```
void func(int *x) {
  (*x)++;
  …… (そのほかの処理) ……
}

void loop() {
  int num;

  num = 10;
  func(&num);
  // 変数numの値は1増えて11になる
}
```

3

関数の使い方

　かつてのC言語では参照渡しの書き方がなかったので、ポインタ渡しがよく使われていました。ただ、ポインタ渡しはわかりにくく、またプログラムを書く際に「*」の記号を多用するのでやや入力しにくいです。

　同じ処理を参照渡しで書くことができるなら、あえてポインタ渡しを使う理由はあまりありません。

割り込みで処理を実行する

「ピンのHIGH／LOWが変わった」など、何らかの状態の変化に応じてプログラムを実行するときに、「割り込み」という仕組みを使う場合があります。

割り込みとは？

　ESP32やArduinoにセンサーなどを接続し、そこから読み取った値に応じてプログラムの動きを変えることはよくあります。多くの場合は、loop関数の中で定期的にセンサーなどの値を読み取り、それをif文で条件判断して、処理を変えるという仕組みを取ります。このように、「定期的に状態をチェックして、それに応じた処理を行う」という仕組みを、「ポーリング」(Polling) と呼びます。

　ただポーリングだと、loop関数で処理する内容が多くて時間がかかるときに、センサー等の値を読み取る間隔が長くなり、**タイムラグ**が生じることが起こり得ます。

　このようなときに、「**割り込み**」という仕組みを使うことが考えられます。割り込みは、**何らかの状態の変化（例：ピンのHIGH／LOWの状態が変わった）があったときに、それをCPUがハード的に検知して、それに対応するための処理を即座に行う**仕組みです。通常のプログラムの実行中に、状況の変化に対応するプログラムを割り込ませる形になることから、「割り込み」と呼ばれます。

　ただし、割り込みでできることには限度があります。たとえば、Arduino Unoでは、ピンの状態に応じて割り込み処理をすることができますが、利用できるピンが限定されています。したがって、「状況が変わったら何か処理をする」ことを、すべて割り込みの形にすることはできません。「**どうしても割り込みを使わざるを得ない**」という場合に限定して利用するようにします。

　また、割り込み処理は、通常のプログラムの実行を一時中断する形で実行します。そのため、**割り込み処理は短時間で終わらせて、通常のプログラムの実行になるべく早く復帰できるようにする**必要があります。

ピンの状態で割り込み処理を行う

ESP32やArduinoでは、**GPIOのピンの状態に応じて割り込み処理を行う**ことができます。たとえば、ピンにスイッチを接続した場合、スイッチを押したり離したりすると、ピンの状態が変わります。そのタイミングで即座に処理を行いたいときに、割り込みを使うことができます。

関数の使い方

■attachInterrupt関数

ピンの状態で割り込み処理を行うには、「**attachInterrupt**」という関数を使います。書き方は次の通りです。

```
attachInterrupt(割り込み番号, 関数, モード)
```

ESP32では、「割り込み番号」にはGPIOのピンの番号を直接指定します。一方のArduinoでは、「割り込み番号」で、利用する割り込みの番号を指定します。利用できる割り込み番号と、それに対応するピンの番号は表3.12のようになっています。「関数」には、割り込み処理を行う関数の名前を指定します（作り方は後述）。そして、最後の「モード」では、ピンの状況がどうなったときに割り込みを行うかを、表3.13の定数で指定します。

表3.12　割り込み番号とピンの番号の対応

割り込み番号	0	1	2	3	4	5
Arduino Uno Arduino Nano	2	3	-	-	-	-
Arduino Leonardo Arduino Micro	0	1	2	3	7	-
Arduino Mega 2560	2	3	18	19	20	21

表3.13　モードを表す定数

定数	割り込み処理を行うタイミング
CHANGE	状態が変わったとき
RISING	LOWからHIGHに変わったとき
FALLING	HIGHからLOWに変わったとき
LOW	LOWのとき（Arduinoのみ）
ONLOW	LOWのとき（ESP32のみ）
ONHIGH	HIGHのとき（ESP32のみ）

- ESP32では、attachInterrupt関数の1つ目の引数に、割り込みを発生させるピンの番号を指定します。
- Arduinoでは、attachInterrupt関数の1つ目の引数に、ピンの番号ではなく割り込み番号を指定します。

割り込み処理の関数の作り方

attachInterrupt関数では、割り込み処理をする関数の名前を指定するようになっています。引数／戻り値がないユーザー定義関数を作って、その名前を指定します。

割り込み処理の関数の中で、グローバル変数の値を書き換える場合は、そのグローバル変数を宣言する文で、次のように「**volatile**」というキーワードを追加します。

```
volatile 型名  変数名;
```

また、ESP32では、関数名の前に「**IRAM_ATTR**[5]」というキーワードを追加します。

なお、Arduinoでは、割り込み処理の関数の中では次のような制限があります。

❶ delay関数が動作しない
❷ millis関数 (➡172ページ) が動作しない
❸ シリアル通信で受信したデータが正しくない可能性がある

- ESP32では、割り込み処理を行う関数で、関数名の前に「IRAM_ATTR」というキーワードを追加します。
- Arduinoでは、割り込み処理を行う関数の中で制限事項があります。

ESP32での例

ESP32で、ピンの状態で割り込み処理を行う簡単な例として、「**スイッチを押したら1秒間LEDを点灯させる**」というプログラムを作ってみます。

---

5   ArduinoやESP32では、通常はプログラムは内蔵のフラッシュROMに書き込まれます。ただ、フラッシュROMは速度が遅いので、割り込み処理用の関数を入れるのにはあまり適していません。
　　　「IRAM_ATTR」は、プログラムをフラッシュROMではなくRAMに配置して、高速に動作させることを意味します。

ハードウェアの接続

まず、ハードウェアは図3.8のように接続します。スイッチを押すことで割り込みを発生させますが、2番ピンとGNDとの間にスイッチを接続します。一方、LEDは割り込みを発生させるものではないので、どのピンに接続してもOKです。ここでは4番ピンを使い、抵抗を介してGNDに接続します。

図3.8　ESP32にスイッチとLEDを接続する

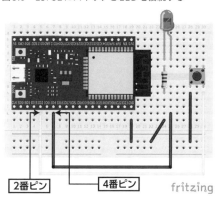

2番ピン　　4番ピン　　fritzing

プログラムを作る

プログラムはリスト3.14のようになります。

リスト3.14　スイッチを押したら1秒間LEDを点灯させる

```
// スイッチが押されたかどうかを表す変数 1行目
volatile boolean pushed = false;
// ピン番号
const int switch_pin = 2;
const int led_pin - 4;

void IRAM_ATTR onPushed() {
  // スイッチが押されたことを記憶 8行目
  pushed = true;
}

void setup() {
  // ピンの入出力モードの初期化
  pinMode(switch_pin, INPUT_PULLUP);
  pinMode(led_pin, OUTPUT);
  // 2番ピン(0番割り込み)がHIGHからLOWになったらonPushed関数を実行 16行目
```

```
    attachInterrupt(switch_pin, onPushed, FALLING);
}

void loop() {
  // スイッチが押されたかどうかを判断  21行目
  if (pushed == true) {
    // LEDを1秒間点灯させる  23行目
    digitalWrite(led_pin, HIGH);
    delay(1000);
    digitalWrite(led_pin, LOW);
    // スイッチが押されたことをクリア  27行目
    pushed = false;
  }
}
```

まず、スイッチが押されたことを判断する仕組みは次の通りです。

❶ スイッチが押されたかどうかを、変数pushedで表すようにします。また、その初期値をfalseにします（2行目）。

❷ スイッチが押されたら（2番ピンがHIGHからLOWに変わったら）、割り込みで「onPushed」という関数を実行するようにします（17行目）。

❸ onPushed関数では、変数pushedにtrueを代入し、「スイッチが押された」という状態にします（9行目）。

一方、loop関数では、次のような手順で処理を行います。

❶ 変数pushedの値がtrueかどうかで、スイッチが押されたかどうかを判断します（22行目）。

❷ 押されていれば、LEDを1秒間点灯し（24～26行目）、変数pushedにfalseを代入して、スイッチが押されたことをクリアします（28行目）。

スイッチが押されるまでは割り込み処理は行われないので、変数pushedの値はfalseのままで、LEDは点灯しません。しかし、スイッチが押されると、onPushed関数によって変数pushedの値がtrueに変わりますので、LEDが点灯します。

そして、LEDを消灯したあとに、変数pushedの値をfalseに戻すことで、次にスイッチが押されるまではLEDが消えたままになります。

なお、リスト3.14のサンプルファイルは、「part3」→「pin_interrupt_esp32」フォルダにあります。

Arduino Unoでの例

同じ例を Arduino Uno でも作ることができます。

ハードの接続は図3.9のようになります。Arduinoでは割り込みを発生させるピンに特に制限がありますが、ESP32とピン番号を合わせるために2番ピンを使いました。また、LEDも Arduinoに合わせて4番ピンにしました。

図3.9　ArduinoにスイッチとLEDを接続する

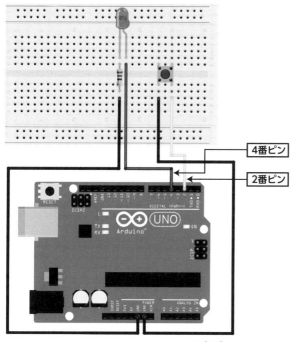

ピン番号を合わせたので、プログラムもほぼESP32と同じになります。ただし、Arduinoでは、attachInterrupt関数の1つ目の引数にピン番号ではなく割り込み番号を指定しますので、次のように変えます。

```
attachInterrupt(0, onPushed, FALLING);
```

3　関数の使い方

また、割り込みを処理する onPushed 関数では、関数を宣言する行を次のように書き、「**IRAM_ATTR**」を取ります。

```
void onPushed() {
```

なお、Arduino Uno 用のサンプルファイルは、「part3」→「pin_interrupt_arduino」フォルダにあります。

割り込みを止める

割り込み処理が不要になった場合は、割り込みを止めることもできます。その場合は、「**detachInterrupt**」という関数を使います。書き方は次の通りです。

```
detachInterrupt(割り込み番号)
```

「割り込み番号」の指定方法は、attachInterrupt 関数と同じです。ESP32 ではピン番号を指定します。また、Arduino の場合は、**157 ページの表3.12**の値を指定します。

Arduino と **ESP32** の違い

- detachInterrupt 関数の引数に指定する値が異なります（ESP32 はピン番号、Arduino は割り込み番号）。

ESP32のDeepSleep機能を使う

ESP32には「DeepSleep」という機能があり、電力消費を抑えたいものを作るときに便利です。この節では、DeepSleep関係の関数を紹介します。

DeepSleepの概要

　マイコンでよく行う処理の1つとして、「一定時間ごとにセンサーの値を読み取って処理する」というものがあります。たとえば、10分ごとにセンサーから気温や気圧を読み取って、サーバーに送信したりすることが考えられます。

　このようなプログラムでは、一定時間の間は何も処理をしない形になります。その間もマイコンを動かしていれば電力を消費します。電源が取れるところであればよいのですが、電源が取れなくてバッテリーで動作させる場合、無駄に電力を消費してしまい、バッテリーが短時間で切れてしまうという問題が起こります。

　ESP32には、このような問題を解決する仕組みとして、「DeepSleep」という機能があります。DeepSleepは、ESP32内の最小限の部分だけを動作させて、それ以外の部分への電力供給を止めて、消費電力を最小限に抑えることができる仕組みです。

一定周期でDeepSleepする

　ここまでの話のように、一定周期でプログラムを動作させ、それ以外の時間はDeepSleepしておくというのが、よくあるパターンです。この場合は、「esp_sleep_enable_timer_wakeup」と「esp_deep_sleep_start」という関数を使います。

　esp_sleep_enable_timer_wakeup関数では、DeepSleepしてから復帰するまでの時間を指定します。単位はマイクロ秒（=100万分の1秒）です。この関数を実行したあとに、esp_deep_sleep_start関数を実行してDeepSleepに入ります。

　DeepSleepから復帰すると、再起動したのと同じような状態になり、setup関数が実行されます。そのため、一定周期で行いたい処理をsetup関数の中に書き、そ

のあとに esp_sleep_enable_timer_wakeup 関数と esp_deep_sleep_start 関数で
DeepSleepに入る、という形でプログラムを作ります（リスト3.15）。

リスト3.15　一定周期でDeepSleepする場合のプログラムの書き方

```
void setup() {
    初期化の処理
    一定周期で実行したい処理
    esp_sleep_enable_timer_wakeup(復帰するまでの時間);
    esp_deep_sleep_start();
}

void loop() {
}
```

タッチセンサーに触れるまでDeepSleepする

　ESP32には、**静電容量式タッチセンサー**の機能があります。GPIOの一部のピン
がタッチセンサーに対応していて、そのピンに手を触れたかどうかを判別するこ
とができます。
　タッチセンサーに触れたときに、DeepSleepから復帰するようにすることもで
きます。

タッチセンサーで割り込みをかける

　タッチセンサーとDeepSleepを組み合わせたい場合、まず「**touchAttachInterrupt**」
という関数を実行して、タッチセンサーの状態が変化したときに割り込みが発生
するようにします。touchAttachInterrupt関数は次のように書きます。

```
touchAttachInterrupt(割り込み番号, 割り込み処理関数名, しきい値)
```

　「割り込み番号」には、GPIOのどのピンをタッチセンサーとして使うかを、表3.14
の定数で指定します。
　「割り込み処理関数名」には、タッチセンサー割り込みが起こったときに実行す
る関数の名前を指定します。ただ、DeepSleepと組み合わせる場合、何もしないユー
ザー定義関数を作っておき、それを割り込み処理関数として使うようにします。
　最後の「しきい値」は、タッチされたと判断する値を指定します。「40」を指定
することが多いです。

たとえば、4番ピンがタッチされたときにDeepSleepから復帰したいとします。割り込み処理関数の名前を「onTouch」にするとします。また、しきい値を40にするとします。この場合、touchAttachInterrupt関数を次のように書きます。

```
touchAttachInterrupt(T0, onTouch, 40);
```

表3.14　割り込み番号の定数とGPIOのピン番号の対応

定数	ピン番号
T0	4
T1	0
T2	2
T3	15
T4	13
T5	12
T6	14
T7	27
T8	33
T9	32

タッチでDeepSleepから復帰できるようにする

　ピンがタッチされたときにDeepSleepから復帰できるようにするには、「esp_sleep_enable_touchpad_wakeup」という関数を使います。引数はありません。また、この関数を実行したあとに、esp_deep_sleep_start関数を実行してDeepSleepに入ります。

プログラムのパターン

　ここまでの話から、タッチとDeepSleepを組み合わせる場合は、リスト3.16のような形でプログラムを組みます。「関数名」のところには、割り込み処理の関数名を決めて指定します。

リスト3.16　タッチとDeepSleepを組み合わせる場合のプログラムのパターン

```
void 関数名() {
}

void setup() {
  初期化の処理
  一定周期で実行したい処理
```

```
    touchAttachInterrupt(割り込み番号, 関数名, しきい値);
    esp_sleep_enable_touchpad_wakeup();
    esp_deep_sleep_start();
}

void loop() {
}
```

GPIOの状態が変化するまでDeepSleepする

　もう1つのDeepSleepの方法として、「**GPIOの状態が変化するまでDeepSleep を続ける**」というものがあります。

　GPIOによるDeepSleepには、「ext0」と「ext1」の2つの種類があります。ext1 はやや複雑なので、ext0のみ取り上げます。

　ext0は、**GPIOの特定のピンがHIGH（またはLOW）になったときにDeepSleep から復帰する**という動作をします。「**esp_sleep_enable_ext0_wakeup**」という関 数で、動作を指定します。書き方は次の通りです。

```
esp_sleep_enable_ext0_wakeup(ピン番号, HIGHまたはLOW)
```

　「ピン番号」には、状態を監視するピンの番号を指定します。ただし、直接数値 で指定せずに、「GPIO_NUM_2」のように、ピン番号の前に「GPIO_NUM_」を付 加します。そして、2つ目の引数で、そのピンがHIGH／LOWのどちらになった ときにDeepSleepから復帰するかを指定します。

　たとえば、2番ピンがHIGHになったときにDeepSleepから抜けるようにするに は、次のように書きます。

```
esp_sleep_enable_ext0_wakeup(GPIO_NUM_2, HIGH);
```

　esp_sleep_enable_ext0_wakeup関数を実行したあとで、esp_deep_sleep_start 関数を実行してDeepSleepに入ります。

DeepSleepから復帰したときの状況を得る

ここまでの3つの方法のうち、一定周期とタッチ、あるいは一定周期とGPIOを組み合わせることもできます。その場合、**どの状況でDeepSleepから復帰したかを判断したい場面が出てきます。**

このようなときには、「**esp_sleep_get_wakeup_cause**」という関数を使います。引数はなく、戻り値は表3.15の値になります。また、戻り値が表3.15以外の値になっていれば、DeepSleepからの復帰ではありません（例：通常の電源投入）。

また、タッチでDeepSleepから復帰した場合、「**esp_sleep_get_touchpad_wakeup_status**」という関数で、どのピンがタッチされたのかを得ることができます。引数はありません。戻り値は0〜9の値で、165ページの表3.14のT0〜T9に対応しています。たとえば、戻り値が0の場合、4番ピンがタッチされたことを意味します。

表3.15　esp_sleep_get_wakeup_cause関数の戻り値の内容

戻り値	DeepSleepから復帰した理由
ESP_SLEEP_WAKEUP_TIMER	一定周期が経過した
ESP_SLEEP_WAKEUP_TOUCHPAD	ピンがタッチされた
ESP_SLEEP_WAKEUP_EXT0	GPIOの状態が変化した

DeepSleep中に変数の値を保存する

DeepSleepから復帰すると、再起動したときとほぼ同じ状況になります。ただ、**DeepSleepしている間も変数の値を保存しておいて、復帰したときにその変数の値を引き続き使いたい場合もあります。**

次のように、「**RTC_DATA_ATTR**」を付けた形でグローバル変数を宣言すると、その変数に代入した値はDeepSleep中も保存されます。

```
RTC_DATA_ATTR 型名 変数名;
```

たとえば、int型の「count」という変数を宣言し、DeepSleep中も値を記憶したい場合は次のように書きます。

```
RTC_DATA_ATTR int count;
```

DeepSleepの例

DeepSleepの動作を試す例として、DeepSleepから復帰した回数とその理由を、シリアルモニタに出力するプログラムを作ります。

一定周期での復帰／タッチでの復帰／GPIOでの復帰を試すことができるようにします。ただし、タッチとGPIOは同時には設定できないので、プログラムの中でどちらか片方をコメントにして選べる形にします。

■ハードウェアの接続

GPIOでの復帰は、タクトスイッチを押すことで行うことにします。図3.10のようにタクトスイッチと抵抗を接続し、スイッチのオン／オフの状態を2番ピンで読み取るようにします。タクトスイッチとGNDの間には、4.7KΩの抵抗を接続します。

また、タッチでの復帰は4番ピンを使います。4番ピンにジャンプワイヤの片側を差し込み、ジャンプワイヤのもう片側にタッチできるようにします。

図3.10　ハードウェアの接続

■プログラムの内容

プログラムの内容はリスト3.17のようになります。

リスト3.17　DeepSleepを試すプログラム

```
// 復帰回数を表す変数 1行目
RTC_DATA_ATTR int count;

// タッチ割り込みの関数 4行目
void onTouch() {
}

void setup() {
  // シリアルモニタを初期化
  Serial.begin(115200);
  // 復帰回数を表示 11行目
  count++;
  Serial.print(count);
  Serial.println("回目の復帰");
  // 復帰理由を表示 15行目
  int cause = esp_sleep_get_wakeup_cause();
  if (cause == ESP_SLEEP_WAKEUP_TIMER) {
    Serial.println("一定周期が経過");
  }
  else if (cause == ESP_SLEEP_WAKEUP_TOUCHPAD) {
    Serial.println("タッチされた");
  }
  else if (cause == ESP_SLEEP_WAKEUP_EXT0) {
    Serial.println("スイッチが押された");
  }
  else {
    Serial.println("通常起動");
  }
  // 30秒ごとにDeepSleepから復帰 29行目
  esp_sleep_enable_timer_wakeup(30 * 1000000);
  // 4番ピンがタッチされたらDeepSleepから復帰 31行目
  touchAttachInterrupt(T0, onTouch, 40);
  esp_sleep_enable_touchpad_wakeup();
  // スイッチが押されたらDeepSleepから復帰 34行目
  //  esp_sleep enable_ext0_wakeup(GPIO_NUM_2, HIGH);
  // DeepSleepに入る 36行目
  esp_deep_sleep_start();
}

void loop() {
}
```

プログラムの内容は次の通りです。

▼ ❶ 復帰回数の記憶（2行目）

復帰した回数を、int型のグローバル変数countに記憶します。**DeepSleep中も値を保持する必要があります**ので、宣言の先頭に**RTC_DATA_ATTR**を入れています。

▼ ❷ タッチ割り込みの関数（5〜6行目）

touchAttachInterrupt関数（➡164ページ）のために、タッチされたときの割り込み処理を行う関数を用意します。ただし、関数内では何も処理しません。

▼ ❸ 復帰回数の表示（12〜14行目）

変数countの値を1増やし、それをシリアルモニタに表示します。復帰するたびにこの部分が処理されますので、復帰した回数が表示されることになります。

▼ ❹ 復帰理由の表示（16〜28行目）

esp_sleep_get_wakeup_cause関数（➡167ページ）の戻り値に応じて、復帰したときの理由を出力します。

▼ ❺ 一定周期でDeepSleepから復帰（30行目）

esp_sleep_enable_timer_wakeup関数（➡163ページ）で、一定周期でDeepSleepから復帰するように設定します。引数に「30 * 1000000」を渡していますので、30秒ごとに復帰します。

▼ ❻ タッチでDeepSleepから復帰（32〜33行目）

touchAttachInterrupt関数でタッチによる割り込みを設定したあと、esp_sleep_enable_touchpad_wakeup関数（➡165ページ）で、タッチでDeepSleepから復帰するようにします。

▼ ❼ GPIOでDeepSleepから復帰（35行目）

esp_sleep_enable_ext0_wakeup関数（➡166ページ）で、GPIOの2番ピンがHIGHになった（=スイッチが押された）ときに、DeepSleepから復帰するようにします。

ただし、タッチでの復帰とGPIOでの復帰の両方を同時に使うことはできませんので、行の先頭に「//」を入れてコメントにしています。GPIOでの復帰を試したい場合は、この行の先頭の「//」を削除し、代わりに32行目と33行目の先頭に「//」

を入れてコメントにします。

▼ ❸ DeepSleepに入る（37行目）

最後に、esp_deep_sleep_start関数を実行して、DeepSleepに入ります。

■ サンプルファイル

ここで取り上げたプログラムのサンプルファイルは「part3」→「deepsleep」フォルダにあります。

> **Arduino** と **ESP32** の違い
>
> Arduinoにも、CPUをほぼ停止させて消費電力を抑える機能として「スリープ」があります。ESP32とはプログラミングの方法が異なり、「set_sleep_mode」などの関数を使います。
> 詳しくは次のページを参照してください。
>
> ```
> https://playground.arduino.cc/Learning/ArduinoSleepCode/
> ```

そのほかの組み込み関数

第3章の最後として、ここまでに出てこなかった組み込み関数の中で、比較的よく使うものを取り上げます。

時間関係の関数

ESP32やArduinoで時間を扱うこともあります。そのための関数がいくつか用意されています。

プログラムを一時的に止める
──delay関数／delayMicroseconds関数

プログラムの実行を一時的に止めて、次の処理まで待つには、**delay関数**や**delayMicroseconds関数**を使います。

delay関数は、これまでも使ってきた通り、ミリ秒（＝1／1000秒）単位で実行を止める関数です。引数として、unsigned int型の値を渡すことができます。

一方、delayMicroseconds関数は、マイクロ秒（1／1000000秒）単位で実行を止めます。ただし、引数には16383までの値を指定するようにします。たとえば、100マイクロ秒（＝0.0001秒）だけ処理を止めたい場合は、次のように書きます。

```
delayMicroseconds(100);
```

起動時からの時間を得る──millis関数／micros関数

ESP32／Arduinoが起動してからの経過時間を求めるには、「millis」または「micros」という関数を使います。

millis関数はミリ秒単位、**micros関数**はマイクロ秒単位で、経過時間が返されます。どちらの関数も引数には何も指定しません。また、戻り値の型はunsigned longです。

配列（メモリ）の動的な確保

C言語では、配列の要素の数は宣言する際に決める必要があります。しかし、状況によって、要素の数を変化させたい場合も多いです。このようなときには、「malloc」と「free」という関数を使います。

malloc関数

malloc関数は、メモリを確保して、戻り値としてその先頭アドレスを返す関数です。

引数として、確保するサイズを渡します。ただし、単純に必要な要素の数を渡すのではなく、「要素の数 * sizeof(データ型)」のようにして、**バイト数単位で指定**します。また、戻り値のアドレスはポインタに代入します。

たとえば、何らかの処理によって、必要な要素の数を変数countに求めたとします。そして、その要素数のint型の配列を使いたいとします。また、配列の名前は「data」にしたいとします。

この場合、「data」という名前のint型のポインタを宣言しておき、malloc関数でメモリを確保して、その戻り値をdataに代入します（リスト3.18）。それ以後は、「data[0]」や「data[1]」などの配列の書き方で、要素にアクセスすることができます。

リスト3.18　malloc関数で要素数が可変のint型の配列を作る例

```
int *data;

…… （要素数を変数countに求める処理） ……
data = malloc(count * sizeof(int));
```

free関数

malloc関数で確保したメモリは、使い終わったら解放します。その際には「**free**」という関数を使います。引数として、malloc関数のときに使ったポインタを指定します。

たとえば、前述のリスト3.18のように、malloc関数でメモリを確保して、その先頭アドレスを「data」という名前のポインタに代入したとします。このメモリを解放するには、次のようにfree関数を実行します。

```
free(data);
```

メモリを解放しないと、利用できるメモリが減っていき、やがてはmalloc関数

でメモリを確保できなくなって、プログラムが正しく動作しなくなります。malloc関数で確保したメモリは、必ずfree関数で解放するようにします。

定数をFlashメモリに配置する（Arduinoのみ）

ArduinoはRAMが非常に少なく、ある程度の規模のプログラムになると、RAMをやりくりする必要が出てきます。そのような場合、文字列の定数や、定数の配列を極力Flashメモリに格納するようにして、なるべくRAMを空けるようにします。

Fマクロ

Serial.print文などで、一定のメッセージを扱うことは多いです。その場合、そのメッセージをそのままSerial.printなどの文に書くと、RAMを消費してしまいます。

この場合、文字列を「Fマクロ」という形で表すことで、文字列をFlashメモリに格納することができます。Fマクロで文字列を表すには、「F("文字列")」のように書きます。

たとえば、次のようなSerial.print文があるとします。

```
Serial.print("こんにちは");
```

この場合、次のように書き換えます。

```
Serial.print(F("こんにちは"));
```

PROGMEM宣言と関数

プログラム内で、値を変化させない配列（定数の配列）を扱うことがあります。その場合は、その配列を次のように「PROGMEM」を付けて宣言すると、配列の各定数をFlashメモリに格納することができます。ただし、配列をグローバル変数かstatic変数として宣言する必要があります。

```
const 型名 配列名[] PROGMEM = { 定数, 定数, ……, 定数 };
```

たとえば、int型で「points」という名前の定数型の配列を宣言し、1～5までの値で初期化したいとします。この場合、次のように書くと値をFlashメモリに格

納することができます。

```
const int points[] PROGMEM = { 1, 2, 3, 4, 5 };
```

ただし、**PROGMEM**を付けて宣言した配列では、「配列名[インデックス]」の形でデータにアクセスすることが**できません**。表3.16の関数を使い、引数に「ポインタ名 + インデックス」を渡して、**いったんRAMに読み込む**必要があります。

たとえば、先のようにしてint型の配列pointsを宣言していて、その2番目の要素を変数pointに読み込むには、次のようにします。

```
point = pgm_read_word(points + 2);
```

表3.16　PROGMEMの配列からデータを読み込む関数

関数	読み込むデータの型
pgm_read_byte	char, unsigned char
pgm_read_word	int, unsigned int
pgm_read_dword	long, unsigned long
pgm_read_float	float

また、文字列をchar型の配列にコピーするには、「**strcpy_P**」という関数を使って次のように書きます。

```
strcpy_P(コピー先配列名, コピー元配列名)
```

ESP32ではどうなる？

ESP32では、**constを付けて宣言した配列は、Flashメモリに配置される**ようになっています。PROGMEMのような記述は不要です。

また、constの配列にアクセスする際にも pgm_read_XXX のような関数は不要で、普通の配列と同じようにアクセスすることができます。

> **Arduino** と **ESP32** の違い
>
> - Arduinoでは、定数をFlashメモリに配置する際に、FマクロやPROGMEM宣言を使います。
> - ESP32では、constを付けて宣言した配列はFlashメモリに配置されます。

AliExpressでパーツを安く手に入れる

電子工作で使うパーツは、秋葉原などにある電子部品のショップや、Amazonなどのネット販売で購入することができます。ただ、中国の通販サイトである「AliExpress」（https://www.aliexpress.com/、図3.11）を使えば、同じものをより安く購入することができます。

AliExpressはさまざまなショップが集まっている通販サイトで、電子工作関係のパーツを扱っているショップも多数あります。日本で買うよりも値段が安く、送料を足しても半分〜3分の1程度の値段で買えることが少なくありません。

ただし、商品は通常中国から郵送されてくるので、到着までに2週間程度時間がかかります。急ぎで必要なものはAmazonなどで買い、そうでないものはAliExpressで調達するなど使い分けてみるのもよいでしょう。

図3.11 AliExpress

第**4**章

ライブラリやクラスの利用と作成

Arduino や ESP32 には、センサーやモーター、ディスプレイな
ど各種のハードウェアを接続することができます。それらを制御
する際には、自分でゼロからプログラムを作るのではなく、通
常は既存の「ライブラリ」を使います。また、ライブラリを自分
で作ることもできます。第4章では、ライブラリの作成や、その
際に出てくる「クラス」について解説します。

既存のライブラリを
インストールして利用する

センサー等のハードウェアを使う際には、そのための「ライブラリ」を使うことが一般的です。この節では、既存のライブラリをインストールする方法を紹介します。

ライブラリとは？

まず、「ライブラリ」(Library) という用語の意味から解説しておきます。

プログラムを作っていく中で、よく使う汎用的な処理が出てくることは頻繁にあります。そのような処理をその都度作っていては、無駄が多くなります。

そこで、**汎用的な処理を関数にまとめておいて、さまざまなプログラムに組み込みやすくしておきます。**このような、「ほかのプログラムで利用できる汎用的な関数の集まり」のことを、**ライブラリ**と呼びます。

Arduino用のライブラリは多数公開されていて、さまざまなハードウェアをArduinoに接続することができます。また、Arduino用のライブラリの中には、ESP32にも対応しているものが多くあります。

Arduinoの標準ライブラリとそれ以外のライブラリ

Arduinoには、**標準のライブラリ**がいくつか用意されています。Arduino IDE をインストールしたときに、それらのライブラリもインストールされています（表4.1）。

特に、**Servoライブラリ**と**SDライブラリ**は非常によく使います。Servoライブラリは、サーボモーター（指定した通りの角度まで回転するモーター）を制御するのに使います。また、SDライブラリはSDカードのファイルを読み書きするのに使います。この2つのライブラリについては、第5章で解説します。

SPIライブラリと**Wireライブラリ**は、それぞれ「**SPI**[1]」と「**I2C**[2]」という通信の際

1　「Serial Peripheral Interface」の略で、マイコンなどと周辺機器を接続する規格の1つです。SCK／MOSI／MISO／CS（またはSS）の4本の線を使って接続します。SPIで接続する機器はいろいろあります。

2　「Inter-Integrated Circuit」の略で、マイコンなどと周辺機器を接続する規格の1つです。SCLとSDAの2本の線を使って接続します。センサーなどI2Cで接続する機器は多くあります。

に使うライブラリです。SPIやI2Cに対応したハードウェアは多く、それらのハードウェアのライブラリは、SPIやWireのライブラリの機能を利用して動作するようになっていることが多いです。

表4.1　Arduino標準ライブラリ

ライブラリ	内容
EEPROM	Arduino内蔵のEEPROMの読み書き
Ethernet	Ethernetシールド等を使ったネットワーク接続
Firmata	シリアル接続したArduinoをパソコンから制御
GSM	GSMシールドの制御
LiquidCrystal	キャラクタ液晶ディスプレイの制御
SD	SDカードの読み書き
Servo	サーボモーターの制御
SPI	SPI接続での通信
SoftwareSerial	ソフト的なシリアル通信
Stepper	ステッピングモーターの制御
TFT	グラフィック液晶ディスプレイの制御
WiFi	WiFiシールドを使ったネットワーク接続
Wire	I2C接続での通信

ライブラリマネージャでライブラリをインストールする

　Arduino標準ライブラリ以外に、多くのユーザーによってライブラリが作られています。それらのライブラリを使うには、Arduino IDEの「**ライブラリマネージャ**」を使って、ライブラリをインストールします。

インストールの手順

　「スケッチ」→「ライブラリをインクルード」→「ライブラリを管理」のメニューを選ぶと、ライブラリマネージャが開きます（**図4.1**）。右上の欄にキーワードを入力してEnterキーを押すと、そのキーワードに関係するライブラリが検索されます。一覧の中でインストールしたいライブラリをクリックし、その右下の「インストール」のボタンをクリックすると、ライブラリをインストールすることができます。

図4.1　ライブラリマネージャ

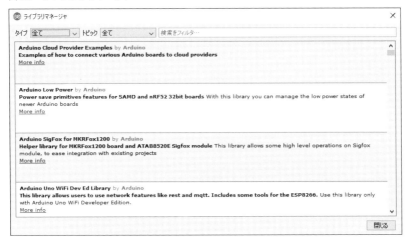

　たとえば、「**FastLED**」というライブラリをインストールしたいとします。FastLEDは、「**WS2812B**」などのフルカラーLEDを制御するライブラリです。この場合、キーワードの欄に「FastLED」と入力します。すると、FastLEDライブラリが検索されますので、「インストール」ボタンをクリックします（図4.2）。

図4.2　FastLEDライブラリのインストールの例

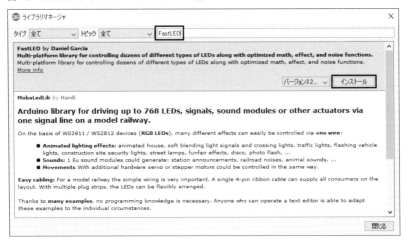

ライブラリをアップデートする

ライブラリがバージョンアップされることもあります。その場合、Arduino IDEの左下にアップデートの通知が表示されます。

その通知をクリックすると、ライブラリマネージャが起動し、アップデート可能なライブラリが検索されます。アップデートしたいライブラリを選んで、「更新」ボタンをクリックすると、アップデートすることができます。

ライブラリを直接インストールする

ライブラリの中には、**作者のサイト**などからファイルをダウンロードして、**手動で**インストールするものもあります。

ZIPファイルからインストールする

ダウンロードしたファイルがZIPファイルになっている場合、その**ZIPファイルからインストール**することができる場合があります。

「スケッチ」→「ライブラリをインクルード」→「.ZIP形式のライブラリをインストール」のメニューを選ぶと、ファイル選択のダイアログボックスが開きます。ダウンロードしたZIPファイルの構造が問題なければ、そのZIPファイルを選んで開くと、ライブラリがインストールされます。

ライブラリのファイルを手動でインストールする

前述の方法でZIPファイルからインストールすることができない場合は、ライブラリのファイルをArduino IDEのライブラリ用のフォルダに手動でコピーしてインストールすることもできます。

Arduino IDEの初期設定では、ライブラリ用のフォルダは次のようになっています。

- **Windowsの場合**
  「ドキュメント」→「Arduino」→「libraries」フォルダ
- **Macの場合**
  「書類」→「Arduino」→「libraries」フォルダ

このフォルダの中に、個々のライブラリ用のフォルダを作り、その下に「XXX.h」や「XXX.cpp」などのライブラリのファイルをコピーします（「XXX」の部分はライブラリによって異なります）。

ライブラリを使う

ライブラリには関数が多数あり、それらを自分のプログラムの中で利用することができます。その際には、「**ヘッダーファイル**」を読み込むことが必要です。**ヘッダーファイルには、ライブラリ内の関数の宣言や、定数の宣言などが記述されています。**

ヘッダーファイルを読み込むには、自分のプログラムの先頭に、「#include <ヘッダーファイル名>」のような文を入れます。

たとえば、先ほど例に挙げたFastLEDライブラリの場合だと、ヘッダーファイルの名前は「FastLED.h」です。したがって、プログラムの先頭に次のような#include文を入れます。

```
#include <FastLED.h>
```

自分でライブラリを作る

複数のプログラムで汎用的に使えそうな処理がある場合、それをライブラリの形にしておくと便利です。この節では、自分でライブラリを作る方法を紹介します。

ライブラリ用のファイルの作成

　この節では、ごく簡単なライブラリとして、**CdS セルの値を読み込むためのライブラリ**を作ってみます。ライブラリに「**read_cds**」という関数を作ります。また、この関数ではCdS セルの値をそのまま戻り値にするのではなく、0〜100のdouble 型の値に変換して戻り値にすることにします。

　ライブラリを作るには、まずArduino IDEでファイルを新規作成したあとに、**ライブラリ用のファイル**を追加します。基本的には、次の2つのファイルを作ります。

❶ 関数などを書くためのファイル
❷ ヘッダーファイル (関数や定数の定義を記述するファイル)

　Arduino IDEのソースコード入力部分の右上に「▼」のボタンがあります。このボタンをクリックするとメニューが表示されますので、その中の「**新規タブ**」をクリックします (図4.3)。

図4.3　メニューの「新規タブ」をクリックする

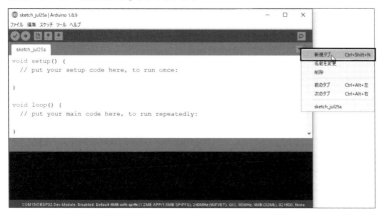

　すると、コンパイル中のメッセージなどが表示される部分に、「**新規ファイルの名前**」という欄が表示されます（図4.4）。この欄で、ファイルに付ける名前を入力します。

　関数などを書くためのファイルには「.cpp」という拡張子を付けます。また、ヘッダーファイルには「.h」という拡張子を付けます。

図4.4　ファイルの名前を決める

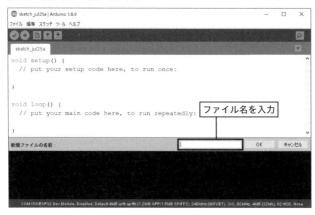

　ここで取り上げる例では、関数用のファイルに「read_cds.cpp」と名前を付けます。また、ヘッダーファイルには「read_cds.h」と名前を付けます。それぞれのファイルは、タブで切り替えながら編集することができます。

関数用のファイルの中身を作る

ファイルを追加したら、その中身を作っていきます。まず、関数用のファイル
を作ります。

■ヘッダーファイルの読み込み

関数用のファイルの先頭には、**ヘッダーファイルを読み込む行**を入れます。書き
方は次のようになります。

```
#include "ヘッダーファイル名"
```

今取り上げている例では、ヘッダーファイルの名前は「read_cds.h」です。したがっ
て、関数用ファイルの先頭に次の行を入れます。

```
#include "read_cds.h"
```

■関数の作成

次に、関数を作っていきます。作り方は、第3章の150ページで解説した通り
です。ここで取り上げるread_cds関数の場合だと、リスト4.1のような内容になり
ます。

この関数では、analogRead関数で入力値を読み込み（5行目）、それを0〜100の
値に変換して（6行目）、戻り値として返します（7行目）。

なお、6行目で「dac_max」という定数を使っていますが、read_cds.cppファイ
ルの中ではこの定数は定義しません。**定数の定義は、ヘッダーファイルの中で行い
ます。**

リスト4.1　read_cds関数

```
double read_cds(int pin) {
  int dac;
  double cds;

  dac = analogRead(pin);           // CdSの入力値を読み込む  5行目
  cds = (double) dac / dac_max * 100; // 読み込んだ値を0〜100に変換する  6行目
  return cds;                      // 戻り値を返す  7行目
}
```

ヘッダーファイルの中身を作る

次に、ヘッダーファイルの中身を作っていきます。

二重読み込みを防止する

ヘッダーファイルは、#include文を使って、ほかのファイルに読み込みます。場合によっては、あちこちのファイルで、同じヘッダーファイルを読み込むことも出てきます。そのため、ヘッダーファイル内に定義や宣言を単純に書いていると、同じ定義や宣言を2回以上行うことになって、コンパイルエラーが発生します。

そこで、**同じヘッダーファイルがすでに読み込み済みであれば、その内容を処理しないようにします**。それには、ヘッダーファイルをリスト4.2のように書きます。

リスト4.2　ヘッダーファイルの外枠

```
#ifndef マクロ
#define マクロ
……（各種の定義など）……
#endif
```

「マクロ」の部分では、ほかのヘッダーファイルと重複しないようなマクロを定義します。一般には、ヘッダーファイルの名前を大文字にしたり、「.」を「_」に置換したりして、マクロの名前を決めます。

ほかのヘッダーファイルを読み込む

ヘッダーファイルの中に次のような#include文を入れて、ほかのヘッダーファイルを読み込むことができます。

```
#include <ヘッダーファイル名>
```

作成するライブラリの中で、ほかのライブラリの関数や定数を使う場合は、そのライブラリのヘッダーファイルを読み込みます。

また、**Arduino標準ライブラリの関数を使う場合も、そのためのヘッダーファイルを読み込むことが必要**です。利用する関数と、そのために必要なヘッダーファイルの対応は、表4.2のようになっています。

表4.2　Arduino標準ライブラリのヘッダーファイル

関数	ヘッダーファイル
大半の関数	Arduino.h
String型関係	WString.h
PROGMEM関係	avr/pgmspace.h

　ここで取り上げる例では、CdSの入力値を読み込むために、analogRead関数を使っています（→185ページのリスト4.1）。analogRead関数はArduino標準ライブラリの関数なので、read_cds.hの中に次の#include文を入れて、Arduino.hヘッダーファイルを読み込むようにします。

```
#include <Arduino.h>
```

定数を定義する

　ライブラリの中で定数を使いたい場合は、その定数をヘッダーファイルの中で定義します。#define文／constのどちらの書き方も使うことができます。書き方は、これまでのプログラムの場合と同じです。

関数のプロトタイプ宣言を行う

　ヘッダーファイルには、ライブラリの中にある関数の「プロトタイプ宣言」も入れます。**プロトタイプ宣言は、それぞれの関数について、その名前／引数／戻り値の情報を記述する文**です。

　プロトタイプ宣言は次のような書き方をします。関数の最初の行とほぼ同じ書き方になります。

```
戻り値の型名　関数名(引数の型名 引数名, 引数の型名 引数名, ……, 引数の型名 引数名);
```

　たとえば、今取り上げている例では、ライブラリに「read_cds」という名前の関数を入れます。引数として「pin」という名前のint型の値を取り、また戻り値の型はdouble型です。したがって、read_cds関数のプロトタイプ宣言は次のようになります。

```
double read_cds(int pin);
```

グローバル変数にアクセスできるようにする

拡張子が.cppのファイルの中で、**グローバル変数**を宣言することができます。単に宣言するだけだと、そのグローバル変数は、標準ではその宣言をした.cppファイルの中だけでアクセスすることができ、ライブラリを組み込む側からはアクセスすることができません。

たとえば、「my_library.cpp」というライブラリのファイルの中で、「my_var」というint型のグローバル変数を宣言したとします。この場合、my_library.cpp以外のプログラムのファイルからは、標準では変数my_varにアクセスすることができません。

しかし、場合によっては、**ライブラリ以外のファイルの中で、グローバル変数にアクセスできるようにしたいこともあります。**その場合は、ヘッダーファイルに次のような**extern文**を入れます。

```
extern 型名  グローバル変数名;
```

たとえば、前述の変数my_varをライブラリ以外のファイルからもアクセスできるようにしたい場合は、ヘッダーファイルに次の文を入れます。

```
extern int my_var;
```

read_cds.hの内容

ここまでの話に沿って、CdSセルの値を読み込むためのライブラリのヘッダーファイル（read_cds.h）を作ると、リスト4.3のようになります。

2行目では、「_READ_CDSH_」というマクロを定義しています。そして、1行目の#ifndef文と12行目の#endif文によって、**「_READ_CDSH_」マクロが定義されていないときだけ、このヘッダーファイルを処理**するようにしています。

3行目では、Arduino.hを読み込んでいます。ライブラリの中でanalogRead関数を使うために、Arduino.hの読み込みが必要です。

そして、5～9行目では、「dac_max」という定数を定義しています。この定数は、アナログ入力の最大値を表すものです（➡61ページ）。Arduino UnoとESP32ではアナログ入力の最大値が異なりますので、「ESP32」のマクロが定義されているかどうかによって、定数に代入する値を変えています。

そして、11行目ではread_cds関数のプロトタイプ宣言を行っています。

リスト4.3　read_cds.h

```
#ifndef _READ_CDSH_
#define _READ_CDSH_        // _READ_CDSH_マクロを定義  2行目
#include <Arduino.h>       // Arduino.hを読み込む  3行目

#if defined(ESP32)
const int dac_max = 4095; // ESP32のアナログ入力の最大値  6行目
#else
const int dac_max = 1023; // Arduino Unoのアナログ入力の最大値  8行目
#endif

double read_cds(int pin); // read_cds関数のプロトタイプ宣言  11行目
#endif
```

Arduino と **ESP32** の違い

- アナログ入力の最大値が異なります（ESP32は4095、Arduinoは1023）。
- リスト4.3では、#if defined()文を使ってESP32／Arduinoでアナログ入力の最大値を変えるようにしています。

ライブラリの動作をテストする

　次に、**ライブラリの関数の動作をテストするプログラム**を作ります。今取り上げている例だと、read_cds関数を呼び出してCdSの値を読み取るようなプログラムを作ります。

　ライブラリを作り始める段階で、Arduino IDEで新規ファイルを作っておきました（➡184ページ）。そのファイルのタブに切り替えて、ライブラリの動作をテストするプログラムを作ります。また、ライブラリの関数を使うために、ファイルの先頭に次のような**#include文**を入れます。

```
#include "ヘッダーファイル名"
```

　ここでの例だと、**リスト4.4**のようなプログラムを作ります。1行目の#include文でヘッダーファイルのread_cds.hを読み込んでいます。そして、16行目の文でread_cds関数を呼び出して、CdSの値を読み込んでいます。

　プログラムができたら、コンパイルしてArduino Unoなどに書き込み、動作を確認します。なお、リスト4.4のサンプルファイルは、「part4」→「read_cds」フォルダにあります。

4

ライブラリやクラスの利用と作成

リスト4.4　ライブラリの関数の動作をテストするプログラム

```
#include "read_cds.h"

#ifdef ESP32
const int pin_no = 35;      // CdSセルを接続したピン
#else
const int pin_no = A0;      // CdSセルを接続したピン
#endif;

void setup() {
  Serial.begin(115200);     // シリアルモニタを初期化
}

void loop() {
  double cds;

  cds = read_cds(pin_no); // CdSセルの値を読み込む  16行目
  Serial.println(cds);      // 読み込んだ値をシリアルモニタに出力
  delay(1000);              // 1秒間待つ
}
```

Arduino と **ESP32** の違い

- CdS セルの接続先ピン番号が異なります（ESP32は35、ArduinoはA0）。
- リスト4.4では、#ifdef文を使ってESP32／Arduinoで別々のピン番号を使うようにしています。

ライブラリのファイルをライブラリ用フォルダに移動する

　ここまででライブラリの中身はできました。ただ、今の時点では、「プログラムのファイルを分割しただけ」のような状態になっていて、ほかのプログラムではライブラリを使うことができません。

　そこで、ここまでで作った**ライブラリのファイルを、Arduino IDEのライブラリ用のフォルダ（→181ページ）に移動**します。

　ライブラリ用フォルダの中に、ライブラリごとのフォルダを作ります。フォルダの名前は、ライブラリの内容に沿ったものにします。そして、その中に.cppや.hのファイルを移動します。今取り上げている例だと、次の手順を取ります。

① Arduino IDEをいったん終了します。

② Arduino IDEのライブラリ用のフォルダを開きます。

③ ②のフォルダの中に、「read_cds」という名前のフォルダを作ります。

④ テスト用プログラムを保存したフォルダから、③で作ったフォルダに、「read_cds.cpp」と「read_cds.h」のファイルを移動します。

ライブラリのファイルを移動し終わったら、Arduino IDE を再度起動し、「**スケッチ**」→「**ライブラリをインクルード**」のメニューに、**ライブラリの名前が出てくることを確認**します。

今取り上げている例だと、「スケッチ」→「ライブラリをインクルード」のメニューの中に、「read_cds」があることを確認します。

また、テスト用プログラム（リスト4.4）を開いて、正しくコンパイルできることを確認します。

なお、「read_cds.cpp」と「read_cds.h」のサンプルファイルは、「part4」→「read_cds_lib」フォルダにあります。

データをまとめる「構造体」

複数のデータをひとまとめにして扱う際に、「構造体」を使うことがあります。構造体は、次の節で解説する「クラス」のもととなる考え方です。この節では、構造体について解説します。

複数のデータをまとめる構造体

プログラムの中で、**複数のデータを組み合わせて、ひとまとまりのものとして扱いたい**ことがあります。

たとえば、「画面上の点の位置」というデータを考えてみましょう。点の位置は、縦と横のそれぞれの位置の組み合わせで表すことができます。単純に変数で表すなら、2つの変数（たとえばxとy）を使うことになります。

しかし、「縦と横の位置の組み合わせ」を「点」という型のように扱うことができれば、**プログラムがより書きやすくなります**。仮に、「Point」という型があって、リスト4.5のように書くことができるとすれば、多数の点を扱うときによりわかりやすくなります。

リスト4.5 「Point」という型で点を表す

```
Point p1;

p1.x = 100; // p1の横位置は100
p1.y = 50;  // p1の縦位置は50
```

Arduino言語には「**構造体**」という構文があります。構造体を定義すれば、実際にリスト4.5のように書くことができるようになります。

構造体を定義する

構造体を使えるようにするには、まず「struct」という文で、その構造体を定義することから始めます。その構文はリスト4.6のようになります。

リスト4.6　構造体の定義

```
struct 構造体名 {
  データ型名 メンバ名;
  データ型名 メンバ名;
  ……
  データ型名 メンバ名;
};
```

「構造体名」の箇所には、構造体に付ける型名を指定します。その構造体の内容がわかるような名前を付けるようにします。

そして、struct文のブロックの中で構造体の中身を決めていきます。**構造体の個々のデータのことを、「メンバ」(Member)と呼びます。**それぞれのメンバは、変数と同様でデータ型と名前を決めます。

たとえば、前述した「点」を構造体で表せるようにしたいとします。この場合、構造体名は「Point」にするとよいでしょう。また、メンバとして縦と横の位置が必要ですが、それぞれの名前は「x」と「y」にするとよいでしょう。さらに、位置のデータ型はint型にします。

これらのことから、点を表す構造体を定義すると、リスト4.7のようになります。

リスト4.7　点を表す構造体

```
struct Point {
  int x;
  int y;
};
```

1つのプログラムの中だけで使う構造体であれば、そのプログラムの中に構造体の定義を書いてもOKです。一方、ほかのプログラムでも使えるような汎用的な構造体の場合、ヘッダーファイルに構造体の定義を書いて、#include文でほかのプログラムに読み込める形にしておきます。

構造体を使う

構造体を定義したら、その**構造体の変数を宣言して使う**ことができます。

変数の宣言

変数を宣言する書き方は、これまでの変数と同様で、次のようになります。

```
構造体名  変数名;
```

たとえば、リスト4.7のように「Point」という構造体を定義してある場合、その構造体の変数として「p1」を宣言するには、次のように書きます。

```
Point p1;
```

メンバを使う

構造体の変数を宣言したら、**それぞれのメンバに値を代入**したりすることができます。メンバは次のように表します。

```
変数名.メンバ名
```

たとえば、リスト4.7のPoint構造体を定義し、その変数としてp1を宣言したとします。この場合、メンバxに100を代入するには、次のように書きます。

```
p1.x = 100;
```

新しいクラスを作る

ライブラリを作る際に、「クラス」の形にしておくとよりベターです。この節では、ライブラリをクラスとして作る前の段階として、クラスの考え方からクラスの作成例までを取り上げます。

オブジェクトとクラス

まず、「オブジェクト」と「クラス」という概念から話を始めます。

■ オブジェクト（もの）を中心にしたプログラミング手法

前の節で構造体について解説しました。構造体は、複数のデータを組み合わせて1つのものとして扱う際に便利な仕組みです。

ただ、**データだけではプログラムにはなりません。「そのデータをどのように処理するのか」ということも重要**です。

たとえば、キャラクタ液晶ディスプレイを操作することを考えてみます。この場合、データとしては、縦横の文字数や文字の表示位置があります。また、動作としては文字の表示や画面の消去などが考えられます。

そこで、**プログラムの中で扱う「もの」を「オブジェクト」（Object）とし、オブジェクトを中心にプログラムを作っていくという考え方**が、広まっていくようになりました。このようなプログラミング手法のことを、「**オブジェクト指向プログラミング**」（英語ではObject Oriented Programming）と呼びます。

構造体では、その中にメンバとして変数を含むことができます。一方の**オブジェクトは、変数だけでなく、関数を含むことができます**。変数でオブジェクトの状態を表し、関数でオブジェクトの動作を決めます。**オブジェクトに含まれる変数を「メンバ変数」と呼びます**。また、**オブジェクトに含まれる関数は「メンバ関数」と呼びます**。

たとえば、前述したキャラクタ液晶ディスプレイの例だと、縦横の文字数や文字の表示位置を、メンバ変数として扱います。また、文字の表示や画面の消去などを、メンバ関数として扱います（図4.5）。

メンバ変数は、構造体と同様に、「変数名.メンバ変数名」の形でアクセスすることができます。また、メンバ関数は、「変数名.メンバ関数名(引数,引数,……)」の形で呼び出すことができます。

図4.5　オブジェクトの例（キャラクタ液晶ディスプレイの場合）

オブジェクトのひな型＝クラス

1つのプログラムの中で、**同じような性質を持つオブジェクトを多数使う**ことも多くあります。

たとえば、前述したキャラクタ液晶ディスプレイの例では、1台のArduinoやESP32に、複数台のキャラクタ液晶ディスプレイを接続することが考えられます。この場合、それぞれのキャラクタ液晶ディスプレイを、別々のオブジェクトとして扱います。

そこで、**オブジェクトのひな型を定義しておき、そのひな型から個々のオブジェクトを生成する**という仕組みを取ります。この「オブジェクトのひな型」のことを「**クラス**」（Class）と呼びます。

クラスを作る

それでは、実際にクラスを作っていきましょう。

クラスを宣言する

構造体では、struct文を使ってメンバを定義しました。これに対し、クラスでは「**class**」という文を使ってメンバを定義します（リスト4.8）。

class文の書き方は、struct文とほぼ同じです。ただし、**メンバとして変数だけでなく関数も入れることができます。**

また、クラスではメンバ変数／関数に「**アクセス指定**」を行うことができます。**アクセス指定は、メンバ変数／関数へのアクセスを制限する仕組み**です。リスト4.8では「**public**」というアクセス指定を行っています。アクセス指定には、publicのほかに「protected」と「private」もありますが、それらについてはあとで再度解説します。

リスト4.8　クラスの宣言

```
class クラス名 {
  public:
    データ型名  メンバ変数名;
    データ型名  メンバ変数名;
    ……
    データ型名  メンバ変数名;
    戻り値の型名  メンバ関数名(引数の型名  引数名, ……, 引数の型名  引数名);
    戻り値の型名  メンバ関数名(引数の型名  引数名, ……, 引数の型名  引数名);
};
```

たとえば、前の節で取り上げた「Point」という構造体を、クラスにしてみることにしましょう。

まず、メンバ変数としては、前の節の構造体と同じく、xとyの2つのint型を使うことにします。

また、「**move**」という**メンバ関数**を追加することにします。このメンバ関数は、点の位置を移動する処理をするものです。引数として、横／縦それぞれの移動幅を取ることにします。また、戻り値はないものとします。

たとえば、Point型のオブジェクトpがあるときに次のような文を実行すると、横／縦の位置をそれぞれ100／200移動するようにします。

```
p.move(100, 200);
```

この場合、クラスの宣言はリスト4.9のようになります。

リスト4.9　Pointクラスの宣言

```
class Point {
  public:
    int x;                     // 横位置 3行目
    int y;                     // 縦位置
    void move(int w, int h);   // 点を横にw／縦にh移動する
};
```

メンバ関数の内容を定義する

　ここまでのclass文の中で、メンバ関数の宣言を行いました。ただ、そのメンバ関数の実際の処理はまだ作っていません。メンバ関数の中身は、class文の外に別途作ります。その書き方は、リスト4.10のようになります。

リスト4.10　メンバ関数の書き方

```
戻り値の型名　クラス名::メンバ関数名(引数の型名　引数名, ……, 引数の型名　引数名) {
  関数の処理
}
```

　一般の関数とほぼ同じ書き方ですが、関数名の前に「**クラス名::**」が付くところが異なります。

　メンバ関数の中では、一般の関数と同様に、引数を使って処理を行います。また、**メンバ関数の中では、そのクラスのメンバ変数にアクセスすることができます**。

　たとえば、リスト4.9のPointクラスで、メンバ関数のmoveの処理を定義すると、リスト4.11のようになります。

　2行目に「x += w;」という文があります。この「x」は、メンバ変数のxです（➡リスト4.9の3行目）。一方の「w」は引数です。したがって、この文は、メンバ変数のxに、引数のwの値を足すことを意味します。同様に、3行目の文は、メンバ変数のyに、引数のhを足すことを意味します。

リスト4.11　moveメンバ関数

```
void Point::move(int w, int h) {
  x += w;  // 横位置をw移動する 2行目
  y += h;  // 縦位置をh移動する 3行目
}
```

メンバ関数からほかのメンバ関数を呼び出す

あるメンバ関数の中で、同じクラスのほかのメンバ関数を呼び出すこともあります。その場合は、メンバ関数の名前と引数を指定して呼び出すことができます。

たとえば、Pointクラスに「move2」というメンバ関数を追加し、そのmove2関数からリスト4.11のmove関数を呼び出すようにしたいとします。この場合、move2関数の中では、リスト4.12のような形でmove関数を呼び出すことができます。

リスト4.12　メンバ関数からほかのメンバ関数を呼び出す例

```
戻り値の型 Point::move2(引数のリスト) {
  ……
  move(引数w, 引数h);
  ……
}
```

クラスを利用する

クラスを宣言したら、そのオブジェクトを作って処理を行うことができます。

オブジェクトを作る

ある**クラスのオブジェクトを作る（宣言する）**には、一般の変数の宣言と同様に、次のような書き方をします。

```
クラス名 オブジェクト名;
```

たとえば、リスト4.9のようにして、Point型のクラスを宣言してあるとします。この場合、次の文を実行すると、「p」という名前のPoint型のオブジェクトを宣言することができます。

```
Point p;
```

なお、同じクラスのオブジェクトを複数個宣言する場合、一般の変数と同様に、オブジェクト名をコンマで区切って並べることができます。

メンバ関数を呼び出す

メンバ関数を呼び出す側では、次のような書き方をします。

```
変数名.メンバ関数名(引数, 引数, ……)
```

たとえば、リスト4.13のようなプログラムを実行するとします。1行目でPoint型のオブジェクトpを宣言し、3行目と4行目でメンバ変数のx／yにそれぞれ100／200を代入しています。

そして、5行目でメンバ関数move（➡リスト4.11）を呼び出し、引数として300／400を渡しています。

move関数は、メンバ変数のx／yに、引数のw／hを足し算するという内容でした。したがって、5行目の文を実行すると、メンバ変数のx／yの値は、それぞれ400／600になります（図4.6）。

リスト4.13　メンバ関数を呼び出す例

```
Point p;

p.x = 100;
p.y = 200;
p.move(300, 400);
```

図4.6　リスト4.13のmove関数を実行したときの動作

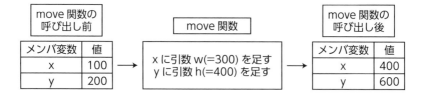

コンストラクタとデストラクタ

特殊なメンバ関数として、「**コンストラクタ**」と「**デストラクタ**」というものがあります。

■ オブジェクトを初期化するコンストラクタ

コンストラクタは、オブジェクトを宣言する際に、オブジェクトを初期化するための**メンバ関数**です。

コンストラクタの関数名は、クラスの名前と同じになります。また、コンストラクタでは、一般の関数と同様に、引数を取ることができます。一方、戻り値を返すことはできず、戻り値の型も指定しません。

たとえば、198ページで取り上げたPointクラスの場合だと、オブジェクトを宣言する際に、点の横／縦の位置を指定して初期化できるようにすると便利です。そこで、その処理をコンストラクタで行うようにします。

まず、クラスの宣言の部分に、コンストラクタの宣言を追加します。これまでに作ってきたPointクラスの場合だと、リスト4.14のようにします。5行目がコンストラクタの宣言です。

リスト4.14　Pointクラスの宣言にコンストラクタを追加した例

```
class Point {
  public:
    int x;                    // 横位置
    int y;                    // 縦位置
    Point(int _x, int _y);    // コンストラクタ  5行目
    void move(int w, int h);  // 点を横にw／縦にh移動する
};
```

そして、クラスの宣言の外に、コンストラクタの内容を定義します。今取り上げている例だと、引数で渡された値を、そのままメンバ変数のx／yに代入して初期化するようにします（リスト4.15）。

リスト4.15　Pointクラスのコンストラクタの内容

```
Point::Point(int _x, int _y) {
  x = _x;  // メンバ変数のxを引数で初期化する
  y = _y;  // メンバ変数のyを引数で初期化する
}
```

コンストラクタがあるクラスでは、オブジェクトを宣言する際に次のように書いて、**コンストラクタに引数を渡して初期化することができます**。

```
クラス名　オブジェクト名(引数, 引数, ……);
```

たとえば、リスト4.14／リスト4.15のようにして、Pointクラスにコンストラクタを作ったとします。この場合、次のように書いて、Point型のオブジェクトpを宣言し、その横／縦の初期値を100／200にすることができます。

```
Point p(100, 200);
```

オブジェクトの後始末を行うデストラクタ

デストラクタは、オブジェクトがメモリから消える前に、後始末をするための関数です。デストラクタは自動的に実行され、明示的に呼び出すことはありません。

デストラクタの関数名は、クラス名の前に「˜」を付けたものになります。また、デストラクタは引数／戻り値ともに取ることができません。

これまでに作ってきたPointクラスにデストラクタを追加するとすれば、クラスの宣言はリスト4.16、デストラクタの内容はリスト4.17のように書きます。

リスト4.16　Pointクラスの宣言にデストラクタを追加した例

```
class Point {
  public:
    int x;                    // 横位置
    int y;                    // 縦位置
    Point(int _x, int _y);    // コンストラクタ
    ˜Point();                 // デストラクタ
    void move(int w, int h);  // 点を横にw／縦にh移動する
};
```

リスト4.17　Pointクラスのデストラクタの内容

```
Point::˜Point() {
  後始末の処理
}
```

クラスによっては、初期化の際に**malloc関数**（➡173ページ）を使って、オブジェクトの動作に必要なメモリを動的に確保することがあります。そのようなクラスでは、デストラクタも必ず定義して、その中で**free関数**（➡173ページ）を実行してメモリを解放するようにします。

メンバのアクセス指定

クラスのメンバ変数／メンバ関数は、クラスの外からアクセスできるようにしたい場合もあれば、クラスの中だけでアクセスできるようにしたい場合もあります。そのようなときには、クラスの宣言をする際に「**アクセス指定**」を書いて、アクセスできる範囲を決めるようにします。

publicアクセス指定

これまでに作ってきたPointクラスでは、「public:」という行のあとに、メンバ変数やメンバ関数を宣言してきました。このように、「**public:**」のあとで宣言したメンバ変数／メンバ関数は、そのクラスのメンバ関数からアクセスすることができますし、クラスの外の一般の関数（setup関数やloop関数など）からアクセスすることもできます。

protectedアクセス指定

クラスの中身をどこからでも自由にアクセスできるようにすると、想定外の動作になってしまうことがあります。

たとえば、Pointクラスのx／yのメンバ変数で、値の上限と下限を決められるようにしたいとします。この場合、x／yのメンバ変数にクラスの外から自由にアクセスできてしまうと、上限／下限を超えた値を代入することができてしまい、想定外の動作が起こる場合が出てきます。

そこで、メンバ変数／関数を、同じクラスのメンバ関数からのみアクセスできるようにして、**クラスの外からのアクセスを禁止する**ことができます。その場合、「**protected:**」というアクセス指定の行の後に、メンバ変数／メンバ関数の宣言を書きます（リスト4.18）。

リスト4.18　publicアクセス指定とprotectedアクセス指定

```
class クラス名 {
  public:
    publicなメンバ変数／メンバ関数の宣言
  protected:
    protectedなメンバ変数／メンバ関数の宣言
};
```

たとえば、これまでに作ってきたPointクラスで、x／yのメンバ変数をprotected
にする場合だと、クラスの宣言をリスト4.19のように書きます。

リスト4.19　メンバ変数をprotectedメンバにする例

```
class Point {
  public:
    Point(int _x, int _y);      // コンストラクタ
    ~Point();                   // デストラクタ
    void move(int w, int h);    // 点を横にw／縦にh移動する
  protected:
    int x;                      // 横位置
    int y;                      // 縦位置
};
```

▌privateアクセス指定

アクセス指定には、もう1つ「**private**」というものがあります。privateは
protectedと似ていますが、「**継承**」という仕組みと組み合わせたときの動作が異
なります。

継承については212ページで解説しますので、privateアクセス指定もその中で
解説します。

サンプルファイル

これまでに作ってきたPointクラスのサンプルファイルは、「part4」→「point」フォ
ルダにあります。

ライブラリをクラスの形で作る

ライブラリを関数の集まりとして作ることもできますが、クラスにしておくとより扱いやすくなります。この節では、ライブラリをクラスの形で作る方法を解説します。

クラスの形になっているライブラリが多い

クラスでは、アクセス指定を活用することで、クラスの外に見せる部分と、クラスの中だけで使う部分を分けることができます。**ライブラリでは、その中の関数やグローバル変数をすべて公開するのではなく、一部だけを公開したいことが多くあります。**そのため、ライブラリはクラスとして実装することが適しています。

ESP32やArduinoには、さまざまなハードウェアを接続することができ、それらに対応した数多くのライブラリがあります。上に述べたような理由から、**ESP32やArduino用のライブラリの多くはクラスの形になっています。**

ライブラリをクラスにする流れ

実際にライブラリをクラスとして作る前に、まずその基本的な流れを押さえておきます。

ファイルの作成

183ページでライブラリを作る手順を解説しました。その中で、ライブラリのファイルをヘッダーファイルと関数などのファイルに分けるという話をしました。

ライブラリをクラスとして作る場合も、同様の方法を取ります。クラスの宣言（class文）や定数の宣言を行う部分は、ヘッダーファイルに記述します。一方、クラス内の個々のメンバ関数は、関数用のファイルに記述します。

Arduino IDEでファイルを新規作成したあとで、2つのタブを追加し、それぞれをヘッダーファイル用と関数用にします。

クラスの作成

ファイルを追加し終わったら、ヘッダーファイルと関数用のファイルに、クラスの宣言やメンバ関数の定義などを記述していきます。

動作の確認

クラスのファイルができたら、最初に新規作成しておいたファイルに、クラスの動作をテストするためのプログラムを書きます。そして、プログラムを実際に動作させてみて、クラスが意図通りに動作するかどうかを確認します。

ファイルの移動

最後に、ヘッダーファイルと関数用のファイルを、Arduino IDE のライブラリ用のフォルダに移動します。移動の手順は、190ページの「ライブラリのファイルをライブラリ用フォルダに移動する」で解説した通りです。

CdSセルのライブラリをクラス化する

実際にライブラリをクラス化する例として、**CdS セルのライブラリ**（➡183ページ）をクラスの形にしてみます。

クラスの仕様を決める

まず、**クラスの名前や、メンバ変数／メンバ関数など、クラスの仕様を考えて決めます。**

ここではCdSのライブラリを作りますので、クラス名は「**CdS**」にすることにします。そして、「**read**」というメンバ関数を作り、そのメンバ関数の戻り値で、CdSの値を読み取れるようにします。

また、ESP32／Arduino用のライブラリでは、**コンストラクタ**で接続先のピン番号を指定したあと、「**begin**」というメンバ関数を実行して初期化する、というパターンが多くなっています。そこで、ここで作るライブラリにも、コンストラクタとbeginメンバ関数を用意します。

さらに、CdSセルはESP32やArduinoのピンに接続しますが、そのピンの番号は「**pin**」というメンバ変数に記憶することにします。そして、readメンバ関数でCdSセルの値を読み取る際には、メンバ変数からピン番号を得るようにします。

readメンバ関数／beginメンバ関数／コンストラクタは、loop関数などのクラスの外の関数から呼び出しますので、publicメンバにします。一方、pinメンバ変数は、クラスの内部だけで使う情報であり、クラスの外からはアクセスすべきではないので、protectedメンバにします。

ファイルを作成する

仕様が決まったところで、ライブラリ作りに入ります。Arduino IDEでファイルを新規作成したあとで、2つのタブを追加します。ここでは、2つのタブのファイル名を、それぞれ「CdS.h」と「CdS.cpp」にすることにします。

ヘッダーファイルを作る

次に、前述の仕様に沿ってヘッダーファイル（CdS.h）を作ります。189ページのヘッダーファイルをもとにして、クラスの宣言を入れた形にすると、リスト4.20のようになります。

クラスの宣言（11～18行目）では、コンストラクタ／begin／readの3つのメンバ関数と、pinメンバ変数を宣言しています。コンストラクタでは、引数としてピン番号（int型）を取ります（13行目）。read関数は、読み取った値を0～100の範囲の値として返すので、戻り値の型をdoubleにしています（15行目）。

また、メンバ関数はすべてpublicにしますので、「public:」の行（12行目）のあとに宣言を書きます。一方、メンバ変数のpinはprotectedにしますので、「protected:」の行（16行目）のあとに書きます。

リスト4.20　ヘッダーファイル（CdS.h）

```
#ifndef _CDSH_
#define _CDSH_          // _CDSH_マクロを定義
#include <Arduino.h>    // Arduino.hを読み込む

#if dcfincd(ESP32)
const int dac_max = 4095; // ESP32のアナログ入力の最大値
#else
const int dac_max = 1023; // Arduino Unoのアナログ入力の最大値
#endif

class CdS {
  public:
    CdS(int _pin);        // コンストラクタ 13行目
```

```
    void begin(void);        // 初期化を行うメンバ関数
    double read(void);       // CdSの値を読み取るメンバ関数  15行目
  protected:
    int pin;                 // ピン番号を記憶するためのメンバ変数
};
#endif
```

- アナログ入力の最大値が異なります（ESP32は4095、Arduinoは1023）。
- リスト4.20では、#if defined()文を使ってESP32／Arduinoでアナログ入力の最大値を変えるようにしています。

関数のファイルを作る

次に、関数のファイル（CdS.cpp）に、CdSクラスのメンバ関数を定義していきます。その内容はリスト4.21のようになります。

リスト4.21　関数のファイル（CdS.cpp）

```
#include "CdS.h"

CdS::CdS(int _pin) {
  pin = _pin;    // ピン番号を記憶する  4行目
}

void CdS::begin(void) {
  pinMode(pin, INPUT);  // ピンを入力用にする  8行目
}

double CdS::read(void) {
  int dac;
  double cds;

  dac = analogRead(pin);              // CdSの入力値を読み込む  15行目
  cds = (double) dac / dac_max * 100; // 読み込んだ値を0〜100に変換する  16行目
  return cds;                         // 戻り値を返す  17行目
}
```

❶ ヘッダーファイルの読み込み（1行目）

関数のファイルの先頭では、ヘッダーファイル（CdS.h）を読み込みます。

❷ コンストラクタ（3〜5行目）

コンストラクタでは、引数の_pinで渡された値を、メンバ変数のpinに代入します。ほかのメンバ関数では、このメンバ変数pinの値を使ってピン番号を指定します。

❸ beginメンバ関数（7〜9行目）

一般に、**begin**メンバ関数では、制御対象のハードウェアを初期化する処理を行います。CdSセルの場合、初期化の際に必要なことはピンを入力用に設定することだけです（8行目）。

❹ readメンバ関数（11〜18行目）

readメンバ関数では、**CdS**セルの値を読み込み（15行目）、それを0〜100の範囲の数値に変換して（16行目）、戻り値として返します（17行目）。

■ テスト用のプログラムを作る

次に、ライブラリをテストするためのプログラムを作り、ライブラリの動作を確認します。Arduino IDEで最初にファイルを新規作成しましたが、そのときのファイルにテスト用プログラムを入力します。

今回の例では、テスト用プログラムはリスト4.22のようになります。190ページで作ったプログラムを、クラスを使う形に書き換えた内容になっています。

リスト4.22　ライブラリの動作をテストするプログラム

```
#include "CdS.h"

#ifdef ESP32
const int pin_no = 35;      // CdSセルを接続したピン
#else
const int pin_no = A0;      // CdSセルを接続したピン
#endif


CdS cds(pin_no);            // CdSクラスのオブジェクトを宣言して初期化  9行目

void setup() {
  Serial.begin(115200);     // シリアルモニタを初期化  12行目
  cds.begin();              // CdSセルを初期化
}
```

4

ライブラリやクラスの利用と作成

```
void loop() {
  double val;

  val = cds.read();          // CdS セルの値を読み込む
  Serial.println(val);       // 読み込んだ値をシリアルモニタに出力
  delay(1000);               // 1秒間待つ
}
```

　一般に、クラスの形になっているライブラリを使うには、次のような手順を取ります。

❶ そのライブラリのヘッダーファイルを読み込みます。
❷ クラスのオブジェクトをグローバル変数として宣言し、コンストラクタに引数を渡します。
❸ setup 関数の中で、**begin メンバ関数**を呼び出して、初期化の処理を行います。
❹ 各種のメンバ関数を使って処理を作ります。

　リスト4.22では、1行目でCdS.hヘッダーファイルを読み込み、9行目でCdSクラスのオブジェクトを宣言しています。宣言の際に、コンストラクタにピン番号を渡します。また、setup関数の中でbeginメンバ関数を呼び出します（12行目）。
　なお、リスト4.22のサンプルファイルは、「part4」→「read_cds_class_test」フォルダにあります。

Arduino と **ESP32** の違い

- CdSセルの接続先ピン番号が異なります（ESP32は35、ArduinoはA0）。
- リスト4.22では、#ifdef文を使ってESP32／Arduinoで別々のピン番号を使うようにしています。

┃ ライブラリのファイルを移動する

　ライブラリのテストが終わったら、Arduino IDE をいったん終了し、ヘッダーファイルと関数のファイルを、Arduino IDE のライブラリのフォルダに移動します。
　今取り上げている例だと、Arduino IDE のライブラリのフォルダの中に「read_cds_class」というフォルダを作り、その中にCdS.hファイルとCdS.cppファイルを移動します。
　そのあとにArduino IDE を起動して、ライブラリを正しく配置できているかどうかを確認します。「スケッチ」→「ライブラリをインクルード」メニューを選び、

その次の階層のメニューに「read_cds_class」が出てくれば、正しく配置されています。

　また、テスト用のプログラムを再度開いてコンパイルし、正しくコンパイルできるかどうかも確認します。

　なお、CdS.h ファイルと CdS.cpp ファイルのサンプルは、「part4」→「read_cds_class」フォルダにあります。

ライブラリやクラスの利用と作成

既存のクラスを継承する

クラスには「継承」という仕組みがあり、既存のクラスを拡張したクラスが作りやすくなっています。この節では、継承について解説します。

継承の概要

クラスを使っていく中で、**既存のクラスに何か機能を追加して、新しいクラスを作りたい場面が出てくることがあります**。このような場合、「継承」という仕組みを使うと、比較的簡単に新しいクラスを作ることができます。

継承は、あるクラスのメンバ変数／メンバ関数を引き継いだ上で、新たにメンバ変数／メンバ関数を追加することができる仕組みです。継承のもとになるクラスを「**基底クラス**」（英語では base class）と呼び、継承して作る新しいクラスを「**派生クラス**」（英語では derived class）と呼びます。

たとえば、図4.7のように、「classA」という基底クラスを継承して「classB」という派生クラスを作るとします。この場合、classBの中では、classBで追加したメンバ変数b1／b2とメンバ関数y1／y2だけでなく、classAから継承したメンバ変数a1／a2とメンバ関数x1／x2も使うことができます。

図4.7　継承の例

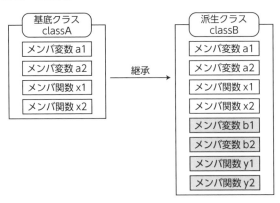

継承の基本的な書き方

クラスを継承する際のプログラムの書き方を、順に解説していきます。例として、前の節で作った**CdS**クラスを継承して、「**CdSex**」というクラスを作ってみます。CdSexクラスでは、CdSセルから読み取った値をそのまま返す「**read_raw**」というメンバ関数を追加することにします。

派生クラスの宣言

ある基底クラスを継承して派生クラスを作るには、リスト4.23のようにして宣言します。

リスト4.23　派生クラスの宣言

```
class 派生クラス名 : public 基底クラス名 {
    メンバ変数／メンバ関数の宣言
};
```

「**派生クラス名**」の部分で、派生クラスの名前を指定します。また、「**基底クラス名**」には、継承する基底クラスの名前を指定します。たとえば、図4.7のように、classAを継承してclassBを作る場合だと、class文は次のようになります。

```
class classB : public classA {
```

そして、「{」と「}」の間に、メンバ変数やメンバ関数の宣言を入れていきます。その書き方は、196ページで解説したのと同じです。

ここまでの話をもとにして、CdSexクラスのヘッダーファイル（CdSex.h）を作ると、リスト4.24のようになります。

まず、3行目の#include文で、基底となるCdSクラスのヘッダーファイルを読み込み、CdSクラスを参照できる状態にします。そして、5行目の「class CdSex : public CdS {」の文で、CdSクラスを継承してCdSexクラスを宣言しています。

また、7行目でコンストラクタを宣言し、8行目でread_rawメンバ関数を宣言しています。

```
#ifndef _CDSEXH_
#define _CDSEXH_
#include <CdS.h>

class CdSex : public CdS {
  public:
    CdSex(int _pin);      // コンストラクタ  7行目
    int read_raw(void);   // read_rawメンバ関数  8行目
};
#endif
```

基底クラスのコンストラクタを呼び出す

派生クラスに**コンストラクタ**を作って、初期化を行うことができます。その際に、**派生クラスで追加した部分の初期化だけでなく、基底クラス部分の初期化も行うこと**が必要です。

そこで、派生クラスのコンストラクタから、基底クラスのコンストラクタを呼び出すことができるようになっています。その場合は、派生クラスのコンストラクタをリスト4.25のようにして定義します。

リスト4.25　派生クラスのコンストラクタから基底クラスのコンストラクタを呼び出す

```
派生クラス名::派生クラス名(引数リスト) : 基底クラス名(引数リスト) {
    初期化の処理
}
```

たとえば、212ページの図4.7で、a1／a2／b1／b2のメンバ変数がすべてint型であるとします。そして、基底クラスclassAのコンストラクタは引数を2つ取り、a1／a2のそれぞれの初期値を代入できるようになっているとします。

この状態で、派生クラスclassBのコンストラクタを作ることを考えてみます。この場合、派生クラスで追加したb1／b2のメンバ変数だけでなく、基底クラスのa1／a2のメンバ変数も合わせて初期化することが必要です。

そこで、派生クラスclassBのコンストラクタをリスト4.26のように定義します。すると、classBのコンストラクタに渡された_a1／_a2／_b1／_b2の4つの引数のうち、まず_a1／_a2の2つの引数が基底クラスclassAのコンストラクタに渡されて、classAのメンバ変数a1／a2が初期化されます。そのあとに派生クラスclassBのコンストラクタの中身が実行され、classBのメンバ変数b1／b2が初期化されます。

```
classB::classB(int _a1, int _a2, int _b1, int _b2) : classA(_a1, _a2) {
  b1 = _b1;
  b2 = _b2;
}
```

　CdSexクラスの場合、コンストラクタはリスト4.27のようになります。このクラスでは、初期化の処理は基底のCdSクラスと同じなので、単にCdSクラスのコンストラクタを呼び出すだけにしています。

リスト4.27　CdSexクラスのコンストラクタ

```
CdSex::CdSex(int _pin) : CdS(_pin) {
  // 基底クラスのコンストラクタを呼び出すだけ
}
```

▌サンプルファイル

　CdSexクラスのサンプルファイルは、「part4」→「cds_ex_class」フォルダにあります。このフォルダを、Arduino IDEのライブラリのフォルダにコピーして使います。

　また、CdSexクラスの動作をテストするプログラムは、「part4」→「cds_ex_test」フォルダにあります。

継承関係のそのほかの構文

　継承に関係する構文の中で、特に重要なものを取り上げます。

▌基底クラスのメンバ関数を呼び出す

　派生クラスに、基底クラスと名前／引数の型／戻り値の型が同じメンバ関数を定義することができます。その状態で派生クラスのオブジェクトを作り、そのオブジェクトからそのメンバ関数を呼び出すと、派生クラスの関数が実行されます。

　たとえば、次のような状況だとします。

❶ 基底クラスclassAと、派生クラスclassBがあります。
❷ 基底クラス／派生クラスの両方に、「speak」という名前でString型の引数を取り、戻り値がないメンバ関数があります。

4

ライブラリやクラスの利用と作成

ここで、派生クラスclassBのオブジェクトobjを宣言して、次の文を実行するとします。すると、派生クラスclassBのspeakメンバ関数が実行され、基底クラスのspeakメンバ関数は実行されません。

```
obj.speak("Hello");
```

　ただ、場合によっては、**基底クラスのメンバ関数の処理を実行し、さらに派生クラス独自の処理を追加したい**こともあります。そのときは、派生クラスのメンバ関数の中に、「**基底クラス名::メンバ関数名(引数)**」のような文を入れることで、基底クラスのメンバ関数を実行することができます。

　上で挙げた例の場合だと、派生クラスclassBのspeakメンバ関数をリスト4.28のように書くと、まず基底クラスのspeakメンバ関数を実行し、そのあとに派生クラスで追加する処理を実行する形になります。

リスト4.28　基底クラスのメンバ関数を呼び出す
```
void classB::speak(String s) {
  classA::speak(s);  // 基底クラスのspeakメンバ関数を実行
  派生クラスで追加する処理
}
```

privateアクセス指定

　クラスのメンバ変数／メンバ関数には、アクセス指定を行うことができます。203ページでは**public**と**protected**を紹介しましたが、そのほかに「**private**」というアクセス指定もあります。

　privateとprotectedは、継承が関係してくるアクセス指定です。protectedのメンバを継承した場合、クラスの外部からのアクセスはできませんが、派生クラスのメンバ関数からはアクセスすることができます。一方、**privateのメンバは、クラス外からだけでなく、派生クラスのメンバ関数からもアクセスすることができません**（表4.3）。

表4.3　アクセス指定と動作

アクセス指定	外部からのアクセス	派生クラスからのアクセス	クラス内でのアクセス
public	○	○	○
protected	×	○	○
private	×	×	○

たとえば、リスト4.29のように、基底クラスclassAと派生クラスclassBがあるとします。基底クラスclassAにはvar1／var2／var3のメンバ変数があり、それぞれpublic／protected／privateのアクセス指定を行っています（2〜7行目）。

　ここで、派生クラスclassBのメンバ関数funcで、var1／var2／var3にアクセスしてみます（16〜18行目）。すると、var1とvar2にはアクセスすることができますが、**var3はprivateなメンバ変数なのでアクセスすることができず、コンパイル時にエラーになります。**

　基底クラスでメンバを決める際には、メンバを外部に公開するかどうかと、そのクラスを継承することがあるかどうかをよく考えて、public／protected／privateのアクセス指定を行うようにします。

リスト4.29　privateメンバには派生クラスからはアクセスできない

```
class classA {
  public:
    int var1;
  protected:
    int var2;
  private:
    int var3;
};

class classB : public classA {
  public:
    void func(void);
};

void classB::func(void) {
  var1 = 10;    // publicなのでアクセス可能  16行目
  var2 = 20;    // protectedなので派生クラスからもアクセス可能  17行目
  var3 = 30;    // privateなのでアクセス不可  18行目
}
```

ESP32のそのほかの開発環境

本書では、Arduino IDEでESP32の開発を行う方法を解説しています。ただ、ESP32にはほかにも開発環境があります。

ESP-IDF

ESP32のメーカー純正の開発環境として、「**ESP-IDF**」があります。コマンドラインで操作するものなので、Arduino IDEと比べると難易度は高いです。しかし、純正の開発環境であるだけに、Arduino IDE用のESP32環境よりもできることの幅が広くなっています。

また、環境をうまく整えれば、Arduino IDEで作ったプログラムを、ESP-IDFでコンパイルできる形にすることもできます。

Arduino IDEでのプログラミングに慣れて、より本格的なプログラムを作る段階になったら、ESP-IDFを試してみるとよいでしょう。

ESP-IDFの詳細は、次のページを参照してください。

https://docs.espressif.com/projects/esp-idf/

MicroPython

「**MicroPython**」は、Python 3言語の機能限定版のようなものです。元々は「pyboard」というマイコンで動作させるために作られたものですが、ほかのマイコンにも移植されていて、ESP32用のMicroPythonもあります。

PythonはAIの分野でよく使われていて、本書執筆時点では人気の言語になっています。「Pythonはできるが、C++はあまりできない」という方は、ESP32にMicroPythonをインストールして使ってみるとよいでしょう。

ESP32用のMicroPythonについての詳細は、次のページを参照してください。

https://micropython-docs-ja.readthedocs.io/ja/latest/esp32/quickref.html

第**5**章

各種のライブラリを使う

ESP32やArduinoにはセンサー等のさまざまなパーツを接続
することができますが、それらを制御する際には、パーツに応
じたライブラリを使うことが一般的です。ライブラリはそれぞれ
のパーツごとに存在し、また1つのパーツに対してライブラリが
複数あることもあり、数は非常に多いです。第5章では、その
中で特によく使うライブラリをいくつか紹介します。

シリアル通信を行う

シリアル通信はシンプルでよく使われます。本書でも、ここまでシリアルモニタでシリアル通信を使ってきましたが、より詳細な使い方を取り上げます。

シリアル通信の基本

シリアル通信は、送信用と受信用の2本の線を使って、データを1ビットずつ順番に送受信する仕組みです。

ESP32やArduinoと、各種のパーツを接続する際に、シリアル通信を使うことがよくあります。一方、ESP32／Arduinoにプログラムを書き込むときや、シリアルモニタを使うときには、パソコンとESP32／Arduinoとの間をシリアル通信で接続します。

そのため、シリアル通信で制御するパーツをESP32／Arduinoに接続する場合は、パソコン接続用のシリアル通信とは別に、もう1系統シリアル通信を使うことが多いです。

2系統のシリアル通信を使う

ESP32やArduino Unoで2系統のシリアル通信を行う場合、マイコンの種類によって方法にやや違いがあります。

シリアルが2系統以上あるマイコンを使う

マイコンによっては、2系統以上のシリアルを使えるようになっているものがあります。

ESP32ではシリアルを2系統使うことができます[1]。1系統目は「Serial」で、2系統目は「Serial2」になります。2系統目の送信／受信のピンは、それぞれ17番／16

1　ESP32自体は3系統のシリアルに対応していますが、たいていのESP32搭載マイコンではそのうちの2系統のみ使えるようになっています。

番になっています。

また、**Arduino Mega 2560ではシリアルが4系統あります。** 1系統目は「Serial」で、2〜4系統目はそれぞれ「**Serial1**」「**Serial2**」「**Serial3**」になります。シリアル通信を行うパーツは、Serial1〜Serial3のいずれかに接続します。また、接続先のピンは表5.1のようになります。

表5.1　Arduino Mega 2560のハードウェアシリアルのピン

	送信	受信
Serial1	18	19
Serial2	16	17
Serial3	14	15

たとえば、リスト5.1のようにsetup関数を作ると、Serialは115200bps、Serial2は9600bpsで初期化して、2系統のシリアルを使うことができます。

リスト5.1　SerialとSerial2を使う

```
void setup() {
  Serial.begin(115200);  // Serialを115200bpsで初期化
  Serial2.begin(9600);   // Serial2を9600bpsで初期化
  ……
}
```

■ソフトウェアシリアルを使う

Arduino UnoやArduino Nanoでは、シリアルは基本的には1系統しか使うことができません。2系統のシリアル通信が必要な場合に、「**ハードウェアシリアル**」と「**ソフトウェアシリアル**」を組み合わせて使うことがあります。

ハードウェアシリアルは、シリアル通信用のチップで送受信を行う方式で、マイコンの負荷を軽減したり、高速な通信を安定して行ったりすることができます。ESP32やArduinoには、シリアル通信用のチップが搭載されています。これまでに出てきた「Serial」での通信は、ハードウェアシリアルによるものです。

一方の**ソフトウェアシリアルは、プログラムで信号のオン／オフを制御してソフトウェアでシリアル通信する方式**です。

Arduino UnoやArduino Nanoでは、**パソコンとArduino Uno／Nanoとをハードウェアシリアルで接続し、シリアル通信が必要なパーツはソフトウェアシリアルで接続する**ことが多いです。

ソフトウェアシリアルを使うには、次のような手順を取ります。

❶ プログラムの先頭で「**SoftwareSerial.h**」というヘッダーファイルを読み込みます。
❷ 次のようにして、**SoftwareSerial クラス**のグローバル変数を宣言します。

```
SoftwareSerial 変数名(受信用ピン番号, 送信用ピン番号);
```

❸ setup 関数の中で、「変数名.begin（通信速度）;」の文を実行し、ソフトウェアシリアルを初期化します。

これ以後は、シリアル通信クラスの各種のメンバ関数を使って通信を行うことができます（後述）。

たとえば、次のようにするとします。

❶ 受信／送信の信号を、それぞれ3番／4番ピンに接続します。
❷ 変数名を「mySerial」にします。
❸ 9600bps で通信します。

この場合、リスト5.2のような形でプログラムを組みます。

リスト5.2　ソフトウェアシリアルを使う場合のプログラムの組み方

```
#include <SoftwareSerial.h>

SoftwareSerial mySerial(3, 4);    // ソフトウェアシリアル用の変数を宣言

void setup() {
  mySerial.begin(9600);           // ソフトウェアシリアルの初期化
  ......
}

void loop() {
  ......
}
```

▌配線をつなぎ変える

Arduino Uno や Arduino Nano などハードウェアシリアルが1系統しかなく、かつパーツと高速にシリアル通信を行いたいという場合もあります。このときは、次のようにして**ハードウェアシリアルを使いまわす**方法があります。

① プログラムを動作させるときには、パーツのTX／RXのピンを、Arduino Nanoなど
　の0番／1番ピンに接続します。

② パソコンからプログラムを書き込むときには、0番／1番ピンに接続した線を外します。

　ただ、プログラムを開発する間は、デバッグのために**シリアルモニタ**を使いたい
ものです。しかし、プログラムを動作させる際にはハードウェアシリアルをパー
ツの接続に使うので、パソコンとの接続にハードウェアシリアルを使うことがで
きません。

　この場合は次のようにします。

① **USBとシリアルを変換するパーツ**を使います（図5.1）。

② パソコンをUSBでそのパーツに接続します。

③ Arduinoとそのパーツをソフトウェアシリアルで接続します。

④ デバッグ用の出力は、ソフトウェアシリアルで行います。

図5.1　USBとシリアルを変換するパーツ

Arduino と **ESP32** の違い

● ESP32ではシリアルを2系統使うことができます。

● Arduino UnoやArduino Nanoではハードウェアシリアルを1系統しか使うことがで
　きないので、ソフトウェアシリアルと併用するか、配線をつなぎ変えてハードウェア
　シリアルを使いまわす方法を取ります。

シリアルで送受信を行う

　シリアル通信のクラスには、シリアルを使ってほかのハードウェアと通信するた
めのメンバ関数があります。それらの使い方を解説します。

▌データを送信する

シリアルにデータを送信するには、**print／println関数**を使うことができます。print／println関数の使い方は、これまでに使ってきたのと同じです。

そのほかに、「**write**」という関数もあります。write関数では、引数としてchar型／String型／char型の配列（ポインタ）を取ることができます。char型の配列（ポインタ）を使う場合は、2つ目の引数で送信する文字数も指定します。また、write関数の戻り値は、送信したバイト数になります。

たとえば、次の文を実行すると、シリアルから「Hello」という文字列が送信され、送信したバイト数が変数bytesに代入されます。

```
bytes = Serial.write("Hello");
```

▌データを受信する

シリアルからデータを受信する場合、まず「**available**」という関数を使って、受信できるバイト数を調べます。この値が0でないときだけ、受信の処理を行うようにします。そして、データを受信するには、「**read**」「**readString**」「**readBytes**」などの関数を使います。

read関数は1バイトだけ読み込む関数です。引数はなく、戻り値は読み込んだ文字のコード（int型）になります。

readString関数は、文字列を読み込む関数です。引数はなく、戻り値はString型になります。たとえば、次の文を実行すると、シリアルから読み込んだ文字列が変数strに代入されます。

```
str = Serial.readString();
```

また、**readBytes関数**は、指定したバイト数だけ読み込む関数です。読み込んだデータを保存するために、あらかじめchar型の配列を宣言しておきます。そして、その配列と、読み込むバイト数を引数として渡します。戻り値は、読み込んだバイト数になります。

たとえば、リスト5.3のようなプログラムを実行すると、シリアルから10バイト読み込み、それを配列bytesに代入することができます。

リスト5.3　readBytes関数の例

```
char bytes[10];
Serial.readBytes(bytes, 10);
```

タイムアウトを設定する

　シリアルからデータを受信する際に、何らかの理由で、送信元からデータがなかなか送られてこないこともあります。そこで、一定の時間が経過したら、データの受信を止めるようにすることができます。このような仕組みを「**タイムアウト**」といいます。

　タイムアウトを設定するには、「**setTimeout**」という関数を実行します。引数として、タイムアウトするまでの時間をミリ秒単位で指定します。また、setTimeout関数でのタイムアウトの設定は、readString関数やreadBytes関数などのデータを読み込む関数に対して有効になります。

　たとえば、次の文を実行すると、タイムアウトを3000ミリ秒（＝3秒）にすることができます。

```
Serial.setTimeout(3000);
```

　なお、setTimeout関数を実行しない場合、タイムアウトはデフォルトでは1000ミリ秒（＝1秒）になります。

シリアル通信の例

　シリアル通信を使った簡単な例として、**ESP32とArduino Unoをシリアルで接続して通信する**ものを作ってみます。

　ESP32にはLEDを接続し、Arduino Unoにスイッチを接続します。そして、**Arduino Unoでスイッチをオン／オフするたびに、ESP32のLEDの点灯／消灯を切り替えます。**

ハードウェアの接続

　まず、ESP32／Arduino Uno／スイッチ／LEDを接続します（図5.2）。

　ESP32にはLEDを接続します。2番ピン→LED→抵抗（220 Ω程度）→GNDの順に配線します。また、Arduino Unoには、タクトスイッチを接続します。2番

ピン→スイッチ→GNDの順になるように配線します。

そして、ESP32とArduino Unoの間を、シリアルで接続します。Arduino Uno
はハードウェアシリアルが1系統しかありませんので、**ESP32との通信にはソフト
ウェアシリアルを使います**。3番ピンを受信用、4番ピンを送信用にします。

一方、**ESP32は2系統目のシリアルを使います**（17番ピンが送信、16番ピンが受
信）。**片方の送信を他方の受信に接続します**ので、Arduino Unoの3番ピンを
ESP32の17番ピンに接続し、Arduino Unoの4番ピンをESP32の16番ピンに接続
します。

図5.2　ハードウェアの接続

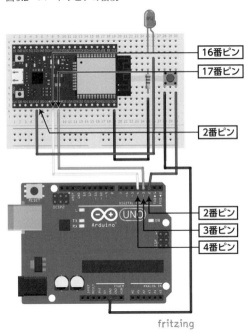

ESP32のプログラム

ESP32にはリスト5.4のプログラムを書き込みます。

Arduinoとの通信は、**Serial2のシリアル**で行います（5行目）。データを受信し
ていれば（12行目）、受信した文字列を読み込みます（13行目）。そして、文字列
が「on」ならLEDを点灯し（15行目、16行目）、「off」ならLEDを消灯します（18
行目、19行目）。

なお、リスト5.4のサンプルファイルは、「part5」→「serial_esp32」フォルダに

あります。

```
#define LED_PIN 2

void setup() {
  Serial.begin(115200);     // シリアルモニタを初期化
  Serial2.begin(9600);      // Serial2を初期化  5行目
  pinMode(LED_PIN, OUTPUT); // LEDを消灯
}

void loop() {
  String str;

  if (Serial2.available()) {        // Serial2にデータを受信している？  12行目
    str = Serial2.readString();     // 受信した文字列を変数strに代入  13行目
    Serial.println(str);            // シリアルモニタにstrの値を出力
    if (str.equals("on")) {         // 受信した文字列が「on」の場合  15行目
      digitalWrite(LED_PIN, HIGH);  // LEDを点灯する  16行目
    }
    else if (str.equals("off")) {   // 受信した文字列が「off」の場合  18行目
      digitalWrite(LED_PIN, LOW);   // LEDを消灯する  19行目
    }
  }
}
```

Arduino Unoのプログラム

次に、Arduino Unoにプログラムを書き込みます（リスト5.5）。

リスト5.5　Arduino Unoのプログラム

```
#include <SoftwareSerial.h>
#define SW_PIN 2
#define RX_PIN 3
#define TX_PIN 4

// 3番ピン(受信)／4番ピン(送信)でソフトウェアシリアルを行う  6行目
SoftwareSerial Serial2(RX_PIN, TX_PIN);

int sw_stat;

void setup() {
  Serial.begin(115200);         // シリアルモニタの初期化
  Serial2.begin(9600);          // ソフトウェアシリアルの初期化  13行目
```

```
  pinMode(SW_PIN, INPUT_PULLUP); // スイッチのピンを入力用にする
  sw_stat = HIGH;                // スイッチが押されていないことにする
}

void loop() {
  int sw;

  sw = digitalRead(SW_PIN);      // スイッチのピンの値を読み取る  21行目
  if (sw != sw_stat) {           // スイッチの状態が変化したかどうかを調べる  22行目
    sw_stat = sw;                // スイッチの状態を更新する
    if (sw == LOW) {             // スイッチが押された場合
      Serial.println("On");      // シリアルモニタに「On」と出力
      Serial2.print("on");       // ESP32に「on」を送信  26行目
    }
    else {                       // スイッチが離された場合
      Serial.println("Off");     // シリアルモニタに「Off」と出力
      Serial2.print("off");      // ESP32に「off」を送信  30行目
    }
  }
}
```

　Arduino Unoでは、**ESP32との通信をソフトウェアシリアルで行います。**
SoftwareSerial.hヘッダーファイルを読み込んだあと（1行目）、3番ピンを受信用
／4番ピンを送信用にしたソフトウェアシリアルを使い（7行目）、通信速度を
9600bpsにします（13行目）。

　そして、スイッチのオン／オフが切り替わるたびに、**ESP32に対して文字列を
送信します。**digitalRead関数でスイッチの状態を読み取り（21行目）、それまでの
状態から変化があったら（22行目）、それに応じてシリアルで「on」か「off」の文字
列を送信します（26行目／30行目）。

　なお、リスト5.5のサンプルファイルは、「part5」→「serial_arduino」フォルダ
にあります。

▌プログラムの動作を試す

　ESP32／Arduino Unoのそれぞれにプログラムを書き込んだら、タクトスイッ
チをしばらく押し続け、そのあとに離します。すると、スイッチを押して／離し
てから1秒程度遅れて、LEDのオン／オフが切り替わります。

サーボモーターを制御する（Servo／ESP32Servo ライブラリ）

電子工作の中で「サーボモーター」（Servo Motor）を使うことは多く、サーボモーターを制御するライブラリがあります。

サーボモーターの概要

　サーボモーターは、**指定の角度まで回転させることができるモーター**で、0～180度の範囲で回転するものが多いです。ロボットの関節部やラジコンカーのステアリングなど、動く角度を指定したいときによく使われます。ものを動かす力によって、小型のものから大型のものまで、さまざまなサーボモーターがあります（図5.3）。

　サーボモーターからは、**電源／GND／制御線の3本の線**が出ています。電源の電圧は、4.8～6.6V程度のものが多いです。モーターであるだけに流れる電流が大きく、**ESP32やArduinoから直接電源を取ると正しく動作しないことが多い**です。乾電池やACアダプタなど、より大きな電流を流せるところから電源を取るようにします。

図5.3　サーボモーター

たとえば、ESP32でサーボモーターを動かし、制御線を5番ピンに接続すると します。また、サーボモーターの電源は乾電池から取るとします。この場合だと、 図5.4のように配線します。

なお、サーボモーターからの3本の線の色は、表5.2のようになっていることが 多いです。

図5.4　サーボモーターを使う際の接続の例

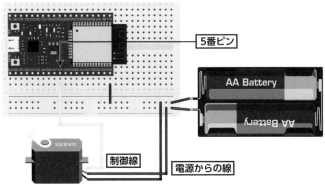

表5.2　サーボモーターの線の色

線	色
電源	赤
GND	黒または茶色
制御線	黄色／オレンジ／白

ESP32でのサーボモーターの制御

ESP32の標準ライブラリ群には、サーボモーターを制御するライブラリがあり ません。ただ、「**ESP32Servo**」というライブラリをインストールすれば、サーボモー ターを制御することができます。

ESP32Servoライブラリのインストール

ESP32Servoライブラリは、Arduino IDEのライブラリマネージャ(➡179ページ) の機能でインストールすることができます。「ESP32Servo」のキーワードで検索 します(図5.5)。

図5.5　ESP32Servoライブラリのインストール

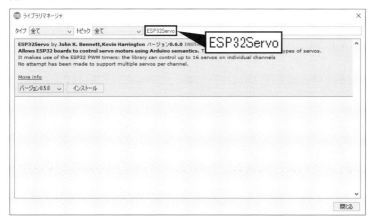

ヘッダーファイルの追加

ESP32Servoライブラリを使うには、まずプログラムの先頭に次の#include文を入れて、ESP32Servo.hを読み込みます。

```
#include <ESP32Servo.h>
```

オブジェクトの生成

サーボモーターの制御は「**Servo**」というクラスの形で実装されています。次のような文で、Servoクラスのグローバル変数を宣言し、それを通してサーボモーターを制御するようにします。

```
Servo 変数名;
```

ピン番号の指定

setup関数の中で、「**attach**」というメンバ関数を使って、サーボモーターの制御線を接続したピン番号を指定します。

たとえば、サーボモーターの制御線を5番ピンに接続したとします。また、変数に「myServo」という名前を付けたとします。この場合、setup関数に次のような文を入れます。

```
myServo.attach(5);
```

なお、サーボモーターによっては、180度まで十分に回転しない場合があります。そのときは、**attach メンバ関数の2番目と3番目の引数で、サーボモーターに送信するパルスの最小値と最大値を指定します。**

たとえば、変数名がmyServo、制御線のピン番号が5番で、パルスの最小値を500、最大値を2500にする場合は、次のようにattach メンバ関数を実行します。

```
myServo.attach(5, 500, 2500);
```

なお、2番目と3番目の引数を省略すると、パルス幅の最小値は544、最大値が2400になります。

■サーボモーターを回転させる

サーボモーターを回転させるには、「**write**」というメンバ関数を使って、何度まで回転させるかを指定します。

たとえば、変数にmyServoという名前を付けているとして、そのサーボモーターを90度まで回すには次のように書きます。

```
myServo.write(90);
```

なお、現在何度になっているかを知りたい場合は、「**read**」というメンバ関数を実行します。たとえば、次のような文を実行すると、変数angleに現在の角度を代入することができます。

```
angle = myServo.read();
```

■制御の例

ごく簡単な例として、230ページの図5.4のように接続しているときに、**サーボモーターを1秒ごとに0度→90度→180度→90度と回転させる**プログラムを作ってみます。このプログラムはリスト5.6のようになります。

1行目でヘッダーファイルのESP32Servo.hをインクルードし、5行目でServoクラスの変数myServoを宣言しています。次に、setup関数の中でattach メンバ関数を実行し、サーボモーターの制御線のピン番号を5番にします。その後、loop関数の中でwrite メンバ関数を実行し、0度→90度→180度→90度の順でサーボモーターを回転させます。

なお、リスト5.6のサンプルファイルは、「part5」→「servo_esp32」フォルダにあります。

リスト5.6　ESP32でサーボモーターを動作させるサンプル

```
#include <ESP32Servo.h>       // ESP32Servo.hをインクルード  1行目

#define SERVO_PIN 5           // 定数SERVO_PINにピン番号（5）を割り当て

Servo myServo;                // Servoクラスの変数myServoを宣言  5行目

void setup() {
  myServo.attach(SERVO_PIN); // サーボモーターのピン番号を指定
}

void loop() {
  myServo.write(0);          // 0度にする
  delay(1000);               // 1秒間待つ
  myServo.write(90);         // 90度にする
  delay(1000);               // 1秒間待つ
  myServo.write(180);        // 180度にする
  delay(1000);               // 1秒間待つ
  myServo.write(90);         // 90度にする
  delay(1000);               // 1秒間待つ
}
```

Arduinoでのサーボモーターの制御

Arduino Unoなどの Arduino では、「**Servo**」という標準ライブラリでサーボモーターを制御することができます。

まず、プログラムの先頭に次の文を入れて、「Servo.h」というヘッダーファイルをインクルードします。

```
#include <Servo.h>
```

上記以外の点は、ESP32と同じ手順でプログラムを作っていくことができます。

233ページのリスト5.6を Arduino 用に書き換えたサンプルは、「part5」→「servo_arduino」フォルダにあります。図5.6のように、サーボモーターの制御線を3番ピンに接続する例になっています。

図5.6　Arduino Uno とサーボモーターの接続

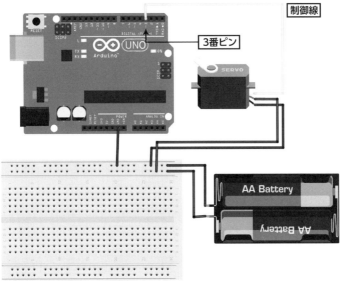

制御線

3番ピン

AA Battery

AA Battery

fritzing

タイマー割り込みを行う

一定周期で処理を行いたい場合、「タイマー割り込み」を使う方法があります。ここでは「uTimerLib」というライブラリを使って、タイマー割り込みを行う方法を紹介します。

タイマー割り込みの概要

「1秒ごとに処理を行う」というように、一定の時間ごとに何らかの処理を行いたいことがあります。簡単な処理であれば、**loop関数の中にその処理を書いて、処理が終わるごとにdelay関数で一定時間待つ**、という方法を取ることもできます。

しかし、定期的に行う処理だけでなく、ほかにも行う処理があったりすると、loop関数とdelay関数の組み合わせでは難しくなってきます。

このようなときには、「**タイマー割り込み**」を使います。タイマー割り込みは、**一定の時間が経過したときに割り込みを発生させて、それに応じた処理を行う仕組み**です。

uTimerLibライブラリのインストール

ESP32やArduinoには、タイマー割り込みの機能があります。「**uTimerLib**」というライブラリを使うと、ESP32／Arduinoのどちらでも同じ書き方でタイマー割り込みのプログラムを作ることができます。また、**一定時間後に1回だけ処理を行うタイマー**と、**一定時間ごとに繰り返し処理を行うタイマー**を使うことができます。

uTimerLibライブラリは、Arduino IDEのライブラリマネージャでインストールすることができます。ライブラリマネージャを起動して（➡179ページ）、検索のキーワードとして「uTimerLib」を入力すると、uTimerLibライブラリを探すことができます（図5.7）。

図 5.7　uTimerLib ライブラリのインストール

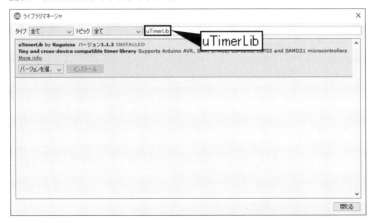

uTimerLibライブラリの使い方

uTimerLibライブラリは次の手順で使います。

■ヘッダーファイルの読み込み

まず、プログラムの先頭に次の#include文を入れて、uTimerLibライブラリを使える状態にします。

```
#include <uTimerLib.h>
```

この#include文を入れると、uTimerLibクラスの「**TimerLib**」という変数（オブジェクト）が宣言された状態になります。この変数を通して、タイマー割り込みの設定などを行います。

■定期的に行う処理を作る

定期的に行う処理は、ユーザー定義関数の形にします。引数／戻り値どちらもない関数を作り、その中に必要な処理を書きます。

■タイマー割り込みを設定する

タイマー割り込みを設定するには、TimerLibオブジェクトの**setInterval_us／**

setInterval_s／setTimeout_us／setTimeout_sの各メンバ関数を使います。各関数とも、1つ目の引数で定期的に実行する関数の名前を指定し、2つ目の引数でタイマー割り込みまでの時間を指定します。

名前に「**Interval**」が入っているメンバ関数は、**一定時間ごとにタイマー割り込みを発生させる場合**に使います。一方、「**Timeout**」が入っているメンバ関数は、**一定時間後に1回だけタイマー割り込みを発生させる場合**に使います。

また、関数名の最後が「_s」になっているメンバ関数は、割り込みを発生させるまでの時間を**秒単位**で指定します。一方、関数名の最後が「_us」になっているメンバ関数は、**マイクロ秒（＝100万分の1秒）単位**で指定します。

ただしESP32では、uTimerLibが内部的に使っているライブラリの関係で、関数名の最後が「_us」になっているメンバ関数を使うと、時間の1000分の1秒以下の部分は丸められます。

たとえば、定期的に行う処理を、「timerTask」という名前のユーザー定義関数にしたとします。そして、この関数を1秒ごとに実行したいとします。この場合、タイマー割り込みを設定する箇所に次の文を入れます。

```
TimerLib.setInterval_s(timerTask, 1);
```

┃タイマー割り込みを止める

タイマー割り込みで定期的に処理を行っているときに、タイマー割り込みを止めて、その処理を行わないようにすることもできます。その場合は、次の文を実行します。

```
TimerLib.clearTimer();
```

タイマー割り込みを使った例

第2章の69ページで、CdSセルとLEDを組み合わせて、周りが暗くなったらLEDを点灯するサンプルを作りました。それを改造して、**周りが暗くなったらLEDを0.2秒間隔で点滅させる**ものを作ってみます。

ハードウェアの接続は70ページと同じで、プログラムを書き換えてタイマー割り込みを使うようにします。

定数の宣言など

　まず、プログラムの先頭の部分で、定数の宣言などを行います（リスト5.7）。

　1行目でuTimerLib.hヘッダーファイルを読み込んだあと、3～11行目で表5.3の定数を宣言しています。ESP32とArduinoで定数が異なるので、#ifdef文を使って、定数の値を変えています。

　13行目では、「led」という変数を宣言しています。この変数は、**タイマー割り込みが発生するごとに、LEDのオン／オフを切り替える**ために使います。

　また、14行目では「is_timer_on」という変数を宣言しています。この変数は、タイマー割り込みがオンになっているかどうかを記憶するためのものです。

リスト5.7　定数の宣言など

```
#include <uTimerLib.h>

#ifdef ESP32
const int cds_pin = 35;
const int led_pin = 5;
const int thres = 2000;
#else
const int cds_pin = A0;
const int led_pin = 3;
const int thres = 500;
#endif

int led;
bool is_timer_on = false;
```

表5.3　各定数の内容

定数	内容
cds_pin	CdSセルを接続したピンの番号
led_pin	LEDを接続したピンの番号
thres	明るい／暗いを判断する際の境界の値

Arduino と **ESP32** の違い

CdSセル／LEDの接続先のピン番号と、明るいかどうかを判断するしきい値が異なります。リスト5.7では、#ifdef文を使って、ArduinoとESP32を判別しています。

定期的に実行する処理（LEDの点滅）

次に、定期的に実行する処理を、ユーザー定義関数として作ります。今回の例では、LEDの点灯と消灯を切り替える処理を、定期的に実行するようにします。

関数を作るとリスト5.8のようになります。2行目の文で**変数ledの値を反転（HIGHならLOW、LOWならHIGH）**させて、変数ledの値に応じてLEDの点灯／消灯を行います（3行目）。

なお、2行目の「˜」は、値をビット単位で反転させる演算子です（➡67ページ）。変数の値をHIGHとLOWとで交互に切り替えるときによく使います。

リスト5.8　定期的に実行する処理

```
void blink() {
  led = ˜led;               // LEDの状態を反転する  2行目
  digitalWrite(led_pin, led); // LEDの点灯／消灯を行う  3行目
}
```

setup関数

setup関数の内容は、リスト5.9の通りです。改造前のプログラムと同じですが、ピンの番号を定数で指定するようにしています。

リスト5.9　setup関数

```
void setup() {
  pinMode(cds_pin, INPUT);  // CdSセルのピンを入力用にする
  pinMode(led_pin, OUTPUT); // LEDのピンを出力用にする
  Serial.begin(115200);     // 通信速度を115200bpsにする
}
```

loop関数

最後に、loop関数を作ります。その内容はリスト5.10のようになります。

基本的な処理の流れは、71ページのプログラムと同じです。ただし、網掛けをした部分が異なります。周囲が暗くなったときには、LEDを点灯するのではなく、**タイマー割り込みをオンにする**ようにしています（9〜13行目）。一方、周囲が明るくなったら、タイマー割り込みをオフにし、LEDを消灯しています（17〜19行目）。

タイマー割り込みをオンにする部分では、変数is_timer_onの値からすでにタイマー割り込みが設定されているかどうかを調べて、まだ設定されていないときだけタイマー割り込みをオンにするようにしています。

リスト5.10　loop関数

```
void loop() {
  int dac;                      // int型の変数dacを宣言する

  dac = analogRead(cds_pin);    // 電圧を読み取って変数dacに代入する
  Serial.print("CdS = ");       // 「CdS = 」をシリアルモニタに出力する
  Serial.print(dac);            // 変数dacの値をシリアルモニタに出力する
  Serial.print(", LED = ");     // 「, LED = 」をシリアルモニタに出力する
  if (dac < thres) {            // 変数dacがthresより小さい(=暗い)かどうかを判断する
    if (!is_timer_on) {         // タイマー割り込みがオンになっていない場合のみ実行  9行目
      led = LOW;                // LEDの状態をオフにする  10行目
      TimerLib.setInterval_us(blink, 200000); // 0.2秒ごとにblink関数を実行する  11行目
      is_timer_on = true;       // タイマー割り込みオンの状態を記憶  12行目
    }
    Serial.println("ON");       // シリアルモニタに「ON」と出力する
  }
  else {
    is_timer_on = false;        // タイマー割り込みオフの状態を記憶  17行目
    TimerLib.clearTimer();      // タイマー割り込みを止める  18行目
    digitalWrite(led_pin, LOW); // LEDを消灯する  19行目
    Serial.println("OFF");      // シリアルモニタに「OFF」と出力する
  }
  delay(100);                   // 0.1秒間待つ
}
```

▌サンプルファイル

　ここで取り上げたプログラムのサンプルファイルは、「part5」→「timer」フォルダにあります。

タイマー割り込みの注意点

　uTimerLibライブラリをArduino Uno／Nanoで使う場合、Arduino Uno内蔵の「**Timer2**」というタイマーを使います。このタイマーは、**tone関数**（➡149ページ）や、3番ピンと11番ピンの**PWM出力**でも使われています。そのため、それらと共存させると正しい動作になりません。

Arduino と **ESP32** の違い

uTimerLibライブラリをArduino Uno／Nanoで使う場合、tone関数や3番／11番ピンのPWM出力の動作に影響があります。

キャラクタ液晶ディスプレイを使う

動作の状況などを表示したいときに、ディスプレイを使うことがあります。この節では、「LiquidCrystal I2C」というライブラリを使って、キャラクタ液晶ディスプレイに文字を表示する方法を紹介します。

キャラクタ液晶ディスプレイの概要

センサーから読み込んだ値などを、ディスプレイに表示することはごく一般的です。ESP32やArduinoにも、ディスプレイを接続することができます。

ディスプレイを表示方式で大きく分類すると、「**キャラクタディスプレイ**」と「**グラフィックディスプレイ**」に分かれます。キャラクタディスプレイは、アルファベットや数字など、文字表示専用のディスプレイです。一方のグラフィックディスプレイは、文字だけでなく画像などを自由に表示することができるディスプレイです。

キャラクタディスプレイは自由度は低いですが、グラフィックディスプレイよりもシンプルに制御することができます。文字が表示できれば十分な場合は、キャラクタディスプレイを使うとよいでしょう。

ESP32やArduinoでは、16×2文字や20×4文字の**キャラクタ液晶ディスプレイ**を使うことが多いです（図5.8）。

図5.8　キャラクタ液晶ディスプレイ

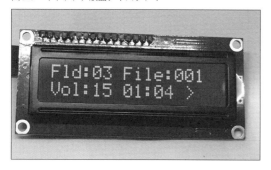

I2Cによる制御

16×2文字や20×4文字のキャラクタ液晶ディスプレイは、本来は16本のピンを接続して制御するようになっています。また、Arduinoには「LiquidCrystal」という標準ライブラリがあって、16本全部か、16本中の12本を接続して、キャラクタ液晶ディスプレイに文字を表示することができます。

ただ、12本も配線するのは手間がかかります。また、**ESP32やArduinoのピンを多く占有してしまって、ほかのパーツを接続しにくくなる**という問題があります。

そこで、「**I2C**」で接続する方法があります。I2CはPhilips社が考案した規格で、「Inter Integrated Circuit」の略です。電源／GND／SDA（データ信号）／SCL（クロック信号）の4本の線だけで、各種のパーツを制御することができる方式です。また、I2Cに対応したパーツを複数接続することもできます。

キャラクタ液晶ディスプレイをI2Cで制御する場合、ディスプレイに**I2Cのアダプタ**を取り付けます（図5.9）。アダプタがあらかじめはんだ付けされているディスプレイを買うとよいでしょう。

図5.9　キャラクタ液晶ディスプレイ用のI2Cアダプタ

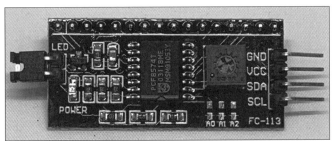

ESP32でパーツをI2C接続する場合、パーツのSDA／SCLのピンと、ESP32の21番／22番ピンを接続します。また、Arduino UnoやArduino NanoでパーツをI2C接続する場合、パーツのSDA／SCLのピンと、ArduinoのA4／A5のピンを接続します。

キャラクタ液晶ディスプレイを接続する場合だと、ESP32なら**図5.10**、Arduinoなら**図5.11**のような接続になります。

図5.10　ESP32とキャラクタ液晶ディスプレイの接続

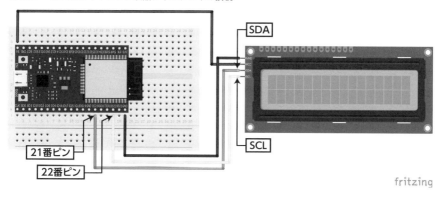

図5.11　Arduino Unoとキャラクタ液晶ディスプレイの接続

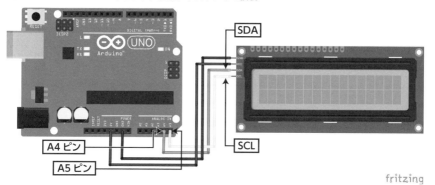

パーツのアドレスを調べる

　I2Cでは、個々のパーツに「**アドレス**」という番号が付いていて、それでパーツを識別します。パーツによって、アドレスが固定されているものもあれば、スイッチなどでアドレスを変えられるようになっているものもあります。

　キャラクタ液晶ディスプレイのI2Cアダプタの場合、アドレスは16進数の「0x27」か「0x3F」のどちらかになっています。キャラクタ液晶ディスプレイを使う前に、「**i2c_scanner**」というプログラムを使って、アドレスを調べておきます。

　i2c_scannerのソースコードは、次のページにあります。ソースコードを丸ごとコピーし、Arduino IDEに貼り付けます。

https://playground.arduino.cc/Main/I2cScanner/

キャラクタ液晶ディスプレイをESP32やArduinoに接続し、プログラムを書き込みます。そして、シリアルモニタを開いて、通信速度を9600bpsに設定すると、i2c_scannerの実行結果が表示されます。たとえば、図5.12のような表示になった場合、そのキャラクタ液晶ディスプレイのアドレスは0x3Fです。

図5.12　キャラクタ液晶ディスプレイのアドレスを調べた例

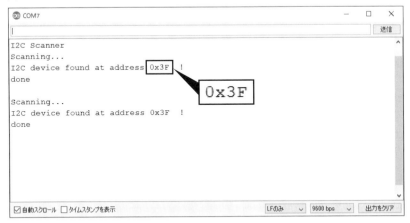

LiquidCrystal I2C ライブラリのインストール

I2C接続のキャラクタ液晶ディスプレイを使うには、「**LiquidCrystal I2C**」というライブラリを使います。

Arduino IDEで「スケッチ」→「ライブラリをインクルード」→「ライブラリを管理」メニューを選んで、ライブラリマネージャを開きます。そして、「LiquidCrystal」のキーワードでライブラリを検索します。

すると、検索結果の中に「**LiquidCrystal I2C by Frank de Brabander**」のライブラリが出てきますので、そのライブラリをインストールします（図5.13）。

図 5.13　LiquidCrystal I2C ライブラリのインストール

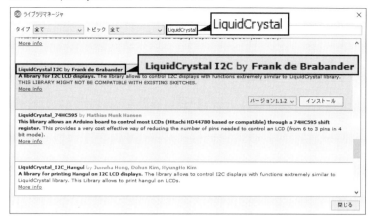

LiquidCrystal I2C ライブラリの使い方

LiquidCrystal I2C ライブラリでキャラクタ液晶ディスプレイに文字を表示するには、次の手順を取ります。

ヘッダーファイルの読み込み

LiquidCrystal I2C ライブラリを使うには、「**LiquidCrystal_I2C.h**」というヘッダーファイルを読み込みます。また、I2Cのヘッダーファイルである「**Wire.h**」も読み込みます（リスト5.11）。

リスト 5.11　Wire.h と LiquidCrystal_I2C.h を読み込む

```
#include <Wire.h>
#include <LiquidCrystal_I2C.h>
```

変数の宣言と初期化

次に、**LiquidCrystal_I2C クラス**のグローバル変数を宣言します。コンストラクタには、I2Cのアドレス／文字数／行数の3つの引数を渡します。また、setup関数の中で「init」というメンバ関数を実行して初期化します。

たとえば、変数名を「lcd」にするとします。また、アドレスが0x3F／文字数が16／行数が2だとします。この場合、変数の宣言とsetup関数はリスト5.12のようになります。

各種のライブラリを使う

5

リスト5.12　変数の宣言とsetup関数の例

```
LiquidCrystal_I2C lcd(0x3F, 16, 2);

void setup() {
  lcd.init();
  ......
}
```

文字の表示などを行うメンバ関数

初期化が終わったあとは、表5.4の各種の**メンバ関数**を使って、ディスプレイに文字を表示することができます。特に、**setCursorメンバ関数**で表示位置を指定し、**print メンバ関数**で文字を表示することが多いです。

表5.4　文字の表示などを行うメンバ関数

メンバ関数	内容
clear( )	ディスプレイをクリアする
setCursor(列, 行)	表示位置を指定する
home( )	表示位置を左上にする
print(文字など)	文字などを表示する
cursor( )	カーソルを表示する
noCursor( )	カーソルを消す
blink( )	カーソルを点滅させる
noBlink( )	カーソルを点滅させない
scrollDisplayLeft( )	左にスクロールする
scrollDisplayRight( )	右にスクロールする
backlight( )	バックライトをオンにする
noBacklight( )	バックライトをオフにする

キャラクタディスプレイを使った例

第2章で、CdSセルで明るさを判断して、LEDのオン／オフを切り替える例を紹介しました。その際には、**CdSの値とLEDのオン／オフをシリアルモニタに出力**していましたが、そのプログラムを書き換えて、キャラクタ液晶ディスプレイに出力するようにします。

ハードウェアの接続

　まず、ESP32／Arduinoと、CdSセル／LED／キャラクタ液晶ディスプレイを接続します。CdSセルとLEDの接続方法は、第2章で解説したのとほぼ同じです。ESP32なら図5.14、Arduino Unoなら図5.15のように接続します。

　Arduino Unoで作る場合、5VのピンをCdSセルとキャラクタディスプレイの2箇所に接続します。そこで、5Vのピンをいったんブレッドボードのプラスのラインに出し、そこからCdSセルとキャラクタ液晶ディスプレイに接続します。

図5.14　ESP32での接続

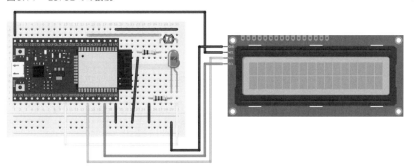

fritzing

図5.15　Arduino Unoでの接続

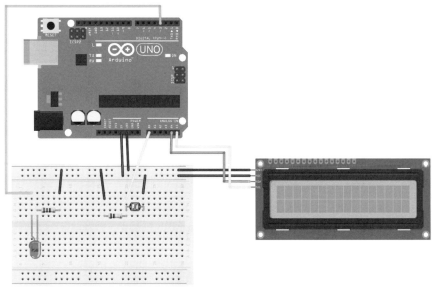

fritzing

プログラムを作成する

次に、第2章の61ページのプログラムをもとにして、**シリアルポートに出力する箇所を書き換え、キャラクタ液晶ディスプレイに出力する**ようにします。実際のプログラムはリスト5.13のようになります。

19行目でLiquidCrystal_I2Cクラスの変数を宣言し、I2Cのアドレス／文字数／行数を指定しています。そして、setup関数の中で初期化を行い（24行目）、バックライトをオンにします（25行目）。

あとは、**Serial.printlnを使っていた場所を、「lcd.print」に置き換えて、キャラクタ液晶ディスプレイに出力する**ようにします。ただ、キャラクタ液晶は2行しかないので、**loop関数が実行されるたびに文字の表示位置を毎回指定**して（34行目／37行目）、常に同じ場所に文字を上書きして出力するようにしています。

また、同じ場所に上書きしても、出力する文字数が前回よりも少ないと、前回に出力した文字が残ってしまい、正しい表示になりません。たとえば、「1234」と出力したあとで、同じ場所に「900」と出力すると、「1234」の最後の「4」が消えずに残ってしまいます。

そこで、変数dacの値を4桁にしたり（33行目）、「ON」の前にスペースを入れたりして（41行目）、出力する文字数が毎回同じになるようにしています。

なお、このサンプルファイルは、「part5」→「cds_led_lcd」フォルダにあります。

リスト5.13　CdSセルの値をキャラクタ液晶ディスプレイに出力

```
#include <Wire.h>
#include <LiquidCrystal_I2C.h>

#define ADRS 0x3F       // I2Cのアドレス
#define CHARS 16        // 1行あたりの文字数
#define LINES 2         // 行数

#ifdef ESP32
#define LED_PIN 5       // LEDのピン番号
#define CDS_PIN 35      // CdSセルのピン番号
#define THRES 2000      // 明暗を判断する値
#else
#define LED_PIN 3
#define CDS_PIN A0
#define THRES 500
#endif

// LiquidCrystal_I2Cクラスの変数lcdを宣言する  18行目
```

```
LiquidCrystal_I2C lcd(ADRS, CHARS, LINES);

void setup() {
  pinMode(CDS_PIN, INPUT);       // CdS用のピンを入力用にする
  pinMode(LED_PIN, OUTPUT);      // LED用のピンを出力用にする
  lcd.init();                    // ディスプレイを初期化する   24行目
  lcd.backlight();               // ディスプレイのバックライトをオンにする   25行目
}


void loop() {
  int dac;                       // int型の変数dacを宣言する
  char buf[5];                   // dacの値を4桁に変換するためのバッファ

  dac = analogRead(CDS_PIN);     // 電圧を読み取って変数dacに代入する
  sprintf(buf, "%4d", dac);      // dacの値を4桁にする   33行目
  lcd.setCursor(0, 0);           // 左上にカーソルを移動する   34行目
  lcd.print("CdS = ");           // 「CdS = 」をディスプレイに出力する
  lcd.print(buf);                // 変数dacの値をディスプレイに出力する
  lcd.setCursor(0, 1);           // 2行目の先頭にカーソルを移動する   37行目
  lcd.print("LED = ");           // 「LED = 」をディスプレイに出力する
  if (dac < THRES) {             // 変数dacが定数THRESより小さい(=暗い)かどうかを判断する
    digitalWrite(LED_PIN, HIGH); // LEDを点灯する
    lcd.print("  ON");           // ディスプレイに「ON」と出力する   41行目
  }
  else {
    digitalWrite(LED_PIN, LOW);  // LEDを消灯する
    lcd.print(" OFF");           // ディスプレイに「OFF」と出力する
  }
  delay(100);                    // 0.1秒間待つ
}
```

Arduino と **ESP32** の違い

CdSセル/LEDの接続先のピン番号と、明るいかどうかを判断するしきい値が異なります。
リスト5.13では、#ifdef文を使って、ArduinoとESP32を判別しています。

SDカードを読み書きする

ESP32やArduinoで大きなデータを扱う場合、SDカードを使うことが多いです。この節では、「SD」というライブラリを使って、SDカードを読み書きする方法を解説します。

SDカードの接続

プログラムを作る前に、ESP32やArduinoでSDカードを読み書きする際のハードの接続や注意点などをまとめます。

SDカードを接続するためのハード

ESP32やArduinoは、パソコンとは違って標準では外部記憶装置の機能がなく、大きなデータを保存しておくことができません。そのような処理が必要な場合には、一般的にSDカードを使います。また、その際にはSDカードを読み書きするためのハードを接続します。

SDカードを読み書きする際には、SDカードモジュールを使います（図5.16）。配線が必要になりますが、接続する線の数は6本なので、それほど多くはありません。

図5.16　SDカードモジュール

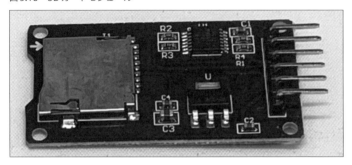

また、Arduino Unoであれば、「**SDカードシールド**」が便利です。シールドは
Arduino Unoにかぶせる形のモジュールで、簡単に接続することができます。SD
カードシールド以外にさまざまなシールドがあり、複数のシールドを重ねて装着
することもできます（ただし複数のシールドで同じピンを使う場合は不可）。

SDカードシールドは通常サイズのSDカードを接続するもので、microSDカー
ドを使う場合はアダプタが必要です。一方、SDカードモジュールにはSDカード
用とmicroSDカード用があり、使い分けることができます。

なお、SDカードモジュール／SDカードシールドともに、Amazonなどで買う
ことができます。

SDHCカードを使う

SDカードは容量によって、**SD（2GBまで）／SDHC（4～32GB）／SDXC（64GB
以上）**の3つの規格があります。ただ、**ESP32やArduinoのSDライブラリは、
SDXCには対応していません。**

SDXCのカードは一般的になっていますが、本書執筆時点では、SDライブラリ
では使えませんので注意が必要です。

電圧に注意

SDカードは**3.3Vで動作**します。それ以上の電圧をかけると、SDカードが壊れ
てしまいます。

SDカードシールドやSDカードモジュールは、5Vから3.3Vに電圧を変換する
ようになっていることが多いですが、中には電圧を変換しないものもあります。
この点にも注意が必要です。

なお、ESP32は3.3Vで動作するようになっていますので、SDカードモジュー
ルをそのまま接続することができます。

ピンの接続

SDカードシールドはArduino Unoに差し込むだけですが、SDカードモジュー
ルの場合は、ESP32やArduinoとモジュールの間を配線することが必要です。

SDカードモジュールには、VCC／GND／MISO／MOSI／SCK／CSの6本のピ
ンがあります。VCCとGNDは、ESP32やArduinoの3.3V／GNDにそれぞれ接続
します。また、**MISO／MOSI／SCKは接続先が基本的に決まっています**（表5.5）。
最後のCSは、GPIOの空いているピンに接続します。

表5.5　SDカードモジュールとESP32／Arduino Unoとの接続

SDカードモジュール	ESP32	Arduino Uno
MOSI (またはDI)	23	11
MISO (またはDO)	19	12
SCK	18	13

SDライブラリでSDカードを読み書きする

ESP32やArduinoでSDカードを読み書きするには、「**SD**」というライブラリを使います。

ヘッダーファイルの読み込み

SDライブラリを使うには、まず「SD.h」というヘッダーファイルを読み込みます。また、SDカードシールドやモジュールは、「**SPI**」という方式で接続しますので、「SPI.h」というヘッダーファイルも読み込みます。したがって、SDカードを扱うプログラムでは、先頭にリスト5.14の2行を入れます。

SPIは「**Serial Peripheral Interface**」の略で、シリアル通信の一種です。**送受信の信号 (MISO／MOSI) と、タイミングを取るためのクロック信号 (SCK)、そして接続先を切り替える信号 (CS) の、4本の線を使って機器間の通信を行います。**SPIは汎用的な通信方式で、SPIで接続するモジュールは多数あります。

リスト5.14　SDカードを扱うためのヘッダーファイルを読み込む

```
#include <SPI.h>
#include <SD.h>
```

SDオブジェクトの初期化

次に、setup関数内でSDオブジェクトの「**begin**」というメンバ関数を実行して、SDオブジェクトを初期化します。beginメンバ関数には、引数としてCSのピン番号を指定します。ただし、場合によっては初期化に失敗することもあり、その場合はbeginメンバ関数の戻り値がfalseになりますので、戻り値をチェックしてエラー時の処理も入れます。

たとえば、CSを10番ピンに接続した場合だと、setup関数をリスト5.15のようにして、SDオブジェクトを初期化します。

リスト5.15　SDオブジェクトの初期化の例 (CSを10番ピンに接続した場合)

```
void setup() {
  …… (各種の初期化処理) ……
  if (!SD.begin(10)) {
    初期化に失敗したときの処理
  }
  …… (各種の初期化処理) ……
}
```

ファイルを開く

SDオブジェクトを初期化したら、SDカード内のファイルを扱うことができます。まず、SDオブジェクトの「**open**」というメンバ関数でファイルを開きます。openメンバ関数は、引数としてファイル名とモードの2つを取ります。

ファイル名で、開くファイルの名前を指定します。フォルダ内にあるファイルを開く場合、フォルダの階層を「/」で区切って表します。たとえば、図5.17のファイルは、「/foo/bar/baz.txt」というファイル名になります。

図5.17　ファイルの階層の例

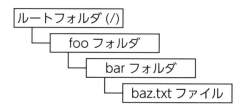

モードには、254ページの表5.6の値を指定することができます。モードは省略することもでき、その場合はFILE_READを指定した場合と同じになります。

openメンバ関数の戻り値は、「**File**」**というクラス**のオブジェクトになります。ファイルの読み書きは、このオブジェクトを介して行いますので、変数に代入しておきます。また、ファイルを開くのに失敗したときには、戻り値はfalseとみなされる値になります。戻り値を「if (戻り値)」のようにして調べることで、ファイルを開くことができたかどうかで処理を分けることができます。

表5.6 openメンバ関数のモードに指定する値

値	マイコン	動作
FILE_READ	ESP32／Arduino共通	ファイルを読み込み用に開き、ファイルの先頭を読み込む状態にする
FILE_WRITE	Arduino	ファイルを書き込み用に開き、ファイルの最後に書き込む状態にする
	ESP32	ファイルを作成して書き込み用に開き、ファイルの先頭に書き込む状態にする
FILE_APPEND	Arduino	利用できない
	ESP32	ファイルを書き込み用に開き、ファイルの最後に書き込む状態にする（ArduinoのFILE_WRITEと同じ）

　たとえば、SDカードのルートフォルダにある「sample.txt」というファイルを読み込み用に開き、戻り値を「f」という名前のFile型の変数に代入してファイルにアクセスするには、リスト5.16のように書きます。

リスト5.16　ファイルを開く

```
File f = SD.open("/sample.txt");
if (f) {
  ファイルにアクセスする処理
}
```

Arduino と ESP32 の違い

openメンバ関数のモードに指定する値が一部異なります。

ファイルからデータを読み込む

　ファイルからデータを読み込むには、「**read**」というメンバ関数を使います。read関数には、引数がないものと、2つの引数を取るものの2種類があります。

　引数を指定しない場合は、ファイルから1文字だけを読み込む動作になり、読み込んだ文字が戻り値になります。たとえば、File型のオブジェクトを変数fに代入してあり、またchar型の変数chを宣言してあるとします。この状態で次の文を実行すると、ファイルから1文字読み込んで変数chに代入する動作になります。

```
ch = f.read();
```

　また、read関数にunsigned char型の配列（ポインタ）と、読み込むバイト数の2つの引数を指定することもできます。この場合は、**複数バイトを一度に読み込む**

ことができます。また、戻り値は読み込んだバイト数になります。

たとえば、unsigned char型の配列bufが宣言してあるときに、10バイトのデータを読み込んでbufに代入し、戻り値を変数lenに代入するには、次のように書きます。

```
len = f.read(buf, 10);
```

また、read関数を実行するごとにファイルからデータを読み込んでいきますが、やがてはファイルの最後に到達します。そこで、**ファイルにまだデータがあるかどうかを確認し、データがある間だけ読み込む**ようにします。これは「available」というメンバ関数を使います。

availableメンバ関数は、読み込み可能なバイト数を返す関数です。その値が0でない間は、読み込みを続けることができます。

リスト5.17のようにすると、ファイルにデータがある間は1文字ずつ読み込んで処理することができます。

リスト5.17　ファイルにデータがある間は1文字ずつ読み込む

```
while (f.available()) {
  ch = f.read();
  読み込んだ文字に対する処理
}
```

ファイルにデータを書き込む

一方、ファイルにデータを書き込むには、Fileクラスの **print／println／write** のメンバ関数を使います。

printとprintln関数は、Serialクラスの場合と同様に、データを文字列の形にして書き込む関数です。printとprintlnの違いは、データのあとに改行を出力するかどうかです（printは出力せず、printlnは出力する）。

たとえば、File型のオブジェクトを変数fに代入してあるときに、次の文を実行すると、ファイルに「Hello」という文字列を書き込むことができます。

```
f.print("Hello");
```

また、**write関数**は、引数を1つだけ指定する場合と2つの引数を指定する場合があります。引数を1つだけ指定する場合は、書き込む文字を渡します。

2つの引数を渡す場合は、unsigned char型の配列（ポインタ）と、書き込むバイ

ト数の2つの引数を指定します。戻り値は、書き込んだバイト数になります。

ファイルを閉じる

ファイルの読み書きが終わったら、最後にファイルを閉じます。これは、File クラスの「**close**」というメンバ関数で行います。引数はありません。

SDライブラリを使った例

SDライブラリを使った例として、次のような処理をするプログラムを作ってみます。

❶ SDを初期化します。
❷ ルートフォルダにある「sample.txt」というファイルを読み込み用に開きます。
❸ sample.txtファイルを開けたら、その中身を読み込んでシリアルモニタに出力します。
❹ sample.txtファイルを閉じます。
❺ sample.txtファイルを書き込み用に開きます。
❻ そのファイルの最後に「Sample」という文字列を書き込みます。
❼ sample.txtファイルを閉じます。

このプログラムを1回実行するごとに、「sample.txt」ファイルの最後に「Sample」の文字列が追加されていく動作になります。また、その「sample.txt」の中身をシリアルモニタに表示するので、**プログラムを実行するごとに「Sample」と表示される回数が増えていきます**（図5.18）。

図5.18　ここで取り上げるプログラムの実行結果の例

ハードウェアの接続

まず、ESP32やArduino Unoに、**SDカードシールド**や**SDカードモジュール**を接続します。

Arduino UnoにSDカードシールドを接続する場合は、単にSDカードシールドを上からかぶせるだけで済みます。一方、SDカードモジュールを接続する場合は、ESP32では図5.19、Arduino Unoでは図5.20のように接続します。SDカードモジュールとESP32／Arduino Unoとのピンの対応は、表5.7のようになります。

図5.19 ESP32とSDカードモジュールの接続

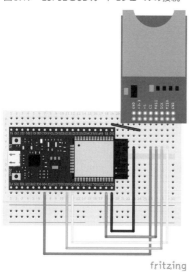

図5.20 Arduino UnoとSDカードモジュールの接続

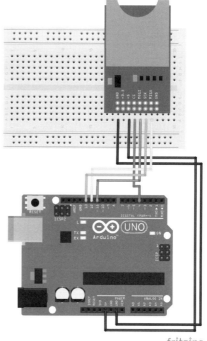

表5.7 SDカードモジュールとESP32／Arduino Unoのピンの対応

SDカードモジュール	ESP32	Arduino Uno
VCCや5Vなど	3V3	5V
GND	GND	GND
MOSI	23	11
MISO	19	12
SCK	18	13
CS	4	4

■プログラムの作成

次に、プログラムを作って Arduino Uno や ESP32 に書き込みます。プログラム
の内容はリスト5.18のようになります。なお、loop関数には何も入力しません。

リスト5.18　SDカードを読み書きするプログラム

```
#include <SPI.h>
#include <SD.h>

#ifdef ESP32
#define W_MODE FILE_APPEND          ❶
#else
#define W_MODE FILE_WRITE
#endif
#define CS_PIN 4

void setup() {
  File f;
  char ch;

  // シリアルモニタの初期化
  Serial.begin(115200);
  // SDカードモジュールの初期化
  if (SD.begin(CS_PIN)) {
    Serial.println("SD OK");
  }                                  ❷
  else {
    Serial.println("SD Failed");
    while(1);
  }
  // sample.txtファイルを読み込み用に開く
  f = SD.open("/sample.txt", FILE_READ);
  // ファイルを開けた場合
  if (f) {
    // ファイルの中身を読み込んでシリアルモニタに出力
    Serial.println("Read from SD");
    Serial.println("-------------");
    while (f.available()) {
      ch = f.read();                 ❸
      Serial.print(ch);
    }
    Serial.println("-------------");
    Serial.println("Read end");
    // ファイルを閉じる
```

258

```
      f.close();
    }
    // ファイルを開けなかった場合
    else {
      // ファイルがなかったことを表示
      Serial.println("Not found sample.txt");          ❸
    }
    // sample.txtファイルを書き込み用に開く
    f = SD.open("/sample.txt", W_MODE);
    // ファイルを開けた場合
    if (f) {
      // ファイルの最後に「Sample」の文字列を書き込む
      f.println("Sample");
      // ファイルを閉じる
      f.close();                                        ❹
      Serial.println("Print 'Sample' to SD");
    }
    else {
      // ファイルを開けなかったことを表示
      Serial.println("Open sample.txt failed");
    }
}
```

やや長いプログラムなので、❶～❹の部分に分けて内容を解説します。

▼ ❶ ヘッダーファイルの読み込みと定数の宣言

❶の部分は、SDカード関係のヘッダーファイル（SPI.hとSD.h）を読み込み、また定数を定義する部分です。

ファイルを書き込み用に開いて、ファイルの最後に追加する際に、ESP32とArduinoではopen関数に指定する定数が異なります（➡254ページの表5.6）。そこで、#ifdef文を使って、ESP32／Arduinoのそれぞれで「**W_MODE**」という定数を定義して、動作が同じになるようにしています。

> **Arduino と ESP32 の違い**
>
> openメンバ関数のモードに指定する値が一部異なりますので、#ifdef文を使って定数を共通化しています。

▼ ❷ シリアルモニタとSDカードモジュールの初期化

❷の部分は、**シリアルモニタとSDカードモジュールの初期化**を行っています。

SDカードモジュールの初期化に失敗した場合は、「SD Failed」とメッセージを出力して無限ループに入り、プログラムの実行を止めます。

▼ ❸ ファイルの読み込み

❸の部分は、ルートフォルダにある「sample.txt」というファイルを開いて（❸の部分の2行目）、その中身を読み込み、シリアルモニタに出力する処理です。

ファイルを開くことができた場合は、ファイルから1文字ずつ読み込み、それをシリアルモニタに順に出力していきます（❸の部分の8〜11行目）。

一方、ファイルが存在しないなどの理由で開くことができなかった場合には、シリアルモニタに「Not found sample.txt」と出力します（❸の部分の20行目）。

▼ ❹ ファイルへの書き込み

最後の❹の部分は、ファイルにデータを書き込む処理です。

ファイルを書き込み用に開いたあと（❹の部分の2行目）、そのファイルの最後に「Sample」という文字列を書き込み（❹の部分の6行目）、ファイルを閉じます（❹の部分の8行目）。

サンプルファイル

リスト5.18のサンプルファイルは、「part5」→「sd_basic」フォルダにあります。

そのほかのメンバ関数

SDカード関係のメンバ関数の中で、よく使うものをいくつか取り上げます。

ファイルが存在するかどうかを調べる──existsメンバ関数

ファイル名を指定して、その名前のファイルがあるかどうかを調べるには、SDクラスの「exists」という関数を使います。引数としてファイル名を取り、戻り値はファイルが存在すればtrue、しなければfalseになります。

たとえば、ルートフォルダに「sample.txt」というファイルが存在するかどうかで処理を分ける場合、リスト5.19のように書きます。

リスト5.19　existsメンバ関数の例

```
if (SD.exists("/sample.txt")) {
  sample.txtが存在するときの処理
}
else {
  sample.txtが存在しないときの処理
}
```

■ファイルを削除する——removeメンバ関数

　SDカードからファイルを削除するには、SDクラスの「**remove**」というメンバ関数を使います。引数として、削除するファイルの名前を指定します。

　たとえば、ルートフォルダの「sample.txt」ファイルを削除するには、次のように書きます。

```
SD.remove("/sample.txt");
```

■フォルダを作成する——mkdirメンバ関数

　SDカードにフォルダを作るには、SDクラスの「**mkdir**」というメンバ関数を使います。引数としてフォルダのパスを指定します。

　たとえば、ルートフォルダに「myfolder」というフォルダを作るには、次のように書きます。

```
SD.mkdir("/myfolder");
```

　複数の階層を「/」で区切って、深い階層のフォルダを作ることもできます。その場合、途中の階層のフォルダがまだなければ、それらのフォルダも作られます。たとえば、次の文を実行すると、ルートフォルダの下に「myfolder」が作られ、その中に「fld1」、さらにその中に「fld2」と順にフォルダが作られます。

```
SD.mkdir("/myfolder/fld1/fld2");
```

■フォルダを削除する——rmdirメンバ関数

　SDカードからフォルダを削除するには、SDクラスの「**rmdir**」というメンバ関数を使います。引数として、削除するフォルダのパスを指定します。ただし、**削除対象のフォルダは、中身が空でなければなりません。**

たとえば、次の文を実行すると、ルートフォルダにある「myfolder」というフォルダを削除することができます。

```
SD.rmdir("/myfolder");
```

▌ファイルのサイズを調べる──sizeメンバ関数

ファイルのサイズを調べるには、Fileクラスの「**size**」というメンバ関数を使います。戻り値がサイズ（バイト単位）になります。

たとえば、あるファイルを開いて、そのFileオブジェクトを変数fに代入しているとします。このファイルのサイズを変数sizeに代入するには、次のように書きます。

```
size = f.size();
```

▌読み書きする位置を移動する
──seekメンバ関数／positionメンバ関数

ファイルの読み書きの際には、通常は直前に読み書きしたあとの位置から、次の読み書きが行われるようになっています。しかし、場合によっては、次に読み書きする位置を移動したいこともあります。

このようなときには、Fileクラスの「**seek**」というメンバ関数を使います。引数として、unsigned long型の値を渡します。ファイルの先頭を0として、バイト単位で指定します。

たとえば、Fileオブジェクトを変数fに代入しているときに、次の文を実行すると、次の読み書きの位置はファイルの先頭から10バイト移動した位置になります。

```
f.seek(10);
```

また、現在の読み書きの位置は、Fileクラスの「**position**」というメンバ関数で得ることができます。戻り値が現在の位置を表します。

ESP32のFlashメモリに ファイルを格納する（SPIFFS）

ESP32には「SPIFFS」という機能があり、Flashメモリの一部をストレージのように扱って、ファイルを格納することができます。この節では、SPIFFSの使い方を解説します。

SPIFFSの概要

ESP32-DevKitCなどのESP32開発用のボードには、Flashメモリが搭載されています。大半のボードでは、Flashメモリの容量は4MBです。そのFlashメモリにプログラムを書き込んで使うようになっています。

ただ、Flashメモリの全容量をプログラムで使うかといえば、そうではないこともよくあります。そこで、**Flashメモリの一部をプログラム書き込み用にし、残りをデータ用にする**こともできます。

SPIFFSは、Flashメモリの一部をデータ用にし、SDカードと同じようなプログラムでアクセスする仕組みです。

SPIFFSは、ESP32単体で動作させることができ、**外部にSDカードなどの記憶用のモジュールを接続しなくても済む**というメリットがあります。一方で、次のようなデメリットもあります。

❶ 容量が小さい
❷ 読み書きの速度があまり速くない
❸ 中のファイルを取り出すには、何らかの仕組みを作ることが必要
（例：SPIFFSからSDカードにファイルをコピーする）

Arduino IDEでSPIFFSにファイルを書き込む

SPIFFSにあらかじめファイルを保存しておいて、プログラムの中からそのファイルにアクセスできるようにしたいことは、よくあります。「**SPIFFSプラグイン**」を使えば、パソコンからSPIFFSにファイルを書き込むことができます。

SPIFFS プラグインのダウンロード

まず、SPIFFS プラグインをダウンロードします。次のページからダウンロードすることができます。

https://github.com/me-no-dev/arduino-esp32fs-plugin/releases

本書執筆時点では、「ESP32FS-1.0.zip」が最新版でした。この ZIP ファイルを、ご自分のパソコンにダウンロードしておきます。

SPIFFS プラグインのコピー

次に、Arduino IDE で SPIFFS プラグインを使うために、ファイルをコピーします。

次の「Arduino」フォルダの中に「tools」というフォルダを作り、さらに「tools」フォルダの中に「ESP32FS」フォルダを作ります。

- **Windows の場合**
  「ドキュメント」フォルダ→「Arduino」フォルダ
- **Mac の場合**
  「書類」フォルダ→「Arduino」フォルダ

ダウンロードした ZIP ファイルを解凍すると、「tool」というフォルダができます。この「tool」フォルダを、先ほど作った「ESP32FS」フォルダの中にコピーします。

コピーが終わったあとで Arduino IDE を起動し、「ツール」メニューの中に「**ESP32 Sketch Data Upload**」という項目ができていれば、SPIFFS プラグインを使える状態になっています。

ファイルを用意する

次に、SPIFFS に格納するファイルを用意します。

Arduino IDE を起動してプログラムを作り、そのプログラムを保存します。そして、プログラムの保存先のフォルダの中に、「data」という名前のフォルダを作ります。その **data フォルダの中に、SPIFFS に格納したいファイルやフォルダをコピー**します。

ファイルを書き込む

ファイルの用意ができたら、SPIFFSにファイルを書き込みます。

まず、Arduino IDEで「ツール」→「Partition Scheme」のメニューを選び、**プログラム用とSPIFFS用に割り当てるサイズを指定**します。基本的には、「Default 4MB with spiffs(1.2MB APP/1.5MB SPIFFS)」を選びます。また、「No OTA(2MB APP/2MB SPIFFS)」や「No OTA(1MB APP/3MB SPIFFS)」を選ぶと、SPIFFSのサイズをより大きくすることができますが、後述する「OTA」を使うことができなくなります（➡299ページ）。

その後、「ツール」→「ESP32 Sketch Data Upload」のメニューを選ぶと、SPIFFSにファイルやフォルダがコピーされます。ただし、メニューを選ぶ前にシリアルモニタは閉じておく必要があります。

SPIFFSにアクセスする

SPIFFSは、SDカードとほぼ同じ手順で、プログラムからアクセスすることができます。

ヘッダーファイルの読み込み

SPIFFSを使うプログラムでは、その先頭にリスト5.20を入れて、**FS.h**と**SPIFFS.h**の2つのヘッダーファイルを読み込みます。

リスト5.20　SPIFFS関係のヘッダーファイルを読み込む

```
#include <FS.h>
#include <SPIFFS.h>
```

SPIFFSの初期化

次に、setup関数の中で次の文を実行して、**SPIFFSを初期化**します。

```
SPIFFS.begin();
```

SPIFFSの操作

SPIFFSオブジェクトでは、**SDオブジェクトと同様のメンバ関数（open**など）を使うことができます。たとえば、次の文を実行すると、SPIFFSのルートフォルダ

にある「sample.txt」ファイルを読み込み用に開くことができます。

```
File f = SPIFFS.open("/sample.txt", FILE_READ);
```

ファイルを開いたあとの操作も、SDカードモジュールを使うときと同様です。
Fileクラスの各種のメンバ関数（readなど）を使うことができます。

SPIFFSを使った例

SPIFFSを使った簡単な例として、**ファイルを読み込んでその内容を表示する**プ
ログラムを取り上げます（リスト5.21）。ルートフォルダにある「test.txt」というファ
イルを開き、その内容をシリアルモニタに出力します。

プログラムの考え方は、**SDカードのファイルを読み込む場合とほとんど同じ**です。
ただし、読み込み元がSPIFFSなので、SPIFFS用のヘッダーファイルを読み込み（1
～2行目）、SPIFFSを初期化して（8行目）、openメンバ関数でSPIFFSにあるファ
イルを開きます（10行目）。

このプログラムのサンプルファイルは、「part5」→「spiffs」フォルダにあります。
このフォルダの中の「data」フォルダにtest.txtファイルの例がありますので、そ
のファイルをSPIFFSに書き込んでから、プログラムを書き込みます。

リスト5.21　SPIFFSのファイルを読み込む

```
#include <FS.h>
#include <SPIFFS.h>

void setup() {
  File f;

  Serial.begin(115200);      // シリアルモニタを初期化
  SPIFFS.begin();            // SPIFFSを初期化  8行目
  // SPIFFSのルートフォルダにある「test.txt」ファイルを開く  9行目
  f = SPIFFS.open("/test.txt", FILE_READ);
  if (f) {                   // ファイルを開けたかどうかを調べる
    while (f.available()) {  // ファイルにデータがある間繰り返す
      char ch = f.read();    // ファイルから1文字読み込む
      Serial.print(ch);      // 読み込んだ文字をシリアルモニタに出力
    }
    f.close();               // ファイルを閉じる
  }
```

```
}

void loop() {
}
```

Arduino **と** ESP32 の違い

SPIFFSはESP32独自の機能で、Arduinoでは使うことができません。

ESP32をWiFiに接続する

ESP32はWiFiを内蔵していて、LANやインターネットに接続することができます。この節では、ESP32をWiFiのアクセスポイントに接続する方法を解説します。

ESP32のWiFi機能について

Arduino Uno をはじめとして、Arduino の多くのモデルでは、標準ではネットワークに接続する機能がありません。別売りの **Ethernetシールド**などを使って有線LANに接続することはできますが、やや手間がかかりますし、費用もかかります。

ESP32（およびその前世代のESP8266）は、このArduinoの弱点を埋める形で伸びてきました。**ESP32にはWiFi機能が内蔵**されていて、WiFiのアクセスポイントに接続することができます。そのため、**ESP32からインターネットに接続して各種の情報を取得**したり、**ESP32をWebサーバーなどの各種サーバーとして動作させる**ことができます。

ESP32には、WiFi接続用のクラスのほかに、Webサーバー用のクラスやWebクライアント用のクラスがあり、Webと組み合わせやすくなっています。

なお、WiFiには2.4GHz帯を使う802.11nなどと、5GHz帯を使う802.11acなどがあります。ただ、ESP32は2.4GHz帯の802.11b／g／nのみ対応で、5GHz帯には対応していません。

Arduino と **ESP32** の違い

ESP32では、WiFiを通してネットワークに接続することができます。一方のArduinoでは、大半のモデルにはネットワーク接続機能がなく、Ethernetシールドなどを別途用意する必要があります。

アクセスポイントに接続する

ESP32でネットワーク関係の処理を行う前に、WiFiのアクセスポイントに接続

します。

WiFiクラスで接続する

まずは、「WiFi」というクラスで接続する方法を解説します。

WiFiクラスで接続する場合、一般的なWiFiと同様に、ESSIDとパスワードを文字列で指定します。プログラムは次のような形で組みます。

❶ 「WiFi.h」のヘッダーファイルを読み込みます。

❷ WiFiクラスの**begin**メンバ関数で、次のようにして接続します。

```
WiFi.begin(ESSID, パスワード)
```

❸ WiFiクラスの**status**メンバ関数で、WiFiへの接続が完了するまで待ちます。

たとえば、次のような場合を考えてみます。

❶ ESSIDが「my_essid」で、パスワードが「my_password」である

❷ WiFiに接続したら、シリアルモニタに「WiFi Connected」と出力する

この場合のプログラムは、リスト5.22のようになります。また、このサンプルファイルは、「part5」→「wifi」フォルダにあります。

リスト5.22　アクセスポイントに接続する例

```
#include <WiFi.h>

void setup() {
  Serial.begin(115200);                    // シリアルポートの初期化
  WiFi.begin("my_essid", "my_password");   // アクセスポイントに接続する
  while (WiFi.status() != WL_CONNECTED) {  // 接続完了したかどうかを判断
    delay(500);                            // 完了していなければ500ミリ秒間待つ
  }
  Serial.println("WiFi Connected");        // 「WiFi Connected」と出力
}

void loop() {
}
```

WiFiMulti クラスで接続する

「自宅では光ファイバーのアクセスポイントに接続し、屋外ではスマホのテザリングで接続する」というように、**2つ以上のアクセスポイントを使い分けたい**場合があります。

ただ、前述のWiFiクラスを使う方法だと、そのたびにプログラムを書き換えることが必要になって不便です。このようなときには、「**WiFiMulti**」というクラスを使う方法があります。

WiFiMultiクラスでは、**複数のアクセスポイントに順に接続を試し、接続できたアクセスポイントを使う**ことができます。プログラムは次のようにして組みます。

❶ 「WiFi.h」と「WiFiMulti.h」のヘッダーファイルを読み込みます。

❷ WiFiMultiクラスのグローバル変数を宣言します。

❸ WiFiMultiクラスの「addAP」というメンバ関数で、アクセスポイントのESSID／パスワードの情報を追加します。

❹ WiFiMultiクラスの「run」というメンバ関数で、アクセスポイントに接続します。

たとえば、3つのアクセスポイントに順に接続する場合だと、リスト5.23のようなプログラムになります。リスト内の「ssid1」「password1」などは、実際のESSID／パスワードに置き換えます。

なお、13行目にある「WiFi.SSID( )」はWiFiクラスのメンバ関数で、接続先のESSIDを表します。

リスト5.23のサンプルファイルは、「part5」→「wifi_multi」フォルダにあります。

リスト5.23　WiFiMultiクラスで接続する例

```
#include <WiFi.h>
#include <WiFiMulti.h>

WiFiMulti wifiMulti;                     // WiFiMultiクラスの変数を宣言

void setup() {
  Serial.begin(115200);                  // シリアルポートの初期化
  wifiMulti.addAP("ssid1", "password1"); // 1つ目のアクセスポイントを追加
  wifiMulti.addAP("ssid2", "password2"); // 2つ目のアクセスポイントを追加
  wifiMulti.addAP("ssid3", "password3"); // 3つ目のアクセスポイントを追加
  if(wifiMulti.run() == WL_CONNECTED) {  // アクセスポイントに接続する
    Serial.print("WiFi connected to ");  // 「WiFi connected to」と出力
    Serial.println(WiFi.SSID());         // 接続したアクセスポイントのESSIDを出力  13行目
  }
```

```
}

void loop() {
}
```

SmartConfigで接続する

　ここまで解説してきた方法だと、**ESP32にWiFiの接続情報を書き込む**形になります。しかし、**外からWiFiの接続情報を指定したい**場面もあります。そのようなときには、「**SmartConfig**」という機能を使うことができます。

　SmartConfigは、**WiFiに接続したAndroid端末から、ESSIDとパスワードの情報をESP32に送信して、それを使って接続する**仕組みです。

　SmartConfigを使いたい場合、ESP32にはリスト5.24のようなプログラムを書き込んでおきます。setup関数の「これ以後にほかの初期化処理を入れる」のコメントのあとには、SmartConfig以外のそのほかの初期化処理を入れます。また、loop関数には実際のプログラムで行いたい処理を入れます。

　一方、Android端末には、Google Playストアから「ESP8266 SmartConfig」というアプリをインストールします。

　ESP32を接続したいアクセスポイントにAndroid端末も接続しておき、ESP8266 SmartConfigを起動すると、アクセスポイントのパスワードを入力する状態になります。入力して「CONFIRM」のボタンをクリックすると、AndroidとESP32の間で通信が行われ、ESP32にアクセスポイントのESSIDとパスワードの情報が送信されて、ESP32をアクセスポイントに接続することができます。

　リスト5.24のサンプルファイルは、「part5」→「wifi_smart」フォルダにあります。

リスト5.24　SmartConfigで接続するためのプログラム

```
#include <WiFi.h>

void setup() {
  Serial.begin(115200);
  WiFi.mode(WIFI_AP_STA);
  WiFi.beginSmartConfig();
  Serial.println("Waiting smart config");
  while (!WiFi.smartConfigDone()) {
    Serial.print(".");
    delay(1000);
  }
  Serial.println();
  Serial.println("Smart config done");
```

```
  while (WiFi.status() != WL_CONNECTED) {
    delay(500);
  }
  Serial.println("WiFi Connected.");
  // これ以後にほかの初期化処理を入れる
}

void loop() {
  // loop関数で行いたい処理を入れる
}
```

IPアドレス関係の操作

WiFiのアクセスポイントに接続したあとで、IPアドレスを調べるなどの操作を行いたい場合もあります。それらについて紹介します。

IPアドレスを調べる

多くの場合、アクセスポイントの**DHCPサーバー機能**で、ESP32に**IPアドレス**が割り当てられ、デフォルトゲートウェイなどの情報も設定されます。それらのIPアドレスは、表5.8のメンバ関数で調べることができます。戻り値は、「**IPAddress**」というクラスのオブジェクトになります。

たとえば、アクセスポイントへの接続が終わったあとで次の文を実行すると、IPアドレスをシリアルモニタに出力することができます。

```
Serial.println(WiFi.localIP());
```

表5.8　IPアドレスを調べるメンバ関数

調べる対象	メンバ関数
ESP32のIPアドレス	WiFi.localIP()
デフォルトゲートウェイ	WiFi.gatewayIP()
サブネットマスク	WiFi.subnetMask()
DNSサーバー1	WiFi.dnsIP(0)
DNSサーバー2	WiFi.dnsIP(1)

IPアドレスなどを手動で設定する

場合によっては、IPアドレス／デフォルトゲートウェイ／サブネットマスク／DNSサーバーを手動で設定したいこともあります。その場合は、「**WiFi.config**」というメン

バ関数を使います。

このメンバ関数は次のような書き方をします。それぞれの引数で、IPアドレスは「IPAddress(aaa, bbb, ccc, ddd)」のような書き方をします。

```
WiFi.config(ESP32のIPアドレス, デフォルトゲートウェイ, サブネットマスク, DNSサーバー1,
DNSサーバー2);
```

すべてを手動で設定せずに、一部はDHCPサーバーの設定をそのまま使いたいこともあります。その場合は、それぞれのIPアドレスを表5.8のメンバ関数で取得して指定することもできます。

たとえば次のように設定したいとします。

❶ ESP32のIPアドレスは192.168.1.101
❷ デフォルトゲートウェイとサブネットマスクはDHCPサーバーから与えられた値をそのまま使う
❸ DNSサーバー1は8.8.8.8
❹ DNSサーバー2は8.8.4.4

この場合、次のようなWiFi.configメンバ関数を実行します。

```
WiFi.config(IPAddress(192, 168, 1, 101), WiFi.gatewayIP(), WiFi.subnetMask(),
IPAddress(8, 8, 8, 8), IPAddress(8, 8, 4, 4));
```

Arduino と ESP32 の違い

この節で解説したWiFiクラスは、ESP32独自のものです。
Arduinoでネットワーク接続を行うには、一般にはEthernetシールドなどを組み合わせ、「Ethernet」などのライブラリを使います。詳しくは次のページを参照してください。

`https://www.arduino.cc/en/Reference/Ethernet`

ESP32をWebサーバーとして動作させる

ESP32をWiFiでネットワークに接続し、Webサーバーとして動作させると、Webブラウザなどから ESP32 にアクセスすることができます。その方法を解説します。

ESP32をWebサーバーにする意味

　ESP32で作ったものを外部から操作できるようにしたい場合、方法はいろいろ考えられます。たとえば、単純なオン／オフの切り替えなら、スイッチを付けて、スイッチの状態を判断するようにプログラムを作ればOKです。また、もう少し複雑な操作をできるようにしたい場合、赤外線リモコンやBluetoothで操作することが考えられます。

　一方で、ユーザーインターフェースをなるべくリッチにして、わかりやすくしたいこともあります。その場合は、**ESP32をWebサーバーとして動作させる**ことが考えられます。

　このようにすると、パソコンなどのWebブラウザから「http://ESP32のIPアドレス/……」のような形でアクセスすることで、ESP32が反応するプログラムを作ることができます。**アクセスされたアドレスに応じて、ESP32に接続したパーツを動作させたり、プログラムの設定ページを開いたりなど、さまざまな動作をさせることができます。**

HTTPプロトコルの基本

　ESP32でWeb関連のプログラムを作る場合、**HTTPプロトコル**についてある程度理解していることが必要です。ここではHTTPプロトコルの基本をまとめます。

クライアント／サーバーとリクエスト／レスポンス

まず、基本的な用語として、「クライアント」「サーバー」「リクエスト」「レスポンス」があります。

クライアント（Client）と**サーバー（Server）**は、通信元と通信先を表します。クライアントがサーバーに対して「○○○のWebページの情報が欲しい」と要求を出し、サーバーはそれに応答して情報を返します。クライアントになり得るものはいろいろありますが、主にWebブラウザを使います。

要求のことを「**リクエスト**」（Request）と呼び、応答を「**レスポンス**」（Response）と呼びます（図5.21）。

図5.21　クライアント／サーバー／リクエスト／レスポンスの関係

ヘッダーとボディ

クライアントがリクエストを出す際に、「**リクエストヘッダー**」と「**リクエストボディ**」という情報を付加することができます。

リクエストヘッダーは、リクエストに関する細々とした情報を付加するものです。たとえば、送信元のWebブラウザなどを表す「User-Agent」や、リンクがクリックされたときのリンク元ページアドレスを表す「Referer」などがあります。

また、**リクエストボディ**は、フォームで入力された内容など、リクエストに付随するデータを表します。

一方、サーバーがレスポンスを返す際にも、「**レスポンスヘッダー**」と「**レスポンスボディ**」という情報を返します。

レスポンスヘッダーは、レスポンスに関する細々とした情報です。たとえば、情報の種類を表す「Content-Type」や、Cookieの情報を表す「Set-Cookie」などがあります。

そして、**レスポンスボディ**が、要求に対して返される情報を表します。たとえば、サーバーにWebページを要求した場合だと、レスポンスボディはそのWebページのHTMLになります。

ステータスコード

サーバーがレスポンスを返す際には、「**ステータスコード**」という番号も返します。ステータスコードは、処理が正しく終わったかどうかなどを、3桁の数字で表したものです。表5.9のようなステータスコードがあります。

表5.9　主なステータスコード

ステータスコード	内容
200	正常
400	不正なリクエスト
401	認証が必要
403	アクセス禁止
404	ページが見つからない
500	サーバー内部のエラー
503	サービス利用不可

WebServerクラスを使ったプログラムの基本的な形

ESP32をWebサーバーとして動作させるには、「**WebServer**」というクラスを使います。基本的なプログラムの形は、リスト5.25のようになります。

リスト5.25　WebServerクラスを使うプログラムの基本形

```
#include <WiFi.h>
#include <WebServer.h>

WebServer server(80);    // 80番ポートを利用  4行目

void setup() {
  アクセスポイントに接続する処理
  そのほかの初期化処理
  server.on("アドレス1", 関数名1);   // アドレスに応じた処理を行う関数を決める  9行目
  server.on("アドレス2", 関数名2);
  ……
  server.onNotFound(NotFound時の関数名);   // 存在しないアドレスにアクセスされたときの関数を決める
  server.begin();   // Webサーバーを起動する
}

void loop() {
  server.handleClient();
  ループ内で行う処理
}
```

```
void 関数名1() {
  アドレス1にアクセスされたときに行う処理
}
……

void NotFound時の関数名() {
  存在しないアドレスにアクセスされたときに行う処理
}
```

┃ヘッダーファイルの読み込み

　まず、プログラムの先頭で「**WiFi.h**」と「**WebServer.h**」の2つのヘッダーファイルを読み込みます。また、**WebServer**クラスのグローバル変数を1つ宣言し、通信を受けるポート番号（通常は80番）を指定します。リスト5.25の例では、4行目の文で変数名を「server」にしています。

┃setup関数の作り方

　setup関数では、WiFiに接続する処理や、そのほかの初期化処理を行ったあと、**Webサーバーにアクセスがあったときの処理**を決めます。WebServerクラスの「**on**」というメンバ関数で、アクセスされたアドレスと、それに対応する関数を決めます（9行目）。アドレスは、「http://ESP32のIPアドレス/……」の最後の「/……」の部分を指定します。
　たとえば、「http://ESP32のIPアドレス/start」というアドレスにアクセスされたときに、「handleStart」という名前の関数を実行したい場合だと次のように書きます。

```
server.on("/start", handleStart);
```

　また、一般のWebサーバーだと、存在していないアドレスにアクセスされたときには、「**ページが見つかりません**」のエラー（**Not Found**）を返します。それと同じことを行うには、WebServerクラスの「**onNotFound**」というメンバ関数で、Not Foundの際に実行する関数を指定します。
　onメンバ関数やonNotFoundメンバ関数でWebサーバーの動作を決め終わったら、最後に「begin」というメンバ関数を実行して、Webサーバーを起動します。

loop関数の作り方

一方のloop関数では、WebServerクラスの「**handleClient**」というメンバ関数を実行します。handleClient関数は、Webサーバーにアクセスがあったかどうかを調べて、アクセスがあればそれに対応する関数を実行するものです。

また、通常のloop関数と同様に、定期的に繰り返して行う処理も記述します。

アクセスがあったときの処理

ESP32のWebサーバーにアクセスがあると、onメンバ関数で指定した関数が実行されます。その関数の中で、アクセスされたアドレスなどに応じた処理を行います。

結果の出力

Webサーバーは、アクセスがあったときに、それに応じてHTMLなどで出力します。それには、WebServerクラスの「**send**」というメンバ関数を使います。

sendメンバ関数は3つの引数を取ります。1つ目はHTTPのステータスコードで、処理を正常に行えたときには「200」を指定します。また、2つ目は出力の形式（**MIME タイプ**）で、表5.10の値を指定します。そして、3つ目の引数で、出力するデータを指定します。

たとえば、WebServerクラスの変数としてserverを宣言しているとして、ステータスコードが200で、「OK」という文字列（MIMEタイプは「text/plain」）を出力したい場合だと、次の文を実行します。

```
server.send(200, "text/plain", "OK");
```

表5.10　主なMIMEタイプ

出力するデータ	MIMEタイプ
テキスト	text/plain
HTML	text/html
XML	text/xml
JavaScript	text/javascript
CSS	text/css
JSON	application/json

送信されたパラメータを読み取る

Webサーバーにアクセスする際に、URLのあとに「?名前1=値1&名前2=値2……」のようにして、**パラメータ**を送信することができます。また、フォームなどのデータを、「**POST**」という方法（POSTメソッド）で送信することもあります。

このようなときに、「**arg**」というメンバ関数で、送信された値を読み取って、それに応じて処理を分けることもできます。引数として、送信された名前を指定します。また、戻り値はString型で、送信された値になります。

たとえば、WebServerクラスの変数としてserverを宣言しているとして、URLもしくはフォームから「color」という名前の値が送信されたとします。この値を得て、String型の変数colorに代入するには、次のように書きます。

```
color = server.arg("color");
```

また、ある名前の値が送信されているかどうかを調べたいこともあります。この場合は、「**hasArg**」というメンバ関数を使います。戻り値はbool型の値です。

たとえば、WebServerクラスの変数としてserverを宣言しているとして、URLもしくはフォームから「color」という名前の値が送信されたかどうかを調べて処理を分けたいとします。この場合は、リスト5.26のように書きます。

リスト5.26 「color」という名前の値が送信されたかどうかで処理を分ける

```
if (server.hasArg("color")) {
    「color」という値が送信された場合の処理
}
```

存在しないページにアクセスされた場合の処理

存在しないページにアクセスされたときには、WebServerクラスの**onNotFound**メンバ関数で指定した関数が実行されます。その関数の中では、sendメンバ関数を使って、「**404**」のステータスコードと、エラーメッセージを出力します。

たとえば、関数名を「handleNotFound」にするとします。また、この関数の中では、「**Not Found**」のエラーメッセージを出力するだけの処理をします。この場合は、関数の内容はリスト5.27のようになります。

なお、この関数の中では、ステータスコードを出力する処理だけでなく、ほかの処理を行ってもかまいません。たとえば、ステータスコードの出力に加えて、エラーを意味するLEDを点灯するようなことが考えられます。

リスト 5.27　存在しないページにアクセスされた場合の処理の例

```
void handleNotFound(void) {
  server.send(404, "text/plain", "Not Found");
}
```

WebServerクラスを使った例

　WebServerクラスを使った例として、**Webブラウザで「ド」や「レ」などのリンク
をクリックすると、スピーカーからその音が出る**ものを作ってみましょう。

　Webブラウザで「http://ESP32のIPアドレス/」にアクセスしたときに、図5.22
のようにリンクが表示されるようにします。このフォームでリンクをクリックす
ると、「http://ESP32のIPアドレス/tone?t=○」のアドレスに遷移し（○には「c」
などの音名が入る）、音が出るとともに、Webブラウザに「○の音を出しました」
のようなメッセージが出力されるようにします。

　なお、ここで取り上げるプログラムのサンプルファイルは、「part5」→「webserver」
フォルダにあります。

図5.22　「http://ESP32のIPアドレス/」にアクセスしたときの表示

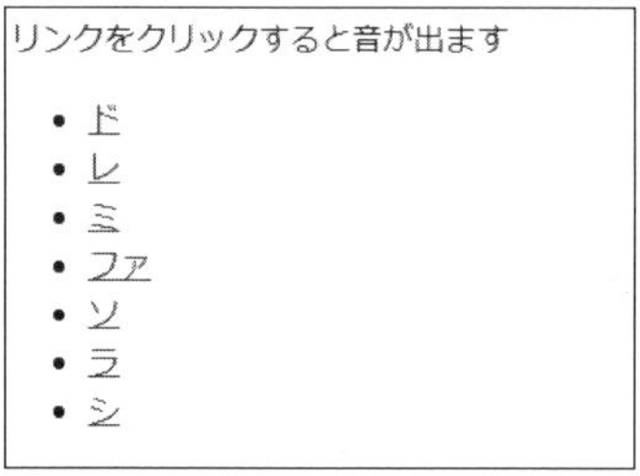

リンクをクリックすると音が出ます

- ド
- レ
- ミ
- ファ
- ソ
- ラ
- シ

■ハードウェアの接続

　まず、ESP32と**スピーカー**を接続します。接続はごくシンプルで、スピーカー
の2本のピンのうち、片方を5番ピン、もう片方をGNDに接続します（図5.23）。

図5.23　ESP32とスピーカーを接続

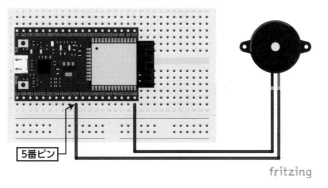

5番ピン

fritzing

■ プログラム先頭の宣言部分

今回の事例はプログラムがやや長いので、部分ごとに分けて解説します。まず、プログラム先頭の宣言部分です（リスト5.28）。

リスト5.28　宣言部分

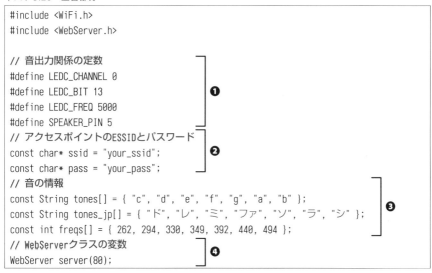

```
#include <WiFi.h>
#include <WebServer.h>

// 音出力関係の定数
#define LEDC_CHANNEL 0
#define LEDC_BIT 13            ❶
#define LEDC_FREQ 5000
#define SPEAKER_PIN 5
// アクセスポイントのESSIDとパスワード
const char* ssid = "your_ssid";    ❷
const char* pass = "your_pass";
// 音の情報
const String tones[] = { "c", "d", "e", "f", "g", "a", "b" };
const String tones_jp[] = { "ド", "レ", "ミ", "ファ", "ソ", "ラ", "シ" };    ❸
const int freqs[] = { 262, 294, 330, 349, 392, 440, 494 };
// WebServerクラスの変数       ❹
WebServer server(80);
```

❶では、音の出力に関する定数を宣言しています。「LEDC_CHANNEL」などは、PWM出力のための定数です（➡144ページ）。また、「SPEAKER_PIN」は、スピーカーを接続したピン番号を表します。

❷はアクセスポイントのESSIDとパスワードを指定する部分です。ここは、ご自分のアクセスポイントの設定に応じて書き換えます。

❸の部分は、**音に関する情報**を配列に代入しています（表5.11）。図5.22の
HTMLを出力したりする際に使います。

そして、❹では WebServer クラスのグローバル変数 server を宣言しています。

表5.11　音の情報を表す配列変数

変数名	内容
tones	「http://ESP32のIPアドレス/tone?t=○」の「○」に指定する値
tones_jp	tonesのそれぞれの値に対応する音の名前
freqs	tonesのそれぞれの値に対応する音の周波数

setup関数

setup関数の内容は、リスト5.29のようになります。

リスト5.29　setup関数

```
void setup() {
  // シリアルポートの初期化
  Serial.begin(115200);
  // アクセスポイントに接続
  WiFi.begin(ssid, pass);
  while (WiFi.status() != WL_CONNECTED) {
    delay(500);                                    ❶
  }
  // ESP32のIPアドレスを出力
  Serial.println("WiFi Connected.");
  Serial.print("IP = ");
  Serial.println(WiFi.localIP());
  // PWMの初期化
  ledcSetup(LEDC_CHANNEL, LEDC_FREQ, LEDC_BIT) ;   ❷
  ledcAttachPin(SPEAKER_PIN, LEDC_CHANNEL) ;
  // 処理するアドレスを定義
  server.on("/", handleRoot);
  server.on("/tone", handleTone);                  ❸
  server.onNotFound(handleNotFound);
  // Webサーバーを起動
  server.begin();
}
```

❶の部分は、これまでのプログラムにも出てきたものです。WiFi.begin メンバ
関数を使ってアクセスポイントに接続し、IPアドレスをシリアルモニタに出力し
ます。また、❷の部分はPWMを初期化して、音を出せる状態にしています（➡

144ページ)。

そして、❸の部分でWebサーバーの初期化を行っています。「/」「/tone」のアドレスにアクセスされたときに、それぞれhandleRoot／handleToneの関数を実行するようにしています。また、存在しないアドレスにアクセスされたときには、handleNotFound関数を実行します。

loop関数

loop関数の内容はリスト5.30の通りです。今回のプログラムでは、loop関数の中でWebサーバーへのアクセスを処理するだけなので、WebServerクラスのhandleClient関数を実行するだけになっています。

リスト5.30　loop関数

```
void loop() {
  server.handleClient();
}
```

handleRoot関数

setup関数の中で、「http://ESP32のIPアドレス/」にアクセスされたときには、handleRoot関数を実行するようにしています（リスト5.29の❸の部分の2行目）。

handleRoot関数では、String型の「html」という名前の変数を宣言し、280ページの図5.22のHTMLを組み立てて、sendメンバ関数で出力します（リスト5.31）。文字列を連結していくだけの処理なので、実際のソースコードはサンプルファイルを参照してください。

リスト5.31　handleRoot関数

```
void handleRoot() {
  String html;
  int i;

  // HTMLを組み立てる
  html = "<!DOCTYPE html>";
  …… (途中略) ……
  html += "</body>";
  html += "</html>";
  // HTMLを出力する
  server.send(200, "text/html", html);
}
```

▌handleTone関数

「http://ESP32のIPアドレス/tone?t=○」にアクセスされたときに、「○」で指定された音を出します。この関数が、このプログラムの中でもっとも重要な処理になります（リスト5.32）。

リスト5.32　handleTone関数

```
void handleTone() {
  int i, freq;
  String t_name, msg;

  // 「/tone?t=○」のパラメータが指定されているかどうかを確認
  freq = 0;
  if (server.hasArg("t")) {
    // 「○」の値に応じて、
    // 音の名前と周波数を変数t_name／freqに代入
    for (i = 0; i < 7; i++) {
      if (server.arg("t").equals(tones[i])) {        ❶
        t_name = tones_jp[i];
        freq = freqs[i];
        break;
      }
    }
  }
  // 音を出す
  ledcWriteTone(LEDC_CHANNEL, freq);
  if (freq == 0) {
    // freqが0の場合はエラーメッセージを変数msgに代入
    msg = "パラメータが正しく指定されていません";
  }
  else {                                              ❷
    // freqが0でなければ、「○の音を出しました」を変数msgに代入
    msg = t_name;
    msg += "の音を出しました";
  }
  // 変数msgの文字列を送信する
  server.send(200, "text/plain; charset=utf-8", msg);
  // 1秒間待つ
  delay(1000);                                        ❸
  // 音を止める
  ledcWriteTone(LEDC_CHANNEL, 0);
}
```

❶の部分は、「http://ESP32のIPアドレス/tone?t=○」のアドレスの「○」の値を調べて、それに対応する音の名前（「ド」など）と、音の周波数を得る処理です。

まず、変数freqに0を代入したあと、次の文でアドレスに「t=○」のパラメータが指定されているかどうかを調べます（❶の部分の3行目）。

```
if (server.hasArg("t")) {
```

「t=○」が指定されていれば、if文のブロックの中に進みます。そして、for文の繰り返しの中で、次のif文を使って、「t=○」の「○」の値と、配列変数tonesの値を1つずつ順に比較します（❶の部分の7行目）。

```
if (server.arg("t").equals(tones[i])) {
```

配列変数tonesの中に「○」の値があれば、それに対応する音名（「ド」など）と周波数を、それぞれ変数t_name／freqに代入して、繰り返しから抜けます（❶の部分の8～10行目）。

「t=○」が指定されていない場合、「if (server.hasArg("t")) {」の条件が成立しないので、if文の内部は実行されず、変数freqの値は0のままになります。また、「t=○」が指定されていても、「○」の値が配列tonesにない場合は、「if (server.arg("t").equals(tones[i])) {」のif文の内部が実行されないので、変数freqの値は0のままになります。

次に、❷の部分で音を出し、メッセージを出力します。❶の処理で変数freqに音の周波数が代入されていますので、ledcWriteTone関数で音を出します。また、音の名前は変数t_nameに代入されていますので、それをもとにして「ドの音を出しました」のようなメッセージを作り、sendメンバ関数で出力します。

ただし、❶の処理によって、「t=○」が指定されていなかったり、指定されていても「○」の値が正しくない場合は、変数freqの値は0のままになっています。この場合は、エラーメッセージを出力するようにしています。

最後の❸の部分では、音を出してから1秒間待ったあと、音を止めて処理を終えています。

Arduino と **ESP32** の違い

この節で解説したWebServerクラスは、ESP32独自のものです。

ESP32から外部のWebサーバーにアクセスする

外部のWebサーバーにアクセスして、情報を得たい場面もあります。ESP32のライブラリにはHTTP／HTTPSクライアントの機能もあり、外部のWebサーバーにアクセスすることができます。

HTTPClientライブラリでのアクセス

SSLではないWebサーバー（アドレスが「http://」から始まるもの）にアクセスするには、「**HTTPClient**」というライブラリを使います。

HTTPClientライブラリを使う準備

HTTPClientライブラリを使うには、まずWiFi接続が必要なので、プログラムの先頭で「WiFi.h」のヘッダーファイルを読み込みます。さらに「HTTPClient.h」というヘッダーファイルを読み込みます（リスト5.33）。そして、setup関数の中でWiFiのアクセスポイントに接続しておきます。

リスト5.33　ヘッダーファイルの読み込み

```
#include <WiFi.h>
#include <HTTPClient.h>
```

基本的な流れ

HTTPClientクラスを使うには、まずクラスの変数を宣言したあと、「**begin**」や「**GET**」などのいくつかのメンバ関数を使います。

次のようにプログラムを組みたいとします。この場合だと、リスト5.34のような形でプログラムを組みます。

❶ HTTPClientクラスの変数名を「http」にする
❷ 接続した際のステータスコードを、int型の変数statusに代入する
❸ 読み込んだHTMLを、String型の変数htmlに代入する

begin メンバ関数で接続先の URL を指定し、**GET** メンバ関数で接続してステータスコードを得ます。一般のメンバ関数名は小文字ですが、「**GET**」は大文字です。

ステータスコードが **HTTP_CODE_OK (200)** であれば、**正常にアクセスできた**ことを意味します。この場合は、**getString** メンバ関数で HTML を読み込み、それに応じた処理を行います。

一方、ステータスコードが 200 以外の場合は、ステータスコードに応じた処理を行います。たとえば、**ステータスコードが「404」(Not Found) の場合は、接続先のページが見つからなかった**ことを意味しますので、それに応じた処理をします。

リスト5.34　HTTPClient クラスを使う場合の基本的なプログラム

```
HTTPClient http;

if (http.begin(接続先のURL)) {
  status = http.GET();
  if (status > 0) {
    if (status == HTTP_CODE_OK) {
      String html = http.getString();
      読み込んだHTMLに対する処理
    }
    else {
      ステータスコードに応じた処理
    }
  }
  else {
    通信エラー時の処理
  }
  http.end();
}
else {
  接続エラー時の処理
}
```

SSL化されたWebサーバーへのアクセス

現在では Web サーバーを **SSL[2]化**することが推奨されています（アドレスが「https://」から始まる）。SSL 化された Web サーバーにアクセスするには、HTTPClient クラスの処理を行う前に、「**WiFiClientSecure**」というクラスを使って、SSL で接続するようにします。

2　「Secure Socket Layer」の略で、通信を暗号化することです。

ルート証明書の取得

SSLの通信では、クライアントとサーバーの間で**証明書**をやり取りして**暗号化**を行います。Webブラウザから SSL 通信する場合だと、その処理は裏で目に見えない形で行われます。しかし、ESP32 から SSL 通信する場合は、接続先の「**ルート証明書**」を手動で用意する必要があります。

ルート証明書は、Webブラウザで得ることができます。Google Chrome を使う場合だと、次の手順になります。

❶ 対象のページにアクセスします。

❷ アドレスバー左端のカギのアイコンをクリックし、ポップアップ表示された中の「証明書」をクリックします (図 5.24)。

❸ 「証明書」ダイアログボックスが開きますので、「証明のパス」タブをクリックします。

❹ 「証明のパス」の部分に証明書までの一覧が表示されます。一番上の証明書を選択して、「証明書の表示」ボタンをクリックします (図 5.25)。

❺ 次に表示されたダイアログボックスで「詳細」のタブをクリックし、その中の「ファイルにコピー」ボタンをクリックします。

❻ 「証明書のエクスポートウィザード」が起動します。最初のステップでは「次へ」ボタンをクリックします。

❼ 次のステップでは、証明書の形式として「Base 64 encoded X.509」を選び、「次へ」ボタンをクリックします (図 5.26)。

❽ 次のステップでは、証明書の保存先のファイル名を指定します。

次に、**取得したルート証明書を加工して、プログラムの文字列として扱えるように**します。手順は次の通りです。

❶ 各行の先頭に「"」を追加します。

❷ 各行の最後に「¥n" ¥」を追加します。Arduino IDE 上では、「¥」はバックスラッシュ(\)として表示されます。

❸ 最後の行の行末の「¥」を「;」に置き換えます。

❹ 先頭の行の前に、「const char* 変数名 =」の行を追加します。たとえば、変数名を「rootCA」にする場合だと、最終的にリスト 5.35 のような形にします。

リスト 5.35　証明書をプログラムの文字列として扱えるようにした場合の書き方の例

```
const char* rootCA =
"-----BEGIN CERTIFICATE-----¥n" ¥
"・・・¥n" ¥
・・・
```

```
"・・・\n" \
"-----END CERTIFICATE-----\n";
```

図5.24 「証明書」をクリック

図5.25 「証明書の表示」ボタンをクリック

図5.26 「Base 64 encoded X.509」の形式で証明書を保存する

時刻を合わせる

SSLで通信する際には、**証明書の有効期限**を判断するために、クライアント側の時刻が正しいことが必要です。そこで、時刻を正しく合わせる処理を行います。

時刻合わせは「**NTP**」(Network Time Protocol) で行います。**インターネット上にあるNTPサーバーと通信し、現在時刻の情報を取得して、それをESP32にセット**

するという流れを取ります。

　まず、プログラムに**リスト5.36**の関数を追加します。そして、setup関数の中で、WiFiの初期化が終わったあとにこの関数を実行すると、時刻を合わせることができます。

リスト5.36　時刻を合わせる関数

```
void setClock() {
  configTime(0, 0, "pool.ntp.org", "time.nist.gov");
  time_t nowSecs = time(nullptr);
  while (nowSecs < 8 * 3600 * 2) {
    delay(500);
    yield();
    nowSecs = time(nullptr);
  }
}
```

WiFiClientSecureでSSL接続を行う

　ここまでの準備を行ったあとで、**WiFiClientSecureクラス**を使ってSSL接続を行います。その基本的なプログラムの書き方は、**リスト5.37**のようになります。

　まず、WiFiClientSecureクラスのオブジェクトを生成し（1行目）、生成に成功していれば（2行目）、**setCACert**メンバ関数でルート証明書を設定します（3行目）。

　そのあとで、HTTPClientクラスでWebサーバーにアクセスします。この部分（5～25行目）は、SSL接続ではない場合（➡287ページ）とほぼ同じです。だだし、HTTPClientクラスのbeginメンバ関数を実行するときに、WiFiClientSecureクラスのオブジェクトを渡します（6行目）。

リスト5.37　WiFiClientSecureクラスを使ったSSL接続

```
WiFiClientSecure *client = new WiFiClientSecure;
if(client) {
  client->setCACert(rootCA);
  {
    HTTPClient https;
    if (https.begin(*client, "接続先のアドレス")) {
      int status = https.GET();
      if (status > 0) {
        if (status == HTTP_CODE_OK) {
          String html = https.getString();
          読み込んだHTMLに対する処理
        }
```

```
        else {
            ステータスコードに応じた処理
        }
    }
    else {
        通信エラー時の処理
    }
    https.end();
  }
  else {
    接続エラー時の処理
  }
}
delete client;
}
```

HTTP関係の各種の処理

HTTPプロトコルにはいろいろなオプションがあります。その中で特によく使うものについて、ESP32でのプログラム方法を紹介します。

■リクエストヘッダーの追加

HTTPでWebサーバーにアクセスする際に、**リクエストヘッダー**が必要になることがあります。この場合は、HTTPClientクラスの「**addHeader**」というメンバ関数を使ってリクエストヘッダーを追加し、そのあとでGETメンバ関数で通信を行います。

たとえば、HTTPClientクラスのオブジェクトを変数httpに代入したとします。この状態で、「**User-Agent**」のリクエストヘッダーに、値として「ESP32」を送信したいとします。この場合は次のように書きます。

```
http.addHeader("User-Agent", "ESP32");
```

■POSTでの送信

HTTPでサーバーに接続する際の方法として、GETのほかに「**POST**」もよく使われます。POSTは**フォームの送信**などでよく使われている方法で、Webサーバーに接続するとともにデータを送信することができます。

POSTで送信する場合は、GETメンバ関数の代わりに、HTTPClientクラスの「**POST**」というメンバ関数を使います。引数として、サーバーに送信する文字列を指

定します。また、POSTメンバ関数を呼び出す前に、前述のaddHeader関数を呼び出して、送信するデータに応じて「**Content-type**」のヘッダーを指定しておきます。

たとえば、次のような形でPOST送信を行いたいとします。

❶ HTTPClientクラスのオブジェクトを変数httpに代入している
❷ Content-typeとして、POSTで一般的に使われている「**application/x-www-form-urlencoded**」を指定する
❸ POSTで「**a=123&b=456**」というデータを送信する

この場合のPOSTメンバ関数の呼び出し方は、リスト5.38のようになります。1行目のaddHeaderメンバ関数でContent-typeのヘッダーを送信し、2行目のPOSTメンバ関数で「a=123&b=456」のデータを送信しています。

リスト5.38　POSTでデータを送信する例

```
http.addHeader("Content-type", "application/x-www-form-urlencoded");
int status = http.POST("a=123&b=456");
```

HTTPClientクラスを使った例

HTTPClientクラスを使ってWebサーバーにアクセスする例として、**Yahoo! ニュースのRSS (https://news.yahoo.co.jp/pickup/rss.xml) にアクセスして、読み込んだRSSをシリアルモニタに出力する**例を紹介します（図5.27）。

図5.27　プログラムの実行結果の例

プログラムはリスト5.39のようになります。実際に動作させるには、5行目と6行目の「your_ssid」と「your_pass」の部分を、ご自分のアクセスポイントのESSID／パスワードに置き換えます。

　やや長いプログラムですが、ここまでに述べてきた通りの手順でYahoo!ニュースのRSSにアクセスしています。HTTPClientクラスのオブジェクトを生成し（53行目）、beginメンバ関数とGETメンバ関数でhttps://news.yahoo.co.jp/pickup/rss.xmlに接続して（54行目、55行目）、得られたXMLをシリアルモニタに出力しています（59行目、60行目）。

　このプログラムのサンプルファイルは、「part5」→「https_client」フォルダにあります。

リスト5.39　Yahoo!ニュースのRSSにアクセスする

```
#include <WiFi.h>
#include <HTTPClient.h>
#include <WiFiClientSecure.h>

const char* ssid = "your_ssid";
const char* pass = "your_pass";

const char* rootCA =
"-----BEGIN CERTIFICATE-----¥n" ¥
"MIIDdzCCA1+gAwIBAgIEAgAAuTANBgkqhkiG9w0BAQUFADBaMQswCQYDVQQGEwJJ¥n" ¥
"RTESMBAGA1UEChMJQmFsdGltb3JlMRMwEQYDVQQLEwpDeWJlclRydXN0MSIwIAYD¥n" ¥
"VQQDExlCYWx0aW1vcmUgQ3liZXJUcnVzdCBSb290MB4XDTAwMDUxMjE4NDYwMFoX¥n" ¥
"DTI1MDUxMjIzNTkwMFowWjELMAkGA1UEBhMCSUUxEjAQBgNVBAoTCUJhbHRpbW9y¥n" ¥
"ZTETMBEGA1UECxMKQ3liZXJUcnVzdDEiMCAGA1UEAxMZQmFsdGltb3JlIEN5YmVy¥n" ¥
"VHJ1c3QgUm9vdDCCASIwDQYJKoZIhvcNAQEBBQADggEPADCCAQoCggEBAKMEuyKr¥n" ¥
"mD1X6CZymrV51Cni4eiVgLGw41uOKymaZN+hXe2wCQVt2yguzmKiYv60iNoS6zjr¥n" ¥
"IZ3AQSsBUnuId9Mcj8e6uYi1agnnc+gRQKfRzMpijS3ljwumUNKoUMMo6vWrJYeK¥n" ¥
"mpYcqWe4PwzV9/lSEy/CG9VwcPCPwBLKBsua4dnKM3p31vjsufFoREJIE9LAwqSu¥n" ¥
"XmD+tqYF/LTdB1kC1FkYmGP1pWPgkAx9XbIGevOF6uvUA65ehD5f/xXtabz50TZy¥n" ¥
"dc93Uk3zyZAsuT3lySNTPx8kmCFcB5kpvcY67Oduhjprl3RjM71oGDHweI12v/ye¥n" ¥
"jl0qhqdNkNwnGjkCAwEAAaNFMEMwHQYDVR00BBYEFOWdWTCCR1jMrPoIVDaGezq1¥n" ¥
"BE3wMBIGA1UdEwEB/wQIMAYBAf8CAQMwDgYDVR0PAQH/BAQDAgEGMA0GCSqGSIb3¥n" ¥
"DQEBBQUAA4IBAQCFDF205G9RaEIFoN27TyclhAO992T9Ldcw46QQF+vaKSm2eT92¥n" ¥
"9hkTI7gQCvlYpNRhcL0EYWoSihfVCr3FvDB81ukMJY2GQE/szKN+OMY3EU/t3Wgx¥n" ¥
"jkzSswF07r51XgdIGn9w/xZchMB5hbgF/X++ZRGjD8ACtPhSNzkE1akxehi/oCr0¥n" ¥
"Epn3o0WC4zxe9Z2etciefC7IpJ50CBRLbf1wbWsaY71k5h+3zvDyny67G7fyUIhz¥n" ¥
"ksLi4xaNmjICq44Y3ekQEe5+NauQrz4wlHrQMz2nZQ/1/I6eYs9HRCwBXbsdtTLS¥n" ¥
"R9I4LtD+gdwyah617zjV/OeBHRnDJELqYzmp¥n" ¥
"-----END CERTIFICATE-----¥n";
```

```
void setup() {
  // シリアルポートの初期化
  Serial.begin(115200);
  // アクセスポイントに接続
  WiFi.begin(ssid, pass);
  while (WiFi.status() != WL_CONNECTED) {
    delay(500);
  }
  // ESP32のIPアドレスを出力
  Serial.println("WiFi Connected.");
  Serial.print("IP = ");
  Serial.println(WiFi.localIP());
  // 時刻を合わせる
  setClock();

  // WiFiClientSecureクラスのオブジェクトを生成する
  WiFiClientSecure *client = new WiFiClientSecure;
  if(client) {
    // ルート証明書を設定する
    client->setCACert(rootCA);
    {
      // https://news.yahoo.co.jp/pickup/rss.xmlにアクセスする　52行目
      HTTPClient https;
      if (https.begin(*client, "https://news.yahoo.co.jp/pickup/rss.xml")) {
        int status = https.GET();
        if (status > 0) {
          if (status == HTTP_CODE_OK) {
            // 得られたXMLをシリアルモニタに出力する　58行目
            String xml = https.getString();
            Serial.print(xml);
          }
          else {
            Serial.print("HTTP Error ");
            Serial.println(status);
          }
        }
        else {
          Serial.println("Get Failed");
        }
        https.end();
      }
      else {
        Serial.print("Connect error");
      }
```

```
    }
    delete client;
  }
}

void loop() {
}

void setClock() {
  configTime(0, 0, "pool.ntp.org", "time.nist.gov");
  time_t nowSecs = time(nullptr);
  while (nowSecs < 8 * 3600 * 2) {
    delay(500);
    yield();
    nowSecs = time(nullptr);
  }
}
```

Arduino と **ESP32** の違い

この節で解説したHTTPClientクラスやWiFiClientSecureクラスは、ESP32独自のものです。

ESP32にローカルな名前で
アクセスできるようにする

ESP32をWebサーバーなどのサーバーとして動作させる際に、IPアドレスを使うのはわかりにくさがあります。そこで、「mDNS」を使って、名前でアクセスできるようにする方法を紹介します。

mDNSの基本

mDNS（Multicast DNSの略）は、LANに接続した機器に名前を付けて、その名前でアクセスできるようにする規格です。たとえば、ESP32をWebサーバーとして動作させる際に、そのESP32に「esp32」などの名前を付けて、「http://esp32.local/……」のようなアドレスでアクセスすることができるようになります。

本来のDNS（Domain Name System）だと、DNS用のサーバーが必要です。しかし、mDNSではサーバーは不要で、ネットワーク内の各機器にmDNSの設定を行う形になります。

なお、本書執筆時点では、Windows 10（April 2018 Update以降）／Mac OS／iOSがmDNSに対応しています。しかし、AndroidはmDNSには対応していません。mDNSの名前からIPアドレスを得るアプリを入れて、それで得られたIPアドレスでアクセスします。筆者が検索した限りでは、「.Local Finder」というアプリがありました。

ESP32をmDNSに対応させる

ESP32をmDNSに対応させて、名前で接続できるようにするには、次の手順を取ります。

▌ESPmDNS.hヘッダーファイルを読み込む

まず、プログラムの先頭の方に、次の#include文を追加して、ESPmDNS.hファイルを読み込みます。

```
#include <ESPmDNS.h>
```

setup関数内でmDNSを初期化する

次に、setup関数内で、WiFiの初期化の処理のあとにリスト5.40の部分を追加
して、**mDNSの初期化の処理**を追加します。「名前」の部分には、ESP32に付けた
い名前を指定します。

リスト5.40　mDNSの初期化
```
if (!MDNS.begin("名前")) {
  mDNSの初期化に失敗したときの処理
}
```

サービス名／プロトコル／ポート番号を登録

次に、MDNSクラスの「**addService**」というメンバ関数を使って、mDNSで受
け付けるサービスの名前／プロトコル／ポート番号を登録します。

たとえば、ESP32をWebサーバーにする場合、次の文を実行して、サービス名
として「http」、プロトコルとして「tcp」、ポート番号として80を指定します。

```
MDNS.addService("http", "tcp", 80);
```

mDNS対応の各種ソフトの中には、addServiceメンバ関数で指定した情報を受
信して、その情報を表示したりするものもあります。

mDNSを使った例

Webサーバーを使った例（➡280ページ）を、**mDNSに対応**させてみました。
setup関数にmDNSの初期化の処理を追加し、「esp32」という名前を付けるように
しただけで（リスト5.41の9～13行目の網掛け部分）、そのほかの部分はそのまま
です。

サンプルファイルは「part5」→「mdns」フォルダにあります。

リスト5.41　setup関数にmDNSの初期化の処理を追加

```
void setup() {
  // シリアルポートの初期化
  Serial.begin(115200);
  // アクセスポイントに接続
  WiFi.begin(ssid, pass);
  while (WiFi.status() != WL_CONNECTED) {
    delay(500);
  }
  // mDNSの設定  9行目
  if (!MDNS.begin("esp32")) {
    Serial.println("mDNS failed.");
    while(1);
  }
  MDNS.addService("http", "tcp", 80);
  // ESP32のIPアドレスを出力
  Serial.println("WiFi Connected.");
  Serial.print("IP = ");
  Serial.println(WiFi.localIP());
  // PWMの初期化
  ledcSetup(LEDC_CHANNEL, LEDC_FREQ, LEDC_BIT) ;
  ledcAttachPin(SPEAKER_PIN, LEDC_CHANNEL) ;
  // 処理するアドレスを定義
  server.on("/", handleRoot);
  server.on("/tone", handleTone);
  server.onNotFound(handleNotFound);
  // Webサーバーを起動
  server.begin();
}
```

Arduino と **ESP32** の違い

この節で解説したMDNSクラスは、ESP32独自のものです。

WiFiでESP32にプログラムを 書き込む(OTA)

ESP32には「OTA」という機能があり、WiFiを使ってプログラムを書き込むことができます。この節ではOTAについて解説します。

OTAの基本

これまでは、ESP32にプログラムを書き込む際にはUSBケーブルでパソコンに接続していました。パソコンと離れた場所にあるESP32にプログラムを書き込もうとすると、その都度パソコンのそばまで持ってきてUSBケーブルで接続することになり、あまり便利とはいえません。

このようなときに「OTA」を使うと便利です。「OTA」は「**Over The Air**」の略で、**WiFiを使ってプログラムを書き込むことができる仕組み**です。OTA対応用のベースとなるプログラムが提供されていて、そこに自分のプログラムを追加する形で、ESP32をOTA対応にすることができます。

OTA対応の手順

ESP32をOTA対応にするには、次の手順を取ります。

OTA対応のベースのプログラムを読み込む

OTA対応のプログラムを作るには、まずArduino IDEでOTAのベースとなるプログラムを読み込みます。「ツール」→「ボード」メニューで「ESP32 Dev Module」を選んだ状態で、「ファイル」→「スケッチ例」→「ArduinoOTA」→「BasicOTA」のメニューを選ぶと、ベースのプログラムを開くことができます。

WiFiの接続方法を決める

BasicOTAプログラムは、ESSID/パスワードを指定して、単一のアクセスポイントに接続する形になっています。

BasicOTAプログラムの先頭の方に、リスト5.42の部分があります。この部分を書き換えて、お手持ちのアクセスポイントのESSIDとパスワードを設定します。

リスト5.42　ESSIDとパスワードを設定する部分

```
const char* ssid = "..........";
const char* password = "..........";
```

また、WiFiMultiやSmartConfigで接続したい場合は、270ページを参照して、setup関数のWiFi接続の部分（リスト5.43）を書き換えます。

リスト5.43　setup関数内のWiFi接続の部分

```
WiFi.mode(WIFI_STA);
WiFi.begin(ssid, password);
while (WiFi.waitForConnectResult() != WL_CONNECTED) {
  Serial.println("Connection Failed! Rebooting...");
  delay(5000);
  ESP.restart();
}
```

■自分のプログラムの処理を追加

あとは、BasicOTAプログラムに、自分のプログラムで行いたい処理を追加していきます。

初期化の処理は、setup関数の最後に追加します。また、繰り返し行いたい処理は、loop関数の「ArduinoOTA.handle();」の行のあとに追加します。

■プログラムを書き込む

ESP32にOTA対応ではないプログラムが書き込まれている場合は、通常通りパソコンとUSBケーブルを接続した状態でプログラムを書き込みます。

また、OTA対応のプログラムを書き込んだあとでは、Arduino IDEで「ツール」→「シリアルポート」メニューの下の「ネットワークポート」の部分で、接続先のESP32のポートを選んでからプログラムを書き込みます（図5.28）。

なお、Windowsの場合、OTAで初めて書き込もうとしたときに、ファイアウォールの警告メッセージが表示される場合があります（図5.29）。その場合は、「アクセスを許可する」のボタンをクリックします。

図5.28　Arduino IDEで「ツール」→「シリアルポート」メニューの下の「ネットワークポート」に
　　　　ESP32のポートが追加されている

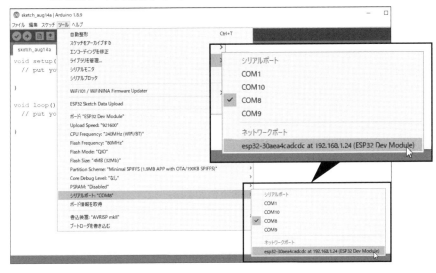

図5.29　ファイアウォールの警告メッセージ

　ただし、**SPIFFS**（➡263ページ）と共存させる場合は注意が必要です。OTAで
は、**OTA用のプログラムを格納するために、FlashメモリにOTAの領域を空けてお
く必要があります。**

　Arduino IDEの「ツール」→「Partition Scheme」のメニューでFlashメモリの割
り当てを選ぶ際に、「No OTA」が含まれている割り当て方法を選ぶと、OTA用
の領域が取られません。その状態になっているときにOTAでプログラムを書き
込もうとすると、エラーが発生します。

OTA対応プログラムのサンプル

OTA対応プログラムのサンプルとして、第1章で紹介した「**Lチカ**」を**OTA**に**対応**させてみました。サンプルファイルは、「part5」→「ota」フォルダにあります。

BasicOTAプログラムをもとに、setup関数には5番ピンを初期化する処理を追加し（リスト5.44）、loop関数にLチカの処理を追加しています（リスト5.45）。

リスト5.44　setup関数

```
void setup() {
  Serial.begin(115200);
  Serial.println("Booting");
  …… (BasicOTAプログラムのsetup関数のまま) ……
  Serial.println("Ready");
  Serial.print("IP address: ");
  Serial.println(WiFi.localIP());

  pinMode(5, OUTPUT);          // 5番ピンを出力用にする
  Serial.println("Ready");     // シリアルモニタに「Ready」という文字を送信する
}
```

リスト5.45　loop関数

```
void loop() {
  ArduinoOTA.handle();         // OTA対応

  digitalWrite(5, HIGH);       // 5番ピンをオンにする
  Serial.println("LED ON");    // シリアルモニタに「LED ON」という文字を送信する
  delay(1000);                 // 1秒間待つ
  digitalWrite(5, LOW);        // 5番ピンをオフにする
  Serial.println("LED OFF");   // シリアルモニタに「LED OFF」という文字を送信する
  delay(1000);                 // 1秒間待つ
}
```

Arduino と **ESP32** の違い

この節で解説したOTAの機能は、ESP32独自のものです。

Bluetoothシリアルで通信する

ESP32にはBluetoothの機能もあります。Bluetoothの扱い方の中で、もっとも簡単な「Bluetoothシリアル」を紹介します。

Bluetoothシリアルについて

Bluetoothは無線通信規格の1つで、2.4GHz帯の電波を使って通信します。キーボード／マウス／スピーカーなど、Bluetoothで接続する機器は多数出回っています。

また、現在では「BLE」も広がっています。BLEは「Bluetooth Low Energy」の略で、従来のBluetoothと比べて省電力な規格です。

ESP32は、BluetoothやBLEに対応していて、Bluetooth／BLEで通信するようなものを作ることができます。ただ、Bluetooth／BLEは、仕組みが比較的複雑で、プログラミングも難易度が高めです。

しかし、その中で簡単にプログラミングできる仕組みとして、「Bluetoothシリアル」のライブラリがあります。ESP32のライブラリに標準で入っているもので、Bluetoothを使ってシリアル接続することができます。

「シリアル通信を行う」の節（➡220ページ）と同じような仕組みで、データの送受信を行うことができます。

▌Bluetoothシリアルの注意事項

iPhoneやiPadにはBluetoothの機能がありますが、ESP32のBluetoothシリアルとは通信することができません。通信相手としては、パソコン（WindowsやMacなど）かAndroidを使うようにします。

Bluetoothシリアルライブラリの使い方

Bluetoothシリアルライブラリは、次の手順で使うことができます。

ヘッダーファイルの読み込み

まず、プログラムの先頭に次の #include 文を入れて、Bluetooth シリアルのライブラリを使える状態にします。

```
#include <BluetoothSerial.h>
```

Bluetooth シリアルの初期化

次に、**BluetoothSerial クラス**のグローバル変数を宣言したあと、setup 関数内で **begin メンバ関数**を実行して、**Bluetooth シリアルを初期化**します。begin メンバ関数では、引数として Bluetooth シリアルに付ける名前を指定します。

たとえば、変数名を「SerialBT」にするとします。また、Bluetooth シリアルの名前を「ESP32」にするとします。この場合だと、リスト 5.46 のような形を取ります。

リスト 5.46　Bluetooth シリアルの初期化
```
BluetoothSerial SerialBT;

void setup() {
  SerialBT.begin("ESP32");  // Bluetoothシリアルの初期化
  そのほかの初期化
}
```

データを送信する

BluetoothSerial クラスでは、Serial クラスと同様に、**print** などのメンバ関数を使ってデータを送信することができます。

たとえば、リスト 5.46 のように「SerialBT」という変数を宣言している場合、次の文を実行すると、Bluetooth シリアルを通して「Hello」という文字列を送信することができます。

```
SerialBT.print("Hello");
```

データを受信する

データを受信する場合も、Serial クラスと同様に、**available** や **read** などのメンバ関数を使います。

たとえば、リスト 5.46 のように「SerialBT」という変数を宣言している場合、available メンバ関数と read メンバ関数を組み合わせて、リスト 5.47 のようなプロ

グラムを組むと、Bluetoothシリアルから読み込んだデータを順に処理することができます。

リスト5.47　Bluetoothシリアルから読み込んだデータを順に処理する

```
if (SerialBT.available()) {
  char ch = SerialBT.read();
  読み込んだデータに対する処理
}
```

パソコンなどとの接続

ESP32側でBluetoothシリアルを使うプログラムができたら、パソコンなどと接続して、データを送受信できるようにします。

ペアリングする

まず、一般のBluetooth機器と同様に、**ESP32とパソコンなどとをペアリング**します。パソコンなどでBluetoothの設定を行う状態にすると、ペアリング可能な機器の一覧の中に、beginメンバ関数で**ESP32に付けた名前**（➡ 304ページ）が出てきますので、それとペアリングします。

たとえば、リスト5.46のように「ESP32」という名前を付けたとすると、ペアリング可能な機器の中に「ESP32」が出てきます。そこで、「ESP32」とペアリングする操作をします。

仮想シリアルポートで通信する

パソコンなどとESP32をペアリングすると、パソコンなどに**仮想のシリアルポート**が追加されます。そのシリアルポートを通して、ESP32と通信することができます。

パソコンやAndroidなどで専用のシリアル通信プログラムを作れば、それとESP32との間でシリアル通信することができます。

また、とりあえず通信を試してみるなら、**ターミナル**のソフトを使うとよいでしょう。OSの種類によって、次のような手順になります。

▼ **❶Windowsの場合**

まず、「**Tera Term**」というターミナルソフトをインストールします。次のアドレスからダウンロードすることができます。

https://forest.watch.impress.co.jp/library/software/utf8teraterm/

Tera Termを起動すると、最初に接続先を選ぶ画面が開きます。「**シリアル**」をオンにし、その右の「**ポート**」の欄で**Bluetooth**の**シリアルポートを選びます**（図5.30）。

接続したあとは、ESP32から文字が送信されてくれば、それがTera Termに表示されます。一方、Tera Termにキーボードで文字を入力すると、それがESP32に送信されます。

図5.30　Bluetoothのシリアルポートを選ぶ

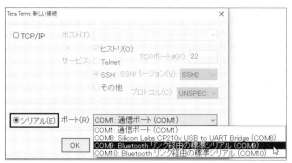

❷ Macの場合

Macでは、ターミナルを起動して、次のように「**screen**」というコマンドを実行します。「名前」のところには、beginメンバ関数で付けた名前（➡304ページ）を指定します。

```
screen /dev/tty.名前-ESP32SPP
```

たとえば、beginメンバ関数で「ESP32」という名前を付けた場合だと、次のコマンドを実行します。

```
screen /dev/tty.ESP32-ESP32SPP
```

これ以後、ターミナルに文字を入力すると、それがESP32に送信されます。一方、ESP32から文字が送信されてくると、ターミナルに表示されます。

❸ Androidの場合

Androidでは、Google Playから「**Serial Bluetooth Terminal**」というアプリを

インストールします。

https://play.google.com/store/apps/details?id=de.kai_morich.serial_bluetooth_terminal&hl=ja

Serial Bluetooth Terminalを起動して、画面左上のハンバーガーメニューをタップし、その中の「Devices」をタップします。すると、ペアリングしたESP32の名前が出てきますので、それをタップします
（図5.31）。

接続したあとは、ESP32から文字が送信されてくれば、それがSerial Bluetooth Terminalに表示されます。一方、Serial Bluetooth Terminalの下端の欄に文字を入力すると、それがESP32に送信されます。

図5.31　Serial Bluetooth Terminal からESP32に接続する

Bluetoothシリアルを使った例

Bluetoothシリアルを使った簡単な例として、**ESP32に接続したLEDをBluetoothで点灯／消灯する**ものを作ってみます。

Bluetoothシリアルから「1」の文字を受信したら、LEDを点灯するようにします。一方、「0」の文字を受信したら、LEDを消灯します。

49ページの図と同様に、ESP32の5番ピンにLEDを接続します。そして、リスト5.48のプログラムを書き込みます。

リスト5.48　BluetoothでLEDを点灯／消灯する

```
#include <BluetoothSerial.h>

#define LED_PIN 5

BluetoothSerial SerialBT;

void setup() {
  SerialBT.begin("ESP32LED");      // Bluetoothシリアルに「ESP32LED」という名前を付けて初期化
  Serial.begin(115200);            // シリアルモニタの初期化
  pinMode(LED_PIN, OUTPUT);        // LED用のピンの初期化
}

void loop() {
  if (SerialBT.available()) {      // Bluetoothシリアルに受信したかどうかを調べる　14行目
    char ch = SerialBT.read();     // 受信した文字を得る　15行目
    Serial.println(ch);            // 受信した文字をシリアルモニタに出力
    if (ch == '1') {               // 受信した文字が「1」の場合　17行目
      digitalWrite(LED_PIN, HIGH); // LEDを点灯する　18行目
    }
    else if (ch == '0') {          // 受信した文字が「0」の場合　20行目
      digitalWrite(LED_PIN, LOW);  // LEDを消灯する　21行目
    }
  }
}
```

　loop関数で、**LEDの点灯／消灯を切り替える**処理を行います。まず、Bluetooth
シリアルにデータを受信しているかどうかを調べ（14行目）、受信していればその
文字を変数chに読み込みます（15行目）。そして、chの値が「1」ならLEDを点灯
し（17～18行目）、「0」なら消灯します（20～21行目）。

　このプログラムをESP32に書き込んだあと、パソコンなどとESP32をペアリン
グして、ターミナルソフトで「1」の文字を入力すると、LEDが点灯します。一方、
「0」の文字を入力すると、LEDが消灯します。

　なお、リスト5.48のサンプルファイルは、「part5」→「bluetooth」フォルダにあ
ります。

Arduino と **ESP32** の違い

この節で解説したBluetoothSerialクラスは、ESP32独自のものです。
なお、Arduino用のBluetooth→シリアル変換モジュールが販売されています。それを
使うと、ESP32と似た仕組みで、ArduinoでもBluetoothシリアルを使うことができます。

データの蓄積に便利な「Ambient」

「センサーから何らかのデータを収集して、インターネット上のサーバーに記録する」というタイプの電子工作は、非常によくあるパターンで、IoT (Internet of Things) の王道といえます。

このようなものを作るには、データを保存するためのサーバーを用意し、それとESP32などとを連携させる、という手順になります。次章では、実際にその基本的な例を取り上げます。

ただ、開発の初期段階で、自分でサーバーを用意したり、サーバー側のプログラムを書いたりするのは手間がかかります。より簡単にデータを記録する仕組みが欲しいところです。

このようなときに便利なサービスとして、「Ambient」があります（図5.32）。ESP32用のAmbientライブラリが公開されていて、比較的簡単なプログラムでAmbientのサーバーにデータを送信することができます。また、Ambient上でデータをグラフ化して表示することもできます。

Ambientのアドレスは次の通りです。

https://ambidata.io/

図5.32　Ambientのサイト

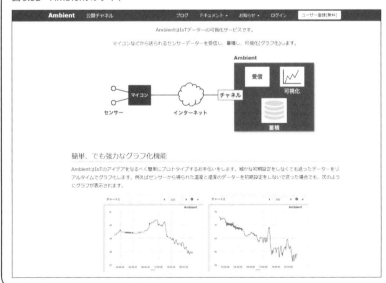

第**6**章

プログラム制作事例

ここまでESP32やArduinoのプログラミングを学んできましたが、最後の第6章では、これまでに解説してきたことを組み合わせて、実際に動くものを作ってみます。事例として、GPSの情報を記録する「GPSロガー」、ラジコン的に操縦することができる「ラジコンカー」、そして気温や湿度などの環境情報を表示することができる「環境計」を作ります。

GPSロガーを作る

ESP32やArduinoを使って、定期的にデータを記録するものを作ることは多いです。その1つの例として、「GPSロガー」を作ってみます。

GPSロガーの概要

「**ロガー**」（Logger）とは、「**何らかの情報を継続的に記録する装置**」のことです。ESP32やArduinoにはさまざまなセンサーを接続することができ、またSDカードモジュールに情報を保存することができますので、そのセンサーの情報を記録するようなロガーを作ることができます。その例として、**GPSの情報を記録するロガー**を作ります（図6.1）。

GPS（Global Positioning System、全地球測位システム） は、スマートフォンに内蔵されていて、Googleマップなどと組み合わせて位置を知るのに使われています。ESP32やArduinoと組み合わせるGPSのモジュールも、いろいろと販売されています。そこから定期的に位置情報を取得して、SDカードに記録していくものを作ります。

マイコンはESP32を使います。また、受信した情報は、小型の「OLEDディスプレイ」に表示して、その場で確認できるようにします。

図6.1　GPSロガー

GPSロガー作成に必要なもの

GPSロガーを作るには、ESP32／SDカードモジュールのほかに、次のものを組み合わせます。

GPSモジュール

まず、**GPSモジュール**が必要です。今回は、秋月電子通商で販売されている「**GPS 受信機キット**」(http://akizukidenshi.com/catalog/g/gK-09991/) を使いました (図 6.2)。

図6.2　GPS受信機キット

このキットは、GPSから緯度・経度などの情報を受信し、「**NMEA 0183**[1]」という規格に沿った文字列にしてシリアルで送信するものです。その文字列を解析することで、緯度などの情報を取り出すことができます。

ただし、電池ホルダーとピンがはんだ付けされておらず、自分ではんだ付けする必要があります。また、電源を入れたあと、数十分程度屋外に置いて、GPSの衛星を認識させることが必要です。いったん認識すれば、屋内でもGPSに接続します。

1　NMEAは米国海洋電子機器協会 (National Marine Electronics Association) の略。NMEA 0183はNMEAが定めた規格で、GPSの情報の表し方を定めています。

6

プログラム制作事例

▌OLEDディスプレイ

GPSの情報をSDカードに記録するとともに、ディスプレイにも表示するようにします。第5章でキャラクタ液晶ディスプレイを紹介しましたが、これだと表示できる情報量が少なく、GPSのさまざまな情報を表示するには不十分です。そこで、コンパクトでありながら、より解像度が高いディスプレイを使います。

今回は、0.96インチの「OLED²ディスプレイ」を使うことにしました。ESP32やArduinoで使えるOLEDディスプレイとしては、サイズが0.96インチか1.3インチで、解像度が128×64ピクセルのものをよく見かけます。また、接続方式としては、SPIのものとI2Cのものがあります。その中で、0.96インチ／I2C接続のものを使うことにしました（図6.3）。

図6.3　0.96インチ／I2C接続のOLEDディスプレイ

▌スライドスイッチ

GPSの情報を記録するかどうかを、スライドスイッチで切り替えられるようにします。3ピンで、ブレッドボードに刺せるものを使います。

GPSのライブラリ「TinyGPS++」

GPSの情報を扱う際には、何らかのライブラリを使うと簡単です。いくつかのライブラリがありますが、その中で特に有名な「TinyGPS++」というライブラリを使います。

2　OLEDは、日本では一般に「有機EL」と呼ばれているもので、ディスプレイの表示方式の一種です。

TinyGPS++のインストール

TinyGPS++は、インターネットからダウンロードして、Arduino IDEのライブラリのフォルダに展開する形でインストールします。本書執筆時点の最新版はバージョン1.0.2で、次のページからダウンロードすることができます。

https://github.com/mikalhart/TinyGPSPlus/releases/tag/v1.0.2

ダウンロードしたファイルを解凍すると、「TinyGPSPlus-1.0.2」というフォルダができます。このフォルダを、次の通りArduino IDEのライブラリのフォルダの中にコピーします。

- **Windowsの場合**
  「ドキュメント」→「Arduino」→「libraries」フォルダ
- **Macの場合**
  「書類」→「Arduino」→「libraries」フォルダ

TinyGPS++の基本的な使い方

TinyGPS++を使うには、まず「TinyGPS++.h」のヘッダーファイルを読み込み、「TinyGPSPlus」クラスのグローバル変数を宣言します。変数名を「gps」にする場合だと、プログラムの先頭にリスト6.1を入れます。

リスト6.1 ヘッダーファイルの読み込みとグローバル変数の宣言

```
#include <TinyGPS++.h>
TinyGPSPlus gps;
```

そして、GPSの情報を読み出したい箇所に、リスト6.2を入れます。「シリアル」の箇所には、GPSモジュールを接続したシリアルの変数を指定します。また、「変数名」のところには、TinyGPSPlusクラスのグローバル変数の名前を指定します。

リスト6.2 GPSの情報の読み出し

```
while (シリアル.available() > 0) {
  if (変数名.encode(シリアル.read())) {
    GPSの情報を読み出す処理
  }
}
```

リスト6.2の「**GPSの情報を読み出す処理**」の部分では、TinyGPSPlusクラスのメンバ関数を使って、GPSの情報を得ることができます (表6.1)。

ただし、現在の時刻はグリニッジ標準時[3]になります。日本の時刻にするには、得られた時刻に9時間を足す必要があります。

表6.1　GPSの情報を得るメンバ関数

関数名	得られる情報
location.lat( )	緯度
location.lng( )	経度
altitude.meters( )	標高 (メートル単位)
speed.kmph( )	移動速度 (時速)
date.year( )	現在の年
date.month( )	現在の月
date.day( )	現在の日
time.hour( )	現在の時
time.minute( )	現在の分
time.second( )	現在の秒

OLEDディスプレイのライブラリ

OLEDディスプレイに文字や図形を表示するには、ライブラリが必要です。いくつかのライブラリがありますが、ESP32に対応した「**ESP8266 and ESP32 OLED driver for SSD1306 displays**」というライブラリを使います。

ライブラリのインストール

OLEDディスプレイ用のライブラリは、Arduino IDEのライブラリマネージャでインストールすることができます (→179ページ)。「スケッチ」→「ライブラリをインクルード」→「ライブラリを管理」メニューを選び、キーワードとして「OLED ESP32」と入力すれば検索することができます。

基本的な使い方

0.96インチ／I2C接続のOLEDディスプレイを制御するには、まず「SSD1306Wire.h」のヘッダーファイルを読み込み、「**SSD1306Wire**」クラスのグローバル変数を

3　イギリスのグリニッジ天文台での時刻のことです。英語で書くと「Greenwich Mean Time」で、「GMT」と略します。日本とは9時間の差があります。

宣言します。その際に、コンストラクタの引数として、**I2Cのアドレス/SDAのピン番号/SCLのピン番号**を指定します（➡201ページ）。ESP32で使う場合、これらの引数には、通常はそれぞれ0x3c／21／22を指定します。

たとえば、変数名を「display」にする場合だと、プログラムの先頭にリスト6.3を入れます。

リスト6.3　ヘッダーファイルの読み込みとグローバル変数の宣言

```
#include <SSD1306Wire.h>
SSD1306Wire display(0x3c, 21, 22);
```

また、setup関数の中で「init」というメンバ関数を実行して、OLEDディスプレイを初期化します。

描画を行うメンバ関数

SSD1306Wireクラスには、描画関係のメンバ関数が多数あります。

まず「clear」というメンバ関数を実行し、そのあとに、318ページの表6.2の関数を組み合わせて表示する内容を決めます。そして、最後に「display」というメンバ関数を実行します。display関数を実行しないと表示されないので注意が必要です。

たとえば、次のような状況だとします。

❶ SSD1306Wireクラスのグローバル変数に「display」という名前を付けたとします。
❷ 画面の左上から右下に線を引きます。
❸ 画面の右上から左下に線を引きます。

この場合、リスト6.4のようなプログラムを実行します。

リスト6.4　描画の例

```
display.clear();
display.drawLine(0, 0, 127, 63);
display.drawLine(127, 0, 0, 63);
display.display();
```

表6.2　描画関係のメンバ関数（主なもの）

関数名	描画される内容
setPixel(X座標, Y座標)	点
drawLine(X座標1, Y座標1, X座標2, Y座標2)	線
drawRect(X座標, Y座標, 幅, 高さ)	四角形（枠のみ）
fillRect(X座標, Y座標, 幅, 高さ)	四角形（塗りつぶし）
drawCircle(X座標, Y座標, 半径)	円（枠のみ）
fillCircle(X座標, Y座標, 半径)	円（塗りつぶし）
drawString(X座標, Y座標, 文字列)	文字列
setFont(フォント名)	フォントの設定
setTextAlignment(方向)	文字の揃え方の設定

ハードウェアの接続

　それでは、実際にGPSロガーを作っていきましょう。まず、ハードウェアを図6.4のように接続します。接続する箇所が多いので、順を追って解説します。

図6.4　ハードウェアの接続

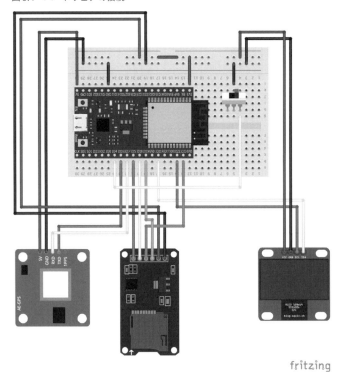

fritzing

3.3V／GNDの接続

　電源（3.3VとGND）は複数のハードウェアで使いますので、ブレッドボードの電源のライン（赤と黒）に出しておきます。それぞれのハードウェアの電源は、ブレッドボードの電源のラインから取ります。

GPSモジュールの接続

　GPSモジュールのピンは、表6.3のように接続します。「1PPS」のピンは使いません。なお、このGPSモジュールは、**電源電圧の範囲が3.8～12V**となっていますので、**3.3Vではなく5Vのピンから電源を取ります。**

表6.3　GPSモジュールとESP32との接続

GPSモジュール	ESP32
5V	5V
GND	GND（ブレッドボードのGNDのライン）
TXD	16
RXD	17

OLEDディスプレイの接続

　OLEDディスプレイはI2Cで接続します。表6.4の4つのピンを使います。

表6.4　OLEDディスプレイとESP32との接続

OLEDディスプレイ	ESP32
VCC	3.3V（ブレッドボードの3.3Vのライン）
GND	GND（ブレッドボードのGNDのライン）
SDA	21
SCL	22

SDカードモジュールの接続

　SDカードモジュールは、**SPI**で接続します（➡252ページ）。ここでは、CSの信号を5番ピンから取ることにします（表6.5）。

表6.5　SDカードモジュールとESP32との接続

SDカードモジュール	ESP32
VCC	3.3V（ブレッドボードの3.3Vのライン）
GND	GND（ブレッドボードのGNDのライン）
MOSI（またはDI）	23
MISO（またはDO）	19
CLK（またはSCK）	18
CS	5

スライドスイッチの接続

　最後に、スライドスイッチを接続します。3本のピンのうち、片方の端を4番ピンに接続し、中央のピンをGNDに接続します。もう片方の端には何も接続しません。これで、4番ピンに接続した方の端にスイッチをスライドすると、スイッチをオンにした状態になります。

プログラムを作る

　ハードウェアの接続ができたら、プログラムを作っていきます。長いプログラムなので、部分ごとに分けて解説します。なお、サンプルファイルは「part6」→「gps_logger」フォルダにあります。

OLEDディスプレイライブラリの拡張

　今回作る事例では、数値を画面に出力する処理や、縦横に点線を引く処理を行います。ただ、SSD1306Wireクラスには、これらの処理を行うメンバ関数がありません。

　そこで、SSD1306Wireクラスを継承して、「**SSD1306_EX**」というクラスを作り、上記の処理を行うメンバ関数を追加しました（表6.6）。サンプルファイルのフォルダの中の「ssd1306_extend.h」と「ssd1306_extend.cpp」で、継承を行っています。

　また、等幅のフォントで文字を表示するために、フォントのデータも追加しています。そのファイルは、サンプルファイルのフォルダの「**monospace_font.h**」です。

表6.6　SSD1306_EXクラスで追加したメンバ関数

関数名	描画される内容
drawDouble(X座標, Y座標, double型の値, 全桁数, 小数点以下桁数)	double型の値
drawInt(X座標, Y座標, int型の値, 書式指定文字列)	int型の値を書式指定文字列で書式付けした文字列
drawDotHLine(X座標, Y座標, 幅)	横の点線
drawDotVLine(X座標, Y座標, 高さ)	縦の点線

先頭部分（ヘッダーファイルの読み込みなど）

　まず、プログラムの先頭部分（ヘッダーファイルの読み込みやグローバル変数の宣言など）はリスト6.5の通りです。

リスト6.5　プログラムの先頭部分

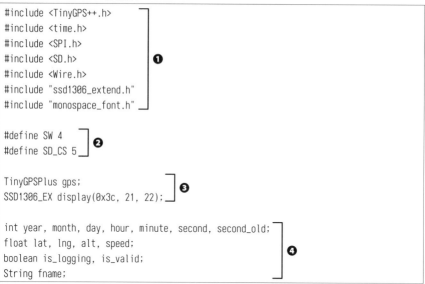

```
#include <TinyGPS++.h>
#include <time.h>
#include <SPI.h>
#include <SD.h>                          ❶
#include <Wire.h>
#include "ssd1306_extend.h"
#include "monospace_font.h"


#define SW 4            ❷
#define SD_CS 5


TinyGPSPlus gps;                         ❸
SSD1306_EX display(0x3c, 21, 22);


int year, month, day, hour, minute, second, second_old;
float lat, lng, alt, speed;              ❹
boolean is_logging, is_valid;
String fname;
```

▼ ❶ ヘッダーファイルの読み込み

　❶の部分では、このプログラムに必要なヘッダーファイルを読み込んでいます。TinyGPS++.hはGPS、SPI.hとSD.hはSDカードモジュール、そして、Wire.h／ssd1306_extend.h／monospace_font.hはOLEDディスプレイ関係のライブラリです。

　また、time.hは**日付・時刻関係の標準ライブラリ**です。GPSの時刻はグリニッジ標準時で表されるので、それを日本時間に変換する際に使います。

❷では、「SW」と「SD_CS」の定数を定義しています。SWはスイッチのピン番号を表し、SD_CSはSDカードモジュールのCSのピン番号を表します。

▼ ❸ GPS／OLEDディスプレイ用のグローバル変数の宣言

❸の部分では、GPSとOLEDディスプレイを扱うために、グローバル変数を宣言しています。それぞれの名前をgps／displayにしています。また、変数displayを宣言する際には、コンストラクタに引数（I2Cのアドレス／SDAのピン番号／SCLのピン番号）も渡しています。

▼ ❹ グローバル変数の宣言

今回のプログラムでは、loop関数内で行う処理が多く、それをloop関数の中にすべて書くとloop関数が非常に長くなります。そのため、loop関数を複数の部分に分けます。

そこで、それらの関数の中で使う変数を、❹の部分でグローバル変数として宣言し、各関数からアクセスできるようにします。各変数の内容は、表6.7の通りです。

表6.7　グローバル変数の内容

変数	内容
year／month／day	現在の日付
hour／minute／second	現在の時刻
second_old	前回にGPSの情報を受信したときの秒
lat／lng	緯度／経度
alt	標高
speed	移動速度
is_logging	ログ記録中かどうかを表す
is_valid	緯度／経度が有効な値かどうかを表す
fname	ログのファイル名

setup関数

setup関数では各種の初期化を行います（リスト6.6）。

```
void setup() {
  // シリアルの初期化
  Serial.begin(115200);       ❶
  Serial2.begin(9600);
  // スイッチのピンを入力用にする ❷
  pinMode(SW, INPUT_PULLUP);
  // OLEDディスプレイの初期化
  display.init();
  display.flipScreenVertically();
  display.setFont(Monospaced_plain_8);  ❸
  display.setTextAlignment(TEXT_ALIGN_LEFT);
  display.drawString(0, 0, "Hello");
  display.display();
  // SDカードモジュールの初期化
  if (SD.begin(SD_CS)) {
    Serial.println("SD OK");
  }
  else {                             ❹
    display.drawString(0, 0, "SD Error");
    display.display();
    while(1);
  }
  // グローバル変数の初期化
  second_old = -1;
  is_logging = false;        ❺
  fname = "";
}
```

6

プログラム制作事例

▼ ❶ シリアルの初期化

　まず、シリアルの初期化を行います。Serialはシリアルモニタ用で、Serial2は GPS用です。**GPSモジュールは通常は9600bpsで通信する**ようになっていますので、9600bpsに初期化しています。

▼ ❷ ピンの初期化

　❷の部分では、スライドスイッチを接続したピン（5番ピン）を入力用に設定し、また内蔵のプルアップ抵抗を有効にします。

▼ ❸ OLEDディスプレイの初期化

　❸では、**OLEDディスプレイを初期化**しています。initメンバ関数で初期化したあと、フォントや揃え方を指定し、画面の左上に「Hello」と表示します。

なお、「flipScreenVertically」は、画面の表示を180度回転するメンバ関数です。このメンバ関数を実行すると、ピンの側が画面の上になります。

▼ ❹ SDカードモジュールの初期化

❹の部分では、**SDカードモジュールを初期化**します。初期化に失敗した場合は、ログの記録ができないので、OLEDディスプレイの左上に「SD Error」と表示して無限ループに入るようにしています。

▼ ❺ グローバル変数の初期化

❺の部分では、グローバル変数のうち、プログラム実行開始時点で値を初期化しておく必要があるものだけ、初期値を代入しています。

loop関数

プログラムのメインはloop関数ですが、今回のプログラムでは多くの処理が必要で、それをすべてloop関数に書くと、loop関数が長くなってしまいます。

そこで、loop関数内で行うことを表6.8の4つの関数に分け、GPSの情報を解析し終わるごとに、これらの関数を順に実行していくようにしました（リスト6.7）。

リスト6.7　loop関数

```
void loop() {
  // GPSモジュールからデータを受信している間は繰り返す
  while (Serial2.available() > 0) {
    // GPSの情報を解析し終わったかどうかを判断する
    if (gps.encode(Serial2.read())) {
      // GPSの情報を読み込む
      read_gps();
      // ログを記録するかどうかを調べる
      check_logging();
      // GPSの情報をディスプレイに出力する
      display_gps();
      // ログを記録する
      log_gps();
      // 秒を更新する
      second_old = second;
    }
  }
}
```

表6.8　loop関数から呼び出す関数

関数	内容
read_gps	GPSの情報を読み込む
check_logging	スライドスイッチの状態を調べる
display_gps	GPSの情報をディスプレイに出力する
log_gps	GPSの情報をログファイルに記録する

GPSの情報を読み込む

　表6.8の4つの関数を順に解説していきます。まず、GPSの情報を読み込む **read_gps関数**です（リスト6.8）。

リスト6.8　read_gps関数

```
void read_gps(void) {
  struct tm t, *rt;
  time_t ti;

  // GPSから得た日時をt構造体に代入(時は9時間進める)
  t.tm_year = gps.date.year() - 1900;
  t.tm_mon = gps.date.month() - 1;
  t.tm_mday = gps.date.day();
  t.tm_hour = gps.time.hour() + 9;                    ❶
  t.tm_min = gps.time.minute();
  t.tm_sec = gps.time.second();
  t.tm_wday = 0;
  t.tm_yday = 0;
  // 9時間進めた時刻を得る
  ti = mktime(&t);                                    ❷
  rt = localtime(&ti);
  // 日時を各変数に代入
  year = rt->tm_year + 1900;
  month = rt->tm_mon + 1;
  day = rt->tm_mday;                                  ❸
  hour = rt->tm_hour;
  minute = rt->tm_min;
  second = rt->tm_sec;
  // 緯度・経度・速度・標高と、緯度経度が有効かどうかを得る
  lat = gps.location.lat();
  lng = gps.location.lng();
  speed = gps.speed.kmph();                           ❹
  alt = gps.altitude.meters();
  is_valid = gps.location.isValid();
}
```

基本的には、**TinyGPSPlusクラス**のメンバ関数（➡316ページの表6.1）でGPSの情報を読み取り、グローバル変数（➡322ページの表6.7）に代入していく処理を行っています。たとえば、❹の部分の以下の行では、GPSの緯度の情報を読み込んで、グローバル変数のlatに代入しています。

```
lat = gps.location.lat();
```

ただ、GPSから読み込んだ時刻はグリニッジ標準時になっていて、日本時間と9時間ずれています。そこで、時に9を足すことが必要です。ただ、**単純に時に9を足すだけだと、繰り上がり処理が必要になる場合があります。** たとえば、GPSから読み込んだグリニッジ標準時が2019年12月31日16時0分0秒だったとすると、図6.5のような繰り上げ処理が必要です。

図6.5　繰り上がり処理が必要な例（GPSから読み込んだ日時が2019年12月31日16時0分0秒だった場合）

しかし、**日時の繰り上がり処理を自分で作ると手間がかかります。** そこで、ライブラリの「mktime」「localtime」の2つの関数を使います。

mktime関数は、年／月／日／時／分／秒の情報から、「UNIX時間」という値を求める関数です。**UNIX時間とは、1970年1月1日0時0分0秒からの経過時間を秒単位で表した値**です。

年などの情報を「tm」という型の構造体の各メンバ変数（表6.9）に代入して、それを引数として渡すと、戻り値がUNIX時間（「time_t」という型の値）になります。また、各メンバ変数の値が本来あり得ない値になっている場合は（例：時が25）、繰り上げ処理を行ってくれます。

表6.9　tm構造体のメンバ変数

メンバ変数名	内容
tm_year	年から1900を引いた値
tm_mon	月から1を引いた値
tm_mday	日
tm_wday	曜日
tm_yday	1月1日からの経過日数
tm_hour	時
tm_min	分
tm_sec	秒

　一方のlocaltime関数は、UNIX時間を年／月／日／時／分／秒に分解する関数です。引数としてUNIX時間を渡すと、戻り値としてtm構造体へのポインタが返されます。

　リスト6.8の❶の部分は、GPSから読み込んだ日時の情報を、tm構造体に代入する処理です。その際に、次の文でGPSから得た時の値を9増やして、日本時間にしています。

```
t.tm_hour = gps.time.hour() + 9;
```

　❷の部分では、mktime関数で❶のtm構造体からUNIX時間を得て、それをlocaltime関数でtm構造体に変換します。❶の部分の時点では、時などの繰り上がりは考慮していませんが、mktime関数によって時などの繰り上がりが処理され、それをlocaltime関数でtm構造体に変換しますので、変換後の値は繰り上がりを考慮したものになります。

　そして、❸の部分で、繰り上がり処理後の日時を、グローバル変数のyearなどに代入しています。

　なお、「rt->tm_year」のように「->」という記号がありますが、これは「ポインタが構造体（またはオブジェクト）を指しているときに、その構造体（オブジェクト）のメンバを得る」という構文です。localtime関数の戻り値は、tm構造体へのポインタになっているために、このような構文を使います。

スライドスイッチの状態を調べる

　check_logging関数では、スライドスイッチの状態を調べて、ログを記録するかどうかを判断します（リスト6.9）。

スイッチを接続したピンの状態を調べて（3行目）、それに応じて変数is_logging
の値をtrueかfalseに変える処理を行っています。

リスト6.9　check_logging関数

```
void check_logging() {
  // スイッチがオンかどうかを判断する  2行目
  if (digitalRead(SW) == LOW) {
    // オンならログを取る
    is_logging = true;
  }
  else {
    // オフならログは取らない
    is_logging = false;
  }
}
```

GPSの情報をディスプレイに出力する

display_gps関数では、GPSから読み取った値をOLEDディスプレイに表示しま
す（リスト6.10）。

長い関数ですが、処理自体は単純です。文字列やGPSの各種の情報を、
drawStringなどのメンバ関数で順に表示しています。

たとえば、5行目の次の文は、画面の左上（X座標＝0、Y座標＝0）に、「LAT」
という文字列（latitude（緯度）の略）を表示します。

```
display.drawString(0, 0, "LAT");
```

また、6行目の次の文は、画面の左上からやや右（X座標＝40、Y座標＝0）に、
変数lat（緯度）の値を、全部で10桁／小数点以下6桁で表示します。

```
display.drawDouble(40, 0, lat, 10, 6);
```

リスト6.10　display_gps関数

```
void display_gps() {
  // ディスプレイを消去する
  display.clear();
  // 緯度を表示する  4行目
  display.drawString(0, 0, "LAT");
  display.drawDouble(40, 0, lat, 10, 6);
  // 経度を表示する
```

```
display.drawString(0, 11, "LNG");
display.drawDouble(40, 11, lng, 10, 6);
// 標高を表示する
display.drawString(0, 22, "ALT");
display.drawDouble(60, 22, alt, 6, 1);
// 速度を表示する
display.drawString(0, 33, "SPEED");
display.drawDouble(65, 33, speed, 5, 1);
// 日付を表示する
display.drawString(0, 44, "DATE");
display.drawInt(40, 44, year, "%04d");
display.drawString(60, 44, "/");
display.drawInt(65, 44, month, "%02d");
display.drawString(75, 44, "/");
display.drawInt(80, 44, day, "%02d");
// 時刻を表示する
display.drawString(0, 55, "TIME");
display.drawInt(50, 55, hour, "%02d");
display.drawString(60, 55, ":");
display.drawInt(65, 55, minute, "%02d");
display.drawString(75, 55, ":");
display.drawInt(80, 55, second, "%02d");
// 各情報の間を線で区切る
display.drawDotHLine(0, 10, 90);
display.drawDotHLine(0, 21, 90);
display.drawDotHLine(0, 32, 90);
display.drawDotHLine(0, 43, 90);
display.drawDotHLine(0, 54, 90);
display.drawDotVLine(30, 0, 64);
// 緯度経度が有効かどうかを表示する
display.drawString(108, 0, "STAT");
if (is_valid) {
  display.drawString(118, 11, "OK");
}
else {
  display.drawString(118, 11, "NG");
}
// ログ記録中かどうかを表示する
display.drawString(113, 44, "LOG");
if (is_logging) {
  display.drawCircle(123, 59, 4);
}
else {
  display.drawLine(119, 55, 128, 64);
  display.drawLine(119, 64, 128, 55);
```

```
    }
    // ここまでの内容を表示する
    display.display();
}
```

GPSの情報をログファイルに記録する

最後に、**log_gps関数**で、GPSから得た情報をログファイルに記録します（リスト6.11）。

ログの保存形式はいろいろ考えられますが、今回はシンプルに**CSVファイル**[4]として保存します。ファイルの1行につき、緯度・経度が有効かどうか／緯度／経度／日付／時刻／速度／標高の順に記録します。

この関数は長いので、部分ごとに分けて解説します。

リスト6.11　log_gps関数

```
void log_gps(void) {
  boolean is_new;
  char *mode;

  // ログ記録中かつ前回から1秒以上経過しているかどうかを判断する      ❶
  if (is_logging == true && second != second_old) {
    // ファイル名がまだ決まっていないかどうかを判断する
    if (fname.length() == 0) {
      // 現在の日付・時刻からファイル名を決める
      char buf[25];
      sprintf(buf, "/%04d%02d%02d%02d%02d%02d.CSV", year, month, day, hour,
                                            ↳ minute, second);
      fname = String(buf);
      // 新規作成モードにする                                    ❷
      is_new = true;
      mode = FILE_WRITE;
    }
    else {
      // 既存のファイルに追加するモードにする
      is_new = false;
      mode = FILE_APPEND;
    }
    // ファイルを開く
    File f = SD.open(fname, mode);                            ❸
    if (f) {
      // 新規作成の場合は項目名をファイルに出力する
```

4　CSVは「Comma Separated Values」の略で、値と値の間をコンマ (,) で区切る形式です。

```
      if (is_new) {
        f.println("VALID,LAT,LNG,DATE,SPEED,ALT");
      }
      // 緯度経度が有効かどうかと、緯度・経度をファイルに出力する
      f.print(is_valid);
      f.print(",");
      f.print(lat, 6);
      f.print(",");
      f.print(lng, 6);
      f.print(",");
      // 日付をファイルに出力する
      f.print(year);
      f.print("/");
      f.print(month);
      f.print("/");
      f.print(day);
      f.print(" ");
      // 時刻をファイルに出力する
      f.print(hour);
      f.print(":");
      f.print(minute);
      f.print(":");
      f.print(second);
      f.print(",");
      // 速度をファイルに出力する
      f.print(speed);
      f.print(",");
      // 標高をファイルに出力する
      f.print(alt);
      f.println("");
      // ファイルを閉じる
      f.close();
    }
    else {
      // ファイルを開けなかった場合はエラーをシリアルモニタに出力する
      Serial.println(F("File open error"));
    }
  }
  // 記録中でない場合はファイル名を空にする
  else if (is_logging == false) {
    fname = "";
  }
}
```

❸

❹

▼ ❶ ログを記録するかどうかを判断

まず、❶の部分で、ログを記録するかどうかを判断します。

ログを記録するかどうかは、**スライドスイッチのオン／オフで決めます**。check_logging関数（➡327ページ）で、スライドスイッチの状態によって**グローバル変数のis_loggingの値**を変えていますので、この変数の値で記録するかどうかを判断します。

また、GPSの情報は、**1秒につき1回だけ記録**するようにします。そこで、前回のGPS情報の更新時の秒（変数second_old）と、今回の秒とを比較して、それらが異なる（＝前回より1秒以上経過している）ときだけ記録するようにします。

▼ ❷ ファイル名などを決める

❷の部分では、記録先のファイル名を決めます。また、ファイルを新規作成するのか、既存のファイルに追加するのかを決めます。

記録先のファイル名は、記録開始時点の日時から決めるようにします（❷の部分の5行目のsprintf関数）。たとえば、2020年1月23日12時34分56秒に記録を開始する場合だと、ファイル名を「20200123123456.CSV」にします。そして、「fname」というグローバル変数に、ファイル名を代入します。

ただ、**すでに記録を始めている場合は、現在記録中のファイルに追加で記録**していくようにします。そこで、変数fnameの長さが0（＝ファイル名が決まっていない）かどうかを判断して（❷の部分の2行目のif文）、長さが0のときだけファイル名を決めるようにします。

また、ファイルを新規作成するかどうかと、ファイルを開くときのモードを、それぞれ変数is_new／modeに代入します。

▼ ❸ ログを記録する

❸の部分では、記録用のファイルを開き、**Fileクラスのprintメンバ関数**を使って、GPSの情報を順に書き込みます。その際に、各情報の間をコンマで区切り、CSVになるようにしています。

▼ ❹ ファイル名のクリア

ログを記録する状態ではない（＝変数is_loggingの値がfalse）場合は、変数fnameの値を空文字列にして、ファイル名をクリアします。これは、❷の部分の最初のif文で、ログファイルを新規作成するのかどうかを判断するために必要な処理です。

ログ収集の事例

　ここまでで作ったGPSロガーを使って、JR東北本線の上野〜大宮の電車の中で、GPSのログを収集してみました。

　得られた緯度／経度のデータをもとに、**Google**マップを使って経路を描いてみると、図6.6のようになりました。**上野〜大宮の線路をほぼ正しくトレースできていることがわかります。**

　また、速度の変化をグラフにしてみると、図6.7のようになりました。駅間では時速60〜100Kmで走行していることがわかります。また、停車駅では速度がほぼ0になっています。

図6.6　GPSロガーで収集した緯度／経度をもとにGoogleマップに経路を描いた

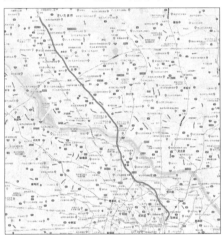

図6.7　GPSロガーで収集した速度の変化をグラフにした

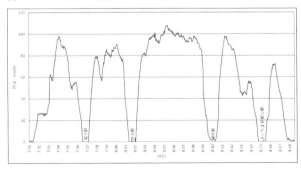

Arduinoで実装できる?

この節で取り上げたGPSロガーでは、マイコンとしてESP32を使いました。しかし、**ESP32ならではの機能 (ネットワーク接続など) は一切使っておらず、Arduinoで作ることもできそうに見えます。**

実際、筆者は当初はこの事例をArduino Nanoで作ろうとしました。ただ、「**メモリ不足**」という壁に当たってしまい、Arduino Nanoで作ることをあきらめました。

Arduino Nanoは、仕様的にはArduino Unoとほぼ同じで、RAMはわずか2KBしかありません。今回のプログラムでは、**2KBでは変数を格納しきれない**状態になり、残念ながらプログラムを正しく動作させることができませんでした。

Arduino と ESP32 の違い

- Arduinoは Flashメモリ／RAMともに非常に少なく (例:Arduino Uno／Nanoは、Flashメモリ32KB／RAM2KB)、複雑なプログラムを作ろうとするとメモリ不足 (特にRAM不足) が起こりやすいです。
- ESP32は Flashメモリ／RAMが比較的多いです (一般的な構成では、Flashメモリ4MB／RAM520KB)。

ラジコンカーを作る

マイコンで動くものを作りたいという方は、多いのではないでしょうか。動かして楽しめる代表的な例として、この節ではラジコンカーを作ってみます。

この節で作るラジコンカー

　子どものころにラジコンで遊んだことがある方は、結構多いのではないでしょうか。動くもの(車やロボットなど)を電波で操ることができ、楽しいものです。

　現在のマイコンを使えば、ラジコンは比較的簡単に実現することができます。動く部分(モーターなど)はESP32やArduinoで制御することができます。また、電波で信号を送ることも**赤外線やBluetooth**などで行うことができます。それらを組み合わせてプログラムにしていくことで、ラジコンが出来上がります。

　この節では、ラジコンで動く車を作ってみます(図6.8)。マイコンにはESP32を使います。

図6.8　完成したラジコンカーの例

モーターでタイヤを回転させて、前後に動くようにします。プラモデルメーカーのタミヤから販売されている「エコモーターギヤボックス」を使って、モーターとタイヤを接続するようにします。

また、通常の車はハンドルで左右に曲がりますが、その部分を**サーボモーター**に置き換えます。さらに、壁などにぶつかるのを防ぐために、**超音波センサー**も使います。そして、BluetoothでESP32とパソコン／Androidと通信し、それをコントローラーの代わりにして、ラジコンとして動作するようにします。

モーター制御の基本

ラジコンカーの中で重要な部分として、「**モーターの制御**」があります。まず、この点から解説します。

利用するモーター

モーターにはいくつかのタイプがありますが、ここでは「**ブラシ付きDCモーター**」を使います。プラモデルをはじめとして幅広く使われているモーターです。

ブラシ付きDCモーターは、磁石の中にコイルを置き、「ブラシ」と呼ばれる電極からコイルに電流を流して電磁石にし、外側の磁石とコイルの電磁石との吸引／反発の動きを利用して、回転させるものです。

電流を流す向きで、回転する方向が決まります。また、電圧を上げる（その分電流が多く流れる）ほど回転が速くなります。

モータードライバで制御する

モーターを回転させるには、ある程度大きな電流を流す必要があります。しかし、**ESP32やArduinoのGPIOでは、大きな電流を流すことができません。**そこで、ESP32に「**モータードライバ**」と呼ばれるチップを接続し、それを通してモーターの回転を制御します。

モータードライバは、モーターにかける電圧や電流の向きを、マイコンからの信号で制御することができるものです。いろいろなモータードライバがありますが、ここでは東芝の「**TB6612FNG**」というモータードライバを使います。

TB6612FNGは、2つのブラシ付きモーターを制御することができます。今回の例ではモーターを1つしか使いませんが、モーターを2つ使うもの（例：左右のキャ

タピラを別々のモーターで回す）を作る場合にも応用することができます。

TB6612FNGのモジュールには、図6.9のようなピンがあります。モーター／電源／マイコンを、図6.10のように接続します。

A1／A2とB1／B2に、モーターを接続します。VMにはモーター用の電源を接続し、VCCとSTBYにはマイコンの電源を接続します。

また、PWMA／AIN1／AIN2と、PWMB／BIN1／BIN2はマイコンに接続します。PWMのピンにPWM信号を送り、それでモーターにかける電圧を制御します。VMの電圧×PWMのデューティ比が、モーターにかかる電圧になります。

また、IN1とIN2の2つのピンのHIGH／LOWの組み合わせで、モーターの回転方法を決めます（表6.10）。

図6.9　TB6612FNGモジュールのピン配置

図6.10　TB6612FNGとモーター／電源／マイコンの接続

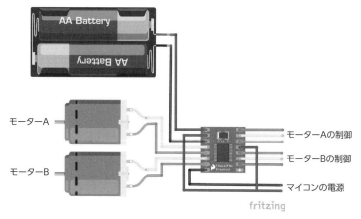

表6.10 IN1／IN2のHIGH／LOWの組み合わせとモーターの回転方法

IN1	IN2	回転方法
LOW	LOW	停止
HIGH	LOW	正回転
LOW	HIGH	逆回転
HIGH	HIGH	ブレーキ

超音波センサーで衝突を防ぐ

部屋の中でラジコンカーを操縦すると、壁などの障害物にぶつかってしまうことがあります。そこで、「**HC-SR04**」という**超音波センサー**を使って、前方に障害物があったらモーターを止めるようにします。

HC-SR04は、電子工作ではよく使われる超音波センサーモジュールです。Arduino入門キットなどを買うと、その中に含まれていることが多いです。また、Amazonでは5個セットが1,000円程度で販売されています。

図6.11 超音波センサー

超音波センサーで距離を測る際の考え方

超音波センサーは、**超音波の発信機と受信機がセットになったもの**です。**前方に向けて超音波を出し、障害物に反射して戻ってきた超音波を受信して、その間の時間から障害物までの距離を測ります。**

超音波は耳には聞こえませんが、音の一種なので、音速（秒速約340m）で飛びます。障害物までの距離をL（m）とすると、超音波は往復で2×Lの距離を秒速340mで飛ぶことになりますので、それにかかる時間は次の式で求められます。

時間＝2×L÷340（秒）

　したがって、超音波を発してから受信するまでの時間を測定すれば、上の式を
もとに、障害物までの距離Lは次のように求めることができます。

L＝時間×340÷2（m）

　たとえば、超音波を発してから0.01秒で受信したとすると、障害物までの距離
Lは、L＝0.01×340÷2＝1.7mであることがわかります。

距離を測るプログラム

　ここまでの流れをプログラムにして、**障害物までの距離を測定する処理**を作ると、
リスト6.12のようになります。

リスト6.12　障害物までの距離を測定する処理

```
double time, distance;

digitalWrite(発信用のピン, HIGH);
delayMicroseconds(10);
digitalWrite(発信用のピン, LOW);
time = pulseIn(受信用のピン, HIGH, タイムアウト値);
if (time == 0) {
  time = タイムアウト値
}
distance = (time / 1000000) * 340 / 2;
```

　まず、3～5行目で、超音波を10マイクロ秒（＝10／1000000秒）だけ出力します。
その後、「pulseIn」という関数を使って、**受信用のピンの状態がHIGHになる（＝
障害物で反射した超音波を受信する）までの時間を測り**、変数timeに代入します（6
行目）。
　**pulseIn関数はArduinoの組み込み関数の1つで、ピンの値がHIGH（または
LOW）に変わるまでの時間を測定するもの**です。戻り値が時間（マイクロ秒単位）
になります。
　ただし、状況によってはピンの値がHIGH（LOW）に変わるのに時間がかかる
こともあります。超音波センサーの場合、障害物までの距離に応じて、HIGHに

なるまでの時間が長くなります。そこで、3つ目の引数で**タイムアウト値**[5]を指定して、その時間が過ぎたらpulseIn関数の処理を終えるようにします。タイムアウト値はマイクロ秒単位で指定します。

タイムアウトが発生した場合、pulseIn関数の戻り値は0になります。その場合は、timeの値をタイムアウト値にします（7～9行目）。

そして、変数timeの値をもとに、変数distanceに距離を求めます（10行目）。ただし、timeの値は単位がマイクロ秒なので、1000000で割って秒に変換してから計算します。

必要なもの

ラジコンカーを作るのに必要なものは、表6.11の通りです。3Dプリンタをお持ちの方は、「※」が付いているものを3Dプリンタで出力することもできます（手順は後述）。

表6.11　必要なもの

部品	数
ESP32	1
MG996R（サーボモーター）	1
TB6612FNGモジュール	1
HC-SR04（超音波センサーモジュール）	1
HC-SR04用ブラケット	1（※）
Micro USB→DIP5ピン変換ボード	1
エコモーターギヤボックス（タミヤ製品）	1
ユニバーサルプレートL（タミヤ製品）	1（※）
トラックタイヤセット（タミヤ製品）	1
M3×25mm六角スペーサー[6]	4
M3ネジ、ナット	適宜
プラスチック製M3×12mmネジ	2
モバイルバッテリー	1

5　通信処理などのある程度時間がかかる処理で、一定の時間までに応答が得られなかったときに処理を中断することを「タイムアウト」（Timeout）と呼びます。

6　六角スペーサーは、2つのものの間にスペースを取るために使います。六角形の棒で、両端がネジ穴になっているものと、片側がネジ穴で他方がネジになっているものがありますが、どちらを使ってもかまいません。また、金属製／ナイロン製のどちらでもかまいません。

ユニバーサルプレートL

筐体はタミヤの「**ユニバーサルプレートL**」で作りました（https://www.tamiya.com/japan/products/70172/index.html）。横21cm×縦16cm×厚さ3mmのプラスチック板で、5mm間隔でM3[7]のネジ穴があいているものです。ユニバーサルプレートLは、あとで3枚の板にカットします。

なお、3Dプリンタをお持ちの方は、カット済みの板のデータをダウンロードして、そちらを出力して使うことができます（ダウンロード方法は後述）。その場合はユニバーサルプレートLは不要です。

サーボモーター

サーボモーターには「**MG996R**」というものを使いました（図6.12）。電子工作でよく使われるサーボモーターの1つです。ユニバーサルプレートとネジ穴の位置が合っていて取り付けやすいので、MG996Rを選びました。

図6.12　MG996R

超音波センサーとブラケット

超音波センサーのHC-SR04は、**ブラケット**（図6.13）でユニバーサルプレートに固定します。ブラケットは秋葉原の電子工作系ショップの「aitendo」で売られていますし（http://www.aitendo.com/product/15322）、AliExpress（➡176ページ）でも売られています。

7　ネジのサイズの表し方で、直径が3mmであることを意味します。

なお、3Dプリンタをお持ちの方は、ブラケットのデータをダウンロードして、そちらを出力して使うことができます（ダウンロード方法は後述）。その場合は、ブラケットは購入する必要はありません。

図6.13　HC-SR04のブラケット

■ ネジとナット

　筐体の組み立てにはM3のネジとナットを使います。ネジは長さ12mm程度のものを20本ほど用意すれば足ります。ただし、そのうちの2本はプラスチック製にする必要があります（電気が流れないようにするため）。

■ 電源

　ラジコンカーはあちこちを走り回るものなので、**コンセントなどから電源を取ることができません。**そこで、電源は**モバイルバッテリー**から取ります。

　一般のモバイルバッテリーでもよいのですが、「**cheero Canvas**」というIoT対応モバイルバッテリーが便利です（https://cheero.net/canvas-iot/）。

　一般のモバイルバッテリーだと、USBケーブルを差し込むとすぐに電流が流れるので、ESP32のオン／オフの切り替えを、USBケーブルの抜き差しで行う形になります。一方、cheero Canvasにはスイッチがあり、それを押すごとにオン／オフを切り替えることができます。

　また、モバイルバッテリーを安く済ませたい場合は、100円ショップのダイソーで売っている500円のモバイルバッテリーを使う方法もあります。

　なお、モバイルバッテリーとESP32は直接接続せず（理由は後述）、「**Micro USB→DIP5ピン変換ボード**」を通して接続します。このボードはAmazonの次のページで購入することができます。なお、このボードはピンをはんだ付けするこ

とが必要です。

https://www.amazon.co.jp/dp/B0183KF7TM/

筐体の組み立て

　ここで作るラジコンカーでは、配線やプログラミングの前に、まず**筐体を組み立てる**作業を行います。筐体は工夫次第でいろいろなものを作ることができますが、ここでは筆者が行った手順を紹介します。

3Dプリンタでの材料の出力（3Dプリンタをお持ちの方のみ）

　3Dプリンタをお持ちの方は、**ユニバーサルプレートとHC-SR04のブラケットの代わりになるもの**を、3Dプリンタで出力することができます。

　サンプルファイルのフォルダの中に「stl」というフォルダがあり、その中に表6.12のファイルがあります。これらの各ファイルのデータを、お手持ちの3Dプリンタで出力してお使いいただくことができます。また、軸受けは左右で1つずつ使いますので、同じデータを2回出力します。

　なお、3Dプリンタで出力したものを使う場合、このあとの「ユニバーサルプレートのカッティング」の作業は不要になります。

表6.12　3Dプリンタのデータ

ファイル名	データの内容
plate_a.stl	板A（➡344ページの図6.14）
plate_b.stl	板B（➡344ページの図6.14）
plate_c.stl	板C（➡344ページの図6.14）
shaft_base.stl	軸受け
bracket.stl	HC-SR04のブラケット

MG996Rの角度合わせ

　MG996Rは90度の角度に合わせます。90度を中心として左右に振ることで、ハンドルとして動作するようにします。

　230ページの図5.4のようにESP32／MG996R／バッテリーを接続したあと、サンプルファイルの「part6」→「servo_90」フォルダのファイルを書き込むと、90度まで回転します。その状態でESP32の電源を切ります。

ユニバーサルプレートのカッティング

　ユニバーサルプレートは、図6.14のようにA／B／Cの3枚の板に切り分けます。そして、板Aと板Cでは、それぞれ図6.15／図6.16の網掛けの箇所をカットして穴をあけます。これらの穴は、**MG996R**を取り付けるのに使います。

図6.14　ユニバーサルプレートを3枚にカットする

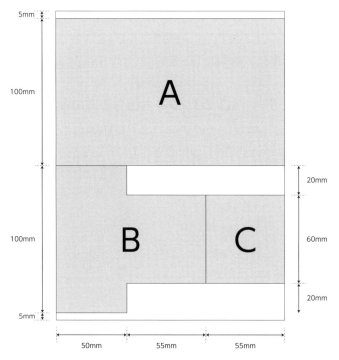

図6.15　板Aに穴をあける位置

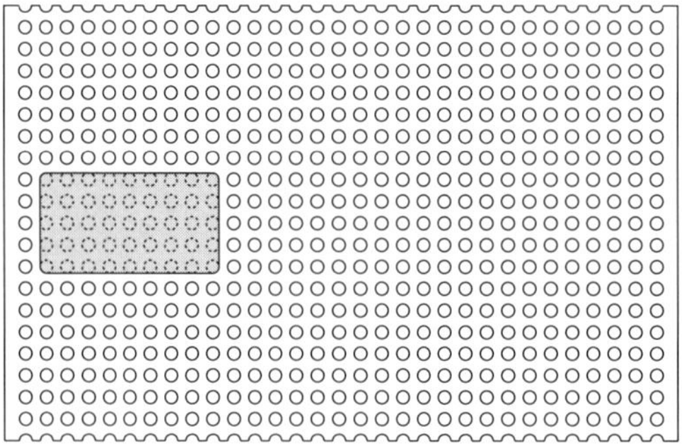

図6.16　板Cに穴をあける位置

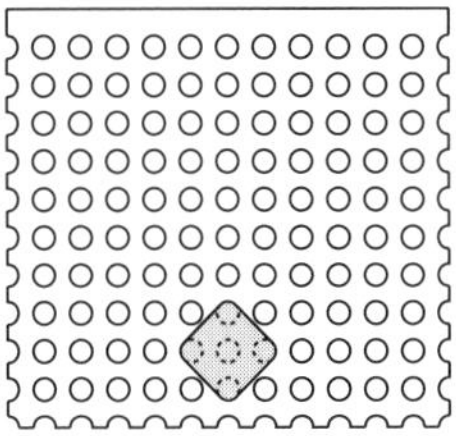

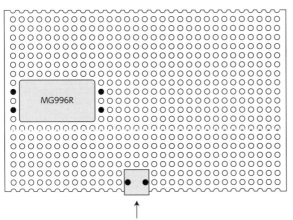

MG996RとMicro USB→DIP変換ボードの取り付け

板Aには、MG996RとMicro USB→DIP変換ボードを取り付けます。

MG996Rを取り付ける際には、ギアが板Aの外側寄りになるようにして、ケーブルが付いている側を板Aの穴に通し、M3のネジとナットで固定します。ネジはMG996Rのケーブルが付いている側から差し込みます。

また、**Micro USB→DIP変換ボード**も板Aに固定します。板Aの図6.17の位置を使い、かつピン側が上になるように置き、板Aの裏側からプラスチック製のM3のネジを通してナットで固定します（図6.18）。ナットは金属製でも可能です。

また、ユニバーサルプレートは5mm間隔で穴があいているのに対し、Micro USB→DIP変換ボードのネジ穴の中心の間隔は約9mmなので、ネジを少し斜めに取り付ける形になります。

図6.17　Micro USB→DIP変換ボードの取り付け位置

MG996R

Micro USB→DIP 変換ボード

図6.18　板AにMG996RとMicro USB→DIP変換ボードを取り付けたところ

エコモーターギヤボックスの取り付け

板Bにはエコモーターギヤボックスを取り付けます。

エコモーターギヤボックスは、商品付属の説明書に沿って組み立てます。ギヤ比を3種類から選ぶことができますが、**38.2：1**になる方法で組み立てます。

モーターには電線がはんだ付けされていますが、線の長さが十分ではなく、また電線がむき出しでブレッドボードに刺しにくいので、**ジャンプワイヤをつぎ足します**。赤と黒のジャンプワイヤを1本ずつ用意し、それぞれの片側のピンを切り落として、被膜を1cmほどむきます。そして、モーターの線の先端とより合わせたあと、その部分をビニールテープなどで巻きます。

エコモーターギヤボックスができたら、板Bの幅が細くなっている箇所にネジで固定します。そして、トラックタイヤセットの車輪2個をシャフトに取り付けます（図6.19）。

図6.19　板Bにエコモーターギヤボックスを取り付けたところ

サーボホーン／前輪／HC-SR04の取り付け

板Cには、サーボホーン[8]／前輪／HC-SR04を取り付けます。

MG996Rには**サーボホーン**が複数付属していますが、細長いタイプのものを使います（図6.20）。また、MG996Rに木ネジとハトメが付属していますが、ハトメを木ネジに差し込んで、図6.21の位置の穴を通して、その裏側にサーボホーンをネジ止めします（黒い丸がネジの位置）。

次に、ユニバーサルプレートLに付属している**軸受け**（または3Dプリンタで出力した軸受け）を、板Cにネジ止めします。軸受けはサーボホーンとは反対側の面に取り付けます。ネジ穴は図6.21の黒い丸を使います。

軸受けを取り付けたら、トラックタイヤセットに付属しているシャフトを軸受けに差し込みます。ユニバーサルプレート付属の軸受けにはシャフトを刺す穴が3つあいていますが、一番端の穴（ユニバーサルプレートから離れている穴）を使います。そして、シャフトの両端にタイヤを取り付けます。

最後に、**HC-SR04**を取り付けます。サーボホーン側の面で、サーボホーンとは反対側の端に、**ブラケット**をネジ止めします。ブラケットの穴とユニバーサルプレートの穴の位置が合っていない場合は、ブラケットにキリなどで穴をあけます。

ブラケットを取り付けたら、サーボホーンの側からHC-SR04を差し込みます。その際に、ピンは上を向くようにします（図6.22）。

図6.20　サーボホーン

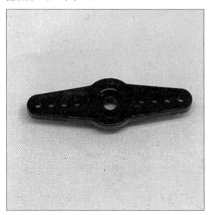

図6.21　サーボホーンと軸受けを取り付ける位置

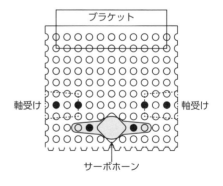

6

プログラム制作事例

8　サーボモーターの回転をほかのものに伝えるための部品のことで、サーボモーターに付属しています。横長のタイプのほかに、十字型や円形などのものがあります。

図6.22 サーボホーン／前輪／ブラケット／HC-SR04を取り付けたところ

全体を組み立てる

ここまででA／B／Cのそれぞれの板ができましたので、それらを組み合わせて
筐体を完成させます（図6.23）。

まず、板Bの板の四隅にスペーサーを立て、その上に板Aを載せてネジ止めします。
板Bの後ろの端（後輪側）と、板Aの後ろの端が同じ位置になるようにします。

図6.23 完成した筐体

一方、板CのHC-SR04がなるべく正面を向くようにして、**MG996Rの歯車の部分に板Cのサーボホーンの部分をはめ込み、MG996R付属の黒いネジで固定します。**このとき、板Cは板Aに対して少し右か左を向く状態になりますが、これはあとでプログラムで調整しますので気にする必要はありません。

また、板Aと板Bの間にスペースができますが、そこに**モバイルバッテリーを載せて、Micro USB→DIP変換ボードとの間をUSBケーブルで接続します。**ケーブルは10cm程度の短いものを使うようにします。

ESP32とモーターなどを配線する

次に、**ESP32とモーターなどを配線していきます。**接続する箇所が多いので（図6.24）、慎重に接続していきます。

図6.24　ESP32とモーターなどとの接続

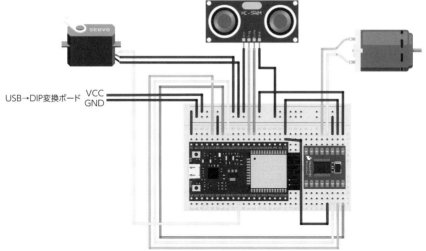

電源の接続

今回作るものでは、ブラシ付きDCモーターとサーボモーターには大きな電流が流れます。**ESP32の電源供給能力では、それらに直接電流を流すことができません。**

そこで、**モバイルバッテリーからモーターなどに電流を流せるようにし、なおかつ ESP32にも給電する**ようにします。モバイルバッテリーからの給電は、次のように行います。

❶ モバイルバッテリーとUSB→DIP変換ボードの間を、USBケーブルで接続します。
❷ 変換ボードのVCC／GNDを、ブレッドボードの電源ライン（赤／黒のライン）に接続します。
❸ ブレッドボードの赤のラインと、ESP32の5Vのピンを接続します。
❹ ブレッドボードの黒のラインと、ESP32のGNDのピンを接続します。

❶と**❷**によって、ブレッドボードの赤／黒のラインから、モバイルバッテリーの5Vの電源を取れるようになります。また、**❸**と**❹**で、ESP32に5Vを給電する状態になります。

なお、変換ボードは裏向けにして板Aに取り付けたので、それぞれのピンの名前が見えません。**GNDのピンは、MG996Rに近い側の端のピン**です。また、**VCCのピンは反対側の端**です。

各パーツの接続

次に、それぞれのパーツを接続していきます。

TB6612FNGモジュールの各ピンは、表6.13のように接続します。なお、今回の例ではモーターは1つだけ使うので、2つ目のモーターに関係するピンには何も接続しません。

表6.13　TB6612FNGモジュールとESP32との接続

TB6612FNG モジュール	接続先
VCC	ESP32の3V3ピン
VM	ブレッドボードの赤のライン
GND	ブレッドボードの黒のライン
PWMA	ESP32の12番ピン
AIN1	ESP32の13番ピン
AIN2	ESP32の14番ピン
STBY	ESP32の3V3ピン
A1	モーターの黒の線
A2	モーターの赤の線

MG996Rからは、赤／茶色／オレンジの3本の線が出ています。これらを表6.14のように接続します。

　そして、**HC-SR04**は表6.15のように接続します。

表6.14　MG996Rの接続

MG996R	接続先
赤	ブレッドボードの赤のライン
茶色	ブレッドボードの黒のライン
オレンジ	ESP32の5番ピン

表6.15　HC-SR04の接続

HC-SR04	接続先
VCC	ブレッドボードの赤のライン
GND	ブレッドボードの黒のライン
ECHO	ESP32の32番ピン
TRIG	ESP32の33番ピン

プログラムの仕様

　ハードウェアはここまでで完成です。ここからはプログラムを作っていきます。まず、**動作の仕様**を決めておきます。

　今回のプログラムでは、**ESP32のBluetoothシリアルを動作させ、Androidなどから文字を送信して、ラジコンとして動作する**ようにします。送信する文字と、それに対応する動作は、表6.16のようになるようにします。

表6.16　送信する文字とそれに対応する動作

文字	動作
e	速度を上げる
x	速度を下げる
s	右に曲がる
d	左に曲がる
i	モーターを止め、サーボモーターを90度に戻す

　前進する場合の速度は、3段階で変えられるようにします。eの文字を1回送信するごとに速度が上がり、xの文字を1回送信するごとに速度が下がります。また、**止まっている状態でxの文字を送信するとバックする**ようにします。バックの速度は1段階だけにします。

sやdの文字を送信したときには、サーボモーターを回転させて、前輪を左右に振り曲がるようにします。曲がり具合も3段階で（6度ずつ）変えられるようにし、s／dの文字を送信する回数で角度が決まるようにします。

　また、iの文字を送信したときには、モーターを止め、サーボモーターを90度にして、動かし始める時点の状態に戻します。

　なお、e／x／s／dの文字を選んだ理由ですが、これらの文字はパソコンのキーボード上では十字の形に並んでいて、ターミナルソフトで操作しやすいためです。

プログラムの先頭部分

　このプログラムの仕様に基づいて、プログラムを作っていきます。なお、サンプルファイルは「part6」→「radicon_car」フォルダにあります。

　まず、プログラムの先頭部分では、ヘッダーファイルの読み込みや定数の宣言などを行います（リスト6.13）。

リスト6.13　プログラムの先頭部分

```
#include <ESP32Servo.h>
#include <BluetoothSerial.h>               ❶

// 定数の定義
#define SERVO 5                // MG996R
#define PWMA 12                // TB6612FNGのPWMA
#define AIN1 13                // TB6612FNGのAIN1         ❷
#define AIN2 14                // TB6612FNGのAIN2
#define ECHO 32                // HC-SR04のECHO
#define TRIG 33                // HC-SR04のTRIG
#define LEDC_CHANNEL 6         // PWMのチャンネル         ❸
#define LEDC_BASE_FREQ 10000   // PWMの周波数
#define MAX_SPEED 3            // 速度の最大値
#define MIN_SPEED -1           // 速度の最小値
#define ANGLE_STEP 6           // 角度の増分
#define ANGLE_MAX 18           // 角度の最大値             ❹
#define MAX_WAIT 20000         // pulseIn関数のタイムアウト値
#define MIN_DIST 0.3           // 障害物までの最小距離
// Bluetoothシリアルに付ける名前
const char *btname = "ESP32Car";               ❺
// MG996Rの角度調整
const int servo_offset = -5;
```

```
// 速度・角度・距離を保存するグローバル変数
int speed = 0;
int angle = 0;                                    ❻
double dist;
// MG996RとBluetoothシリアルに対応するグローバル変数
Servo myServo;                                    ❼
BluetoothSerial SerialBT;
```

▼ ❶ ヘッダーファイルの読み込み

❶の部分では、ヘッダーファイルを読み込んでいます。今回のプログラムでは、サーボモーター（ESP32Servo）と Bluetooth シリアル（BluetoothSerial）の2つのライブラリを使いますので、それらのヘッダーファイルを読み込みます。

▼ ❷ ピン番号の定義

❷の部分では、ESP32と各パーツとを接続しているピンの番号を定義しています。

▼ ❸ PWM用の定数の定義

モーターは**PWM**で制御します。ESP32ではPWMは**ledc関係の関数**で制御しますので（➡145ページ）、❸の部分でそれらに関係する定数を宣言しています。

▼ ❹ プログラムの動作を決める定数

❹の部分は、プログラム内で動作を決めるための定数です。各定数の意味は表6.17の通りです。

表6.17　各定数の意味

定数	値	意味
MAX_SPEED	3	速度の最大値（3段階で変化させるので、最大値は3）
MIN_SPEED	-1	速度の最小値（バックの速度は1段階だけなので、最小値は-1）
ANGLE_STEP	6	サーボモーターの角度の増分（6度ずつ変化させる）
ANGLE_MAX	18	サーボモーターの角度の最大値（6度ずつ3段階なので18度）
MAX_WAIT	20000	pulseIn関数のタイムアウト時間（20000マイクロ秒＝0.02秒、距離にして3.4m）
MIN_DIST	0.3	障害物までの距離が0.3m未満になったらモーターを止める

▼ ❺ 状況によって変える値

❺の部分では、状況によって変えてよい値を決めています。

まず、Bluetooth シリアルに付ける名前を「**ESP32Car**」にしています（❺の部分の2行目）。この値は、ほかの値に変えてもかまいません。

また、❺の部分の4行目では、定数servo_offsetを宣言しています。MG996Rに

板Cを取り付けたときに、板Cがやや斜め（右か左）を向きます。そのまま走らせると、**直進させたつもりでも右や左に曲がってしまいますので、その分の角度の補正値として、servo_offsetを使います。**

　板Cがやや右を向いている場合は、servo_offsetの値をマイナスにして左に補正します。逆に、板Cがやや左を向いている場合は、servo_offsetの値をプラスにします。**servo_offsetの値を少しずつ変えながら何度かプログラムを書き込んでみて、板Cがまっすぐになるように調節します。**

▼ ❻ グローバル変数の宣言

　❻の部分では、速度（speed）／MG996Rの角度（angle）／障害物までの距離（dist）を保存するために、グローバル変数を宣言します。変数speedの値は、Bluetoothシリアルから受信した文字に応じて、プログラムの中では表6.18のように変化させるようにします。

　「e」の文字を受信した場合は、値を1ずつ増やします（表の左から右に変化させる）。一方、「x」の文字を受信した場合は、値を1ずつ減らします（表の右から左に変化させる）。

表6.18　変数speedが取る値

値	-1	0	1	2	3
動作	バック	停止	低速	中速	高速

▼ ❼ オブジェクト用のグローバル変数

　最後の❼の部分では、MG996R（Servoライブラリ）とBluetoothシリアル（BluetoothSerialライブラリ）のオブジェクトのために、グローバル変数を宣言しています。

setup関数の内容

　setup関数はリスト6.14のようになります。次の4つの初期化を行っています。

▼ ❶ Bluetoothシリアルの初期化（3行目）
Bluetoothシリアルの名前を決めています。

▼ ❷ PWMの初期化
PWMのチャンネル／周波数／ビット数を決め（5行目）、PWMA用のピン（12番

ピン）とチャンネルを結び付けています（6行目）。ledcSetup／ledcAttachPin関数については、第3章の145ページを参照してください。

▼ ❸ MG996Rの初期化

MG996Rの制御線のピン番号を指定し（8行目）、90度まで回転させます（9行目）。ただし、90度ぴったりにすると板Cが正面を向かず、やや右か左を向きますので、servo_offsetに指定した角度だけ90度からずらし、板Cが正面を向くようにします。

▼ ❹ GPIOの初期化

TB6612FNGおよびHC-SR04を接続した各ピンについて、入力／出力のどちらにするかを決めています（11～15行目）。

リスト6.14　setup関数

```
void setup() {
  // Bluetoothシリアルの初期化 2行目
  SerialBT.begin(btname);
  // PWMの初期化 4行目
  ledcSetup(LEDC_CHANNEL, LEDC_BASE_FREQ, 8);
  ledcAttachPin(PWMA, LEDC_CHANNEL);
  // MG996Rの初期化 7行目
  myServo.attach(SERVO); // MG996Rのピン番号を指定
  myServo.write(90 + servo_offset);
  // GPIOピンの初期化 10行目
  pinMode(AIN1, OUTPUT);
  pinMode(AIN2, OUTPUT);
  pinMode(PWMA, OUTPUT);
  pinMode(TRIG, OUTPUT);
  pinMode(ECHO, INPUT);
}
```

loop関数の内容

loop関数で行うことは多いので、大まかに次の3つのブロックに分け、それぞれに対応する関数を順番に呼び出すようにしました（リスト6.15）。

❶ Bluetoothシリアルから文字を読み込んで処理する（read_bt関数）

❷ 障害物までの距離を測定する（read_distance関数）

❸ モーターを操作する（operate_motor関数）

リスト6.15　loop関数

```
void loop() {
  // Bluetoothシリアルから文字を読み込んで処理する
  read_bt();
  // 障害物までの距離を測定する
  read_distance();
  // モーターを操作する
  operate_motor();
}
```

Bluetoothシリアルの処理

read_bt関数では、Bluetoothシリアルから文字を読み込んで、**送信されてきた文字に応じて、速度（変数speed）と角度（変数angle）の値を変える**処理をします（リスト6.16）。

リスト6.16　read_bt関数

```
// Bluetoothシリアルから文字を読み込んで処理する
void read_bt() {
  // Bluetoothシリアルから文字を受信しているかどうかを判断する
  if (SerialBT.available()) {                                    ❶
    // Bluetoothシリアルから1文字読み込む
    int ch = SerialBT.read();
    // 文字が「e」の場合
    if (ch == 'e') {
      // speedがMAX_SPEEDより小さければ1増やす（加速）
      if (speed < MAX_SPEED) {                                   ❷
        speed++;
      }
    }
    // 文字が「x」の場合
    else if (ch == 'x') {
      // speedがMIN_SPEEDより大きければ1減らす（減速）
      if (speed > MIN_SPEED) {                                   ❸
        speed--;
      }
    }
    // 文字が「d」の場合
    else if (ch == 'd') {
      // angleがANGLE_MAXより小さければANGLE_STEPだけ増やす（ハンドルを右に切る）
      if (angle < ANGLE_MAX) {                                   ❹
        angle += ANGLE_STEP;
      }
    }
```

```
      // 文字が「s」の場合
      else if (ch == 's') {
        // angleが-ANGLE_MAXより大きければANGLE_STEPだけ減らす (ハンドルを左に切る)
        if (angle > -ANGLE_MAX) {
          angle -= ANGLE_STEP;
        }
      }
      else if (ch == 'i') {
        // モーターを止め、ハンドルを中心に戻す
        speed = 0;
        angle = 0;
      }
    }
  }
}
```

❺

❻

各部分の内容は次の通りです。

▼ ❶の部分

Bluetoothシリアルに文字が送信されているかどうかを調べ（❶の2行目）、され
ていればそれを受信して変数chに代入します（❶の4行目）。

▼ ❷の部分

受信した文字が「e」であれば、速度（変数speed）を1段階増やします（❷の部分
の5行目）。ただし、速度の最大はMAX_SPEED（= 3）なので、速度がMAX_
SPEEDより小さいときだけ1段階増やします。

▼ ❸の部分

❷とほぼ同様で、受信した文字が「x」で、かつ速度が最小値（MIN_SPEED）よ
り大きければ、速度を1段階減らします。

▼ ❹の部分

受信した文字が「d」で、かつ角度（変数angle）が定数AMGLE_MAX（18度）よ
り小さければ、ANGLE_STEP（6度）だけ増やします。

▼ ❺の部分

受信した文字が「s」なら、❹の部分とは逆に、変数angleを6度ずつ減らします。

▼ ❻の部分

受信した文字が「i」なら、速度／角度ともに0にします。

6

プログラム制作事例

357

障害物までの距離を測定する

read_distance関数では、HC-SR04を使って、障害物までの距離を測り、変数distに代入します（リスト6.17）。距離を測定する仕組みは、338ページで解説した通りです。

リスト6.17　read_distance関数

```
// 障害物までの距離を測定する
void read_distance() {
  // 超音波を10マイクロ秒発する
  digitalWrite(TRIG, HIGH);
  delayMicroseconds(10);
  digitalWrite(TRIG, LOW);
  // 反射した超音波を受信するまでの時間を測る
  double time = pulseIn(ECHO, HIGH, MAX_WAIT);
  // タイムアウトした場合はMAX_WAITだけ時間がかかったことにする
  if (time == 0) {
    time = MAX_WAIT;
  }
  // 距離を求める
  dist = (time / 1000 / 1000) / 2 * 340;
}
```

モーターを制御する

ここまでの処理で、速度／角度と障害物までの距離が決まりましたので、それらの値をもとにして、operate_motor関数でモーターを操作します（リスト6.18）。

リスト6.18　operate_motor関数

```
// モーターを操作する
void operate_motor() {
  // speedがプラスで、障害物までの距離がMIN_DISTより大きい場合
  if (speed > 0 && dist > MIN_DIST) {
    // モーターを正転させる
    digitalWrite(AIN1, HIGH);
    digitalWrite(AIN2, LOW);
  }
  // speedがマイナスの場合
  else if (speed < 0) {
    // モーターを逆転させる
    digitalWrite(AIN1, LOW);
    digitalWrite(AIN2, HIGH);
  }
```

❶

❷

```
  // そのほかの場合
  else {
    // モーターを止める
    speed = 0;                          ❸
    digitalWrite(AIN1, LOW);
    digitalWrite(AIN2, LOW);
  }
  // モーターの回転速度を決める
  ledcWrite(LEDC_CHANNEL, 30 + 40 * abs(speed));   ❹
  // MG996Rの角度を決める
  myServo.write(90 + angle + servo_offset);        ❺
}
```

各部分の内容は次の通りです。

▼ ❶の部分

速度（変数speed）の値がプラスで、なおかつ障害物までの距離がMIN_DIST（0.3m）より遠ければ、TB6612FNGモジュールのAIN1にHIGH、AIN2にLOWを送って、**モーターを正転**させます。

▼ ❷の部分

速度の値がマイナスなら、**モーターを逆転**させます。

▼ ❸の部分

❶と❷のどちらでもない場合（障害物が近い場合など）は、**モーターを止めます**。

▼ ❹の部分

ledcWrite関数を使って、TB6612FNGモジュールにPWM信号を送り、モーターの電圧を決めます。

PWMの段階は8ビットに設定しましたので（➡355ページのsetup関数）、デューティ比を決める値の範囲は、0〜255（= 2^8-1）で指定することができます。また、TB6612FNGのVMには5Vを接続していますので、**値として255（デューティ比100%）を指定すると、モーターには5Vの電圧がかかります**。

❹の部分では、次のようにして、変数speedの値の符号を取って（abs関数）、その結果を40倍し、それに30を足した値を指定しています。

```
ledcWrite(LEDC_CHANNEL, 30 + 40 * abs(speed));
```

変数speedの値は、正転なら1〜3、逆転なら-1になりますので、デューティ比を決める値と、そこから決まる電圧は表6.19のようになります。

表6.19　デューティ比を決める値とモーターにかかる電圧

変数speedの値	デューティ比を決める値	モーターにかかる電圧
1または-1	30 + 40 × 1 = 70	5V × 70 ÷ 255 = 約1.37V
2	30 + 40 × 2 = 110	5V × 110 ÷ 255 = 約2.16V
3	30 + 40 × 3 = 150	5V × 150 ÷ 255 = 約2.94V

▼ ❺の部分

最後の❺の部分では、MG996Rの角度を指定しています。90度を中心に、変数angleの角度だけ左右に振ります。ただし、角度にservo_offsetの値も加えて補正します。

ラジコンカーを操縦する

プログラムをESP32に書き込んだあと、USB→DIP変換ボードにモバイルバッテリーを接続すれば動作させることができます。実際に操縦するには次の手順を取ります。

▌Windows／Macの場合

ESP32とペアリングを行ったあと、**ターミナルソフトを起動して仮想シリアルポートに接続**します（→305ページ）。そのあとは、キーボードで351ページの表6.16のキーを押すと、速度や向きを変えることができます。

▌Androidの場合

Androidでは、「**Arduino bluetooth controller**」というアプリを使うと、Androidをコントローラーのようにすることができます。

```
https://play.google.com/store/apps/details?id=com.giumig.apps.
bluetoothserialmonitor&hl=ja
```

このアプリでは、まず次の手順でボタンに文字を割り当てます。

❶ AndroidとESP32をペアリングしたあと、Arduino bluetooth controllerを起動します。

❷ 図6.25のような表示になりますので、ラジコンカーに付けた名前をタップします。

❸ 図6.26のような表示になりますので、「**Controller mode**」をタップします。

❹ コントローラーモードの画面に変わりますので、画面右上の歯車アイコンをタップします（図6.27）。

❺ **コントローラーの各ボタンに文字を割り当てる**状態になります（図6.28）。ボタンをタップすると文字を入力する状態になりますので、**各ボタンに文字を割り当てます**（表6.20）。

6

プログラム制作事例

図6.25　ラジコンカーの名前を選ぶ

図6.26　「Controller mode」をタップする

図6.27　画面右上の歯車アイコンをタップする

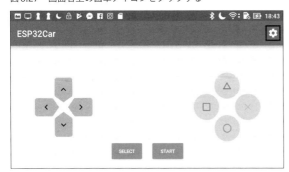

図6.28　各ボタンに文字を割り当てる

表6.20　各ボタンに割り当てる文字

ボタン	文字
<	s
∧	e
>	d
∨	x
START	i

　これ以後は、ラジコンカーを起動→ペアリング確認→Arduino bluetooth controller を起動→361ページの❷→❸の順に操作してコントローラーモードにしたあと、上下左右のボタンとSTARTボタンで、ラジコンカーを操縦することができます。

環境計を作る

事例の最後に、周囲の環境（温度／湿度／気圧／空気状態）を調べる「環境計」を作ります。

環境計の概要

　家や職場で生活する上で、その環境（温度や湿度など）をチェックして、問題がないかどうかを知ることができれば、生活がよりよくなるのではないでしょうか。

　そのための道具として、この節では「**環境計**」を作ってみます（図6.29）。次のような機能を持ったものにしていきます。

図6.29　環境計

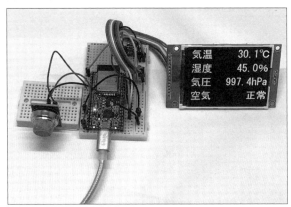

▐ 環境の表示

　もっとも基本的な機能として、**温度／湿度／気圧／空気状態の4つの情報を液晶ディスプレイに表示**できるようにします。

　なお、空気状態とは、空気中に有害ガス（二酸化炭素など）がどの程度含まれているかどうかを表すものです。今回作る例では、「正常」「注意」「異常」の3段階で表示できるようにします。

█ Webサーバー機能

　環境計自体をWebサーバーとして機能させ、温度／湿度／気圧／空気状態を
Webブラウザ上でも確認できるようにします（図6.30）。HTMLのデータは
SPIFFS（➡263ページ）に入れておいて、それをWebブラウザに送信するように
します。

　また、これらの4つの情報をJSON[9]形式で外部から取得できるようにもします。

図6.30　iPhoneのWebブラウザで環境計の情報を確認した例

█ 環境データの記録

　環境のデータを、定期的に外部のWebサーバーに送信するようにします。Webサー
バー側に、データを記録するプログラムを設置しておくことで、**長期間にわたる
環境データを蓄積**することができます。

　ただし、外部のWebサーバーを用意するのはやや手間がかかりますので、コン
パイルの際に、この機能をオフにできるようにします。

9　「JavaScript Object Notation」の略で、その名の通りJavaScriptでのデータの表し方を規格化した形式です。JavaScriptだ
けでなく、多くのプログラミング言語で扱うことができます。読み方は「ジェイソン」。

空気が汚れたらGoogle Homeに通知

温度と湿度の高低は体感である程度わかりますが、空気の状態がよいかどうかは、体感ではわかりにくいです。そこで、**空気の状態がよくないときには、音声で通知**するようにします。

音声を出す方法はいくつかありますが、今回は「**Google Homeにしゃべらせる**」という方法を取ることにします。

ただし、Google Homeをお持ちでない方のために、コンパイルの際に、この機能をオフにできるようにします。

環境計の作成に必要なもの

環境計は、マイコンにESP32を使い、そのほかに次の各モジュールを組み合わせます。

カラー液晶ディスプレイモジュール

まず、気温などを表示するために、液晶ディスプレイモジュールを使います。ESP32に接続できる液晶ディスプレイモジュールはいくつかありますが、今回は「**ILI9341**」というコントローラーを搭載した**SPI接続（→178ページ）のカラー液晶ディスプレイモジュール**を使うことにします（図6.31）。

320×240ピクセル／65,536色のカラー液晶で、サイズは2.2／2.4／2.8／3.2インチのものが売られています。AmazonやAliExpressで「ILI9341 SPI」のキーワードで検索すれば、多くの商品がヒットします。サイズが大きい方がより見やすいですが、その分値段も高くなります。

図6.31　ILI9341コントローラー搭載のカラー液晶ディスプレイモジュール

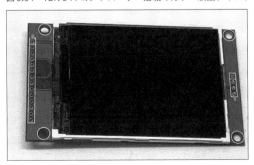

▌温度／湿度／気圧センサー（BME280モジュール）

環境計では、気温などのデータをセンサーから読み取ります。そのうち、温度／湿度／気圧は、ボッシュ社の「**BME280**」というセンサーのモジュールで読み取ります（図6.32）。

AmazonやAliExpressを見ると、4ピンのモジュールと6ピンのモジュールが販売されています。ここでは、4ピンのモジュールを使います。4ピンのモジュールは、**I2C接続専用**のタイプです。

なお、BME280モジュールは、ピンがはんだ付けされていません。ご自分でピンをはんだ付けする必要があります。

図6.32　BME280モジュール

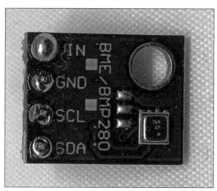

▌空気質センサー（MQ-135）

環境計では、空気状態もセンサーから読み取ります。ここでは、「**MQ-135**」という空気質センサーモジュールを使います（図6.33）。

MQシリーズは**ガスセンサー**で、ガスの種類に応じたいくつかの製品があります。MQ-135はその中の1つで、**二酸化炭素・アンモニア・ベンゼン・アルコール・煙**などの有害なガスに反応します。

アナログ出力があり、その値で有害ガスの濃度を大まかに知ることができます。濃度が低ければ0Vに近い値が出力され、濃度が上がると出力される電圧も上がります。

図6.33　MQ-135

TFT_eSPIライブラリの基本

カラー液晶ディスプレイを制御するために、「**TFT_eSPI**」というライブラリを使います。

TFT_eSPIライブラリはESP32用のライブラリで、対応しているカラー液晶ディスプレイの種類が多く、また動作が高速です。さらに、フォントデータを用意すれば**漢字**を表示することもできます。

TFT_eSPIライブラリのインストール

TFT_eSPIライブラリは、Arduino IDEのライブラリマネージャでインストールすることができます（➡179ページ）。ライブラリマネージャを開いて、キーワードとして「TFT_eSPI」を入力すれば検索することができます。

User_Setup.hの書き換え

TFT_eSPIライブラリでは、「**User_Setup.h**」というヘッダーファイルで、液晶ディスプレイの種類などの設定を行うようになっています。そこで、このファイルを書き換えます。

User_Setup.h ファイルは、次のフォルダにあります。テキストエディタソフト（Windowsに標準で付属のメモ帳でもOK）などで、このファイルを開きます。

- **Windowsの場合**
  「ドキュメント」→「Arduino」→「libraries」→「TFT_eSPI」フォルダ
- **Macの場合**
  「書類」→「Arduino」→「libraries」→「TFT_eSPI」フォルダ

先頭の方に、**液晶ディスプレイの種類を指定する定数**が並んでいます。その中で、次の行には先頭にコメント（//）を付けず、それ以外の行にはコメントを付けます（初期状態で、ILI9341_DRIVER の行のみコメントが付いていない状態になっています）。

```
#define ILI9341_DRIVER
```

また、ファイルの途中（130行目付近）に、**ピン番号を指定する箇所**があります。今回作るプログラムでは、この部分をリスト6.19のように書き換えます。

リスト6.19　ピン番号の指定
```
#define TFT_CS    2  // Chip select control pin D8
#define TFT_DC    5  // Data Command control pin
#define TFT_RST   4  // Reset pin (could connect to NodeMCU RST, see next line)
```

基本的な使い方

TFT_eSPI ライブラリを使うには、次の3つの作業で初期化してから、TFT_eSPI クラスの各種のメンバ関数（表6.21）で文字や図形を描画します。

❶ 「TFT_eSPI.h」ヘッダーファイルを読み込む
❷ TFT_eSPI クラスのグローバル変数を宣言する
❸ init メンバ関数を実行する

グローバル変数の名前を「tft」にする場合だと、リスト6.20のような形で初期化を行います。

リスト6.20 TFT_eSPIクラスのオブジェクトの初期化

```
#include <TFT_eSPI.h>
TFT_eSPI tft = TFT_eSPI();


void setup() {
  tft.init();
  ......
}
```

表6.21 描画関係のメンバ関数(主なもの)

関数名	描画される内容
drawPixel(X座標, Y座標, 色)	点
drawLine(X座標1, Y座標1, X座標2, Y座標2, 色)	線
drawRect(X座標, Y座標, 幅, 高さ, 色)	四角形(枠のみ)
fillRect(X座標, Y座標, 幅, 高さ, 色)	四角形(塗りつぶし)
drawCircle(X座標, Y座標, 半径, 色)	円(枠のみ)
fillCircle(X座標, Y座標, 半径, 色)	円(塗りつぶし)
drawString(X座標, Y座標, 文字列, フォント)	文字列
setTextColor(文字色, 背景色)	文字色/背景色の設定
setFont(フォント名)	フォントの設定
setTextDatum(方向)	文字の揃え方の設定

6

プログラム制作事例

漢字フォントデータをSPIFFSに転送する

TFT_eSPIライブラリでは、**フォントのデータのファイルを用意してSPIFFSに転送し、漢字を表示**することもできます。今回取り上げる例では、あらかじめフォントデータを用意してあります。

なお、漢字フォントデータの作成方法は次のページを参照してください。

https://watako-lab.com/2018/10/31/m5_font/

また、サンプルファイルに含まれる漢字フォントデータには、今回のプログラムで必要な漢字(「気温」や「湿度」など)だけが含まれています。

BME280ライブラリの基本

BME280から温度／湿度／気圧を読み取る際にも、ライブラリを使います。いくつかのライブラリがありますが、ここでは「**Adafruit BME280 Library**」を使います。

Adafruit BME280 Libraryのインストール

Adafruit BME280 Libraryライブラリは、Arduino IDEのライブラリマネージャでインストールすることができます。ライブラリマネージャを開いて、キーワードとして「BME280」を入力すれば検索することができます。

また、Adafruit BME280 Libraryライブラリは、「**Adafruit Unified Sensor**」というライブラリと組み合わせるようになっていますので、このライブラリもインストールします。ライブラリマネージャを開いて、キーワードとして「Adafruit Unified Sensor」を入力すれば検索することができます。

基本的な使い方

Adafruit BME280 Libraryライブラリを使う場合、次の方法で初期化してから、メンバ関数（表6.22）で情報を読み取ります。

❶ 「Adafruit_Sensor.h」と「Adafruit_BME280.h」のヘッダーファイルを読み込む
❷ **Adafruit_BME280クラス**のグローバル変数を宣言する
❸ **beginメンバ関数**を実行し、引数としてI2Cのアドレス（通常は0x76）を渡して初期化する

グローバル変数の名前を「bme」にする場合だと、リスト6.21のような形で初期化します。

リスト6.21　Adafruit_BME280クラスのオブジェクトの初期化

```
#include <Adafruit_Sensor.h>
#include <Adafruit_BME280.h>
Adafruit_BME280 bme;

void setup() {
```

```
    bme.begin(0x76);
    ……
}
```

表6.22 Adafruit BME280 Library ライブラリのメンバ関数

関数名	読み取れる値
readTemperature	温度
readHumidity	湿度
readPressure	気圧

Google Home にしゃべらせるライブラリ (esp8266-google-home-notifier)

ESP32で音声合成を行いたい場合に、もっとも手っ取り早い方法として、「Google Homeにしゃべらせる」ということが挙げられます。「esp8266-google-home-notifier」というライブラリを使うと、比較的簡単に実装することができます。

ライブラリのインストール

esp8266-google-home-notifierライブラリは、Arduino IDEのライブラリマネージャでインストールすることができます。また、このライブラリは「esp8266-google-tts」というライブラリと組み合わせますので、合わせてインストールします。

ライブラリマネージャを開き、キーワードとして「google」を入力すると、これら2つのライブラリが見つかりますので、両方をインストールします。

基本的な使い方

esp8266-google-home-notifierライブラリは、まず次の手順で初期化します。なお、Google Homeの名前は、Androidなどの Google Home アプリで確認します。また、ESP32と Google Home は同じアクセスポイントに接続します。

❶ 「esp8266-google-home-notifier.h」のヘッダーファイルを読み込む
❷ GoogleHomeNotifierクラスのグローバル変数を宣言する
❸ deviceメンバ関数を実行し、引数として Google Home の名前と「ja」の文字列を渡す

グローバル変数の名前を「ghn」にする場合だと、リスト6.22のようにして初期化します。

リスト6.22　GoogleHomeNotifierクラスのオブジェクトの初期化

```
#include <esp8266-google-home-notifier.h>
GoogleHomeNotifier ghn;

void setup() {
  if (ghn.device(Google Homeの名前 , "ja") != true) {
    接続に失敗したときの処理
  }
}
```

初期化が終わったあとは、「**notify**」というメンバ関数で、Google Homeにしゃべらせることができます。引数として、しゃべらせたい文字列を指定します。

たとえば、グローバル変数の名前を「ghn」にした場合、次の文を実行すると、Google Homeに「こんにちは」としゃべらせることができます。

```
ghn.notify("こんにちは");
```

ハードウェアの接続

それでは、実際の制作に入っていきましょう。まず、ハードウェアを接続することから始めます。

ESP32にカラー液晶ディスプレイ／MQ-135／BME280を接続します（図6.34）。接続する線の数が多いので（特にカラー液晶ディスプレイ）、間違わないように慎重に接続していきます。

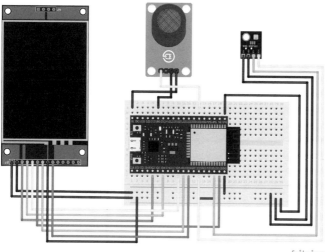

図6.34　ハードウェアの接続

カラー液晶ディスプレイの接続

　カラー液晶ディスプレイモジュールには、ディスプレイだけでなく、**SDカードモ**
ジュールと**タッチセンサー**の機能も付いています (タッチセンサーは付いていない
場合もあります)。そのため、ピンが多くなっています。

　環境計では、ディスプレイ用のピンのみ使用します。SD／タッチ用のピンには、
それぞれ「SD」「TOUCH」と書かれていますので、それらではないピンを接続し
ます。ESP32とは**SPI**で接続し、ピンの対応は表6.23の通りになります。

表6.23　カラー液晶ディスプレイとESP32の接続

カラー液晶ディスプレイ	ESP32
VCC	3V3
GND	GND
CS	2
RESET	4
DC	5
SDI (MOSI)	23
SCK	18
SDO (MISO)	19
LED	3V3

MQ-135 モジュールの接続

ESP32 と **MQ-135 モジュール**とは、表6.24のように接続します。**電源は 3.3V ではなく5V**から取るようにします。

なお、「D0」のピンは、空気が汚れている／いないをデジタル出力するピンなので今回は使いません。

表6.24　MQ-135モジュールとESP32の接続

MQ-135	ESP32
VCC	5V
GND	GND
D0	接続しない
A0	35

BME280 モジュールの接続

ESP32 と **BME280 モジュール**とは、表6.25のように接続します。BME280モジュールはI2Cで接続しますので、必要な線は4本になります。

表6.25　BME280モジュールとESP32の接続

BME280	ESP32
VIN	3.3V
GND	GND
SDA	21
SCL	22

プログラムの先頭部分（ヘッダーファイルの読み込みなど）

次に、プログラム作りに入っていきます。サンプルファイルは、「part6」→「env_sensor」フォルダにあります。

今回のプログラムはだいぶ長いので、まず先頭部分（ヘッダーファイルの読み込みなど）から解説します。

条件コンパイルのための定数の宣言

今回のプログラムでは、次の2つの条件によって、**コンパイルする部分／しない部分を変えられる**ようにします。

❶ Google Homeを使うかどうか

❷ 温度等の情報をサーバーに送信するかどうか

そこで、条件コンパイル（➡116ページ）の仕組みを使います。❶／❷それぞれに対して、「**USE_GOOGLE_HOME**」と「**SEND_ENV**」という定数を宣言します（リスト6.23）。そして、プログラムの中で、これらの**定数が宣言されているかどうかによって、コンパイルするかどうかを切り替える**ようにします。

1行目の先頭に「//」を入れてコメントにすると、「USE_GOOGLE_HOME」の定数を宣言しなくなりますので、Google Homeに関する部分をコンパイルしないようにすることができます。また、2行目をコメントにすると、サーバー送信の部分をコンパイルしないようにできます。

リスト6.23　条件コンパイル用の定数の宣言

```
#define USE_GOOGLE_HOME 1
#define SEND_ENV 1
```

ヘッダーファイルの読み込み

今回のプログラムではさまざまなライブラリを組み合わせるので、ヘッダーファイルの読み込みが多くなります（リスト6.24）。

なお、**HTTPクライアントのライブラリは、サーバーへ情報を送信する場合に必要**です。そこで、「SEND_ENV」の定数が宣言されているときだけ読み込むようにします（4〜6行目）。

同様に、Google Homeのライブラリも、「USE_GOOGLE_HOME」の定数が宣言されているときだけ読み込みます（13〜15行目）。

リスト6.24　ヘッダーファイルの読み込み

```
#include <WiFi.h>              // WiFi
#include <WebServer.h>         // Webサーバー
#include <ESPmDNS.h>           // mDNS
#ifdef SEND_ENV
#include <HTTPClient.h>        // HTTPクライアント  5行目
#endif
#include <FS.h>                // SPIFFS
#include <Wire.h>              // I2C
#include <SPI.h>               // SPI
#include <Adafruit_Sensor.h>   // BME280
#include <Adafruit_BME280.h>   // BME280
```

```
#include <TFT_eSPI.h>              // カラー液晶
#ifdef USE_GOOGLE_HOME
#include <esp8266-google-home-notifier.h> // Google Home  14行目
#endif
#include <time.h>                  // 日付・時刻
```

定数の宣言

プログラムの中でいくつか定数を使いますので、それらも宣言しておきます (リスト6.25)。

「AIR_WARNING」と「AIR_ERROR」は、空気が汚れているかどうかを判断するための値です。空気が問題なければ電圧は0.1〜0.3V程度になりますので、電圧が0.5Vを超えたら注意、1.0Vを超えたら異常と判断することにします。

リスト6.25　定数の宣言

```
#define MQ135 35             // MQ-135の接続先ピン番号
#define AIR_WARNING 0.5      // 注意と判断する電圧
#define AIR_ERROR 1.0        // 異常と判断する電圧
```

環境に応じて書き換える部分

プログラムの中には、WiFiのESSIDなど、ご自分の環境に応じて書き換える必要がある部分もあります。そういった部分は1箇所にまとめておく方がわかりやすいので、プログラムの先頭にまとめました (リスト6.26)。この部分は適宜書き換えてください。

リスト6.26　環境に応じて書き換える部分

```
// 環境に応じて書き換える部分
const char *ssid     = "your_ssid";        // アクセスポイントのESSID
const char *password = "your_pass";        // アクセスポイントのパスワード
#ifdef USE_GOOGLE_HOME
const char *ghName   = "GoogleHomeの名前";   // Google Homeの名前
#endif
const char *mDNSName = "esp32env";         // mDNSの名前
#ifdef SEND_ENV
const char *url = "http://path.to/esp32/env.php"; // 情報送信先のアドレス
#endif
```

グローバル変数の宣言（オブジェクト）

210ページなどで解説したように、ライブラリを使ったプログラムでは、その
ライブラリに対応したオブジェクトを、グローバル変数として扱うことが多いです。
それらの変数を宣言しておきます（リスト6.27）。

リスト6.27　グローバル変数の宣言（オブジェクト）

```
// 各オブジェクトに対応するグローバル変数
Adafruit_BME280 bme;        // BME280
WebServer server(80);       // Webサーバー
TFT_eSPI tft = TFT_eSPI();  // カラー液晶ディスプレイ
#ifdef USE_GOOGLE_HOME
GoogleHomeNotifier ghn;     // Google Home
#endif
```

グローバル変数の宣言（関数用）

今回のプログラムは、setup関数／loop関数ともに処理することが多いので、部
分ごとに関数に分けます。そのため、関数間で共有することが必要な変数は、グロー
バル変数として宣言します（リスト6.28）。

temperature／humidity／pressure／airの各変数は、それぞれ**温度／湿度／
気圧／空気状態**を表します。

また、temp_oldなどの配列は、「**前回に表示した温度**」などを保存しておくもの
です。液晶ディスプレイに温度等を表示する際に、loop関数を実行するたびに画
面を書き換えると、ちらつきが発生しました。そこで、**前回の表示から変化があっ
た部分だけを書き換えて、書き換えを最小限に抑える**ようにしました。このような
処理を行うために、前回に表示した温度等を記憶しておくことが必要で、そのた
めの変数を宣言しています。

リスト6.28　グローバル変数の宣言（関数用）

```
// 各関数で使うグローバル変数
float temperature, humidity, pressure, air;
char temp_old[10], humid_old[10], pres_old[10], air_old[10];
```

初期化の処理

前述したように、今回のプログラムでは**初期化で行うことも多い**です。そこで、setup関数をリスト6.29のようにし、初期化する内容に応じて関数に分けました。

リスト6.29　setup関数

```
void setup() {
  // 基本的な初期化を行う
  setup_basic();
  // 液晶ディスプレイを初期化する
  setup_tft();
  // WiFiに接続する
  setup_wifi();
#ifdef USE_GOOGLE_HOME
  // Google Homeに接続する
  setup_google_home();
#endif
  // mDNSを初期化する
  setup_mdns();
  // Webサーバーを初期化する
  setup_web_server();
  // 固定の文字列を表示する
  display_static();
}
```

基本的な初期化 (setup_basic関数)

まず、**setup_basic関数**で、基本的な初期化としてシリアルモニタ／**SPIFFS**／**MQ-135**／**BME280**を初期化し、グローバル変数のtemp_oldなどの文字列を空にします(リスト6.30)。

リスト6.30　setup_basic関数

```
// 基本的な初期化
void setup_basic() {
  // シリアルモニタの初期化
  Serial.begin(115200);
  // SPIFFSの初期化
  if (!SPIFFS.begin()) {
    Serial.println("SPIFFS initialisation failed!");
    while (1);
  }
```

378

```
  // MQ-135を接続したピンを入力用にする
  pinMode(MQ135, INPUT);
  // BME280の初期化
  bme.begin(0x76);
  // グローバル変数の初期化
  strcpy(temp_old, "");
  strcpy(humid_old, "");
  strcpy(pres_old, "");
  strcpy(air_old, "");
}
```

液晶ディスプレイの初期化

液晶ディスプレイの初期化（**setup_tft関数**）は、リスト6.31のようになります。

initメンバ関数で初期化したあと（3行目）、画面の向きを指定し（5行目）、黒で消去します（7行目）。そして、黒地に白文字で（9行目）、「Initializing...」と表示します（11行目）。

なお、10行目の「loadFont」というメンバ関数は、**SPIFFSからフォントのデータを読み込む**処理をします。引数で、読み込むファイルの名前（拡張子の「.vlw」を除く）を指定します。フォントのデータは、サンプルファイルのフォルダの中の「data」フォルダにあります。

リスト6.31　液晶ディスプレイの初期化

```
// 液晶ディスプレイの初期化  1行目
void setup_tft() {
  tft.init();
  // 表示の向きを設定(ピンを接続した方を左にして横向き)  4行目
  tft.setRotation(3);
  // 黒で消去  6行目
  tft.fillScreen(TFT_BLACK);
  // 「Initializing...」と表示  8行目
  tft.setTextColor(TFT_WHITE, TFT_BLACK);
  tft.loadFont("msgothic44");
  tft.drawString("Initializing...", 0, 0, 1);
}
```

WiFiの初期化

WiFiの初期化（**setup_wifi関数**）の内容は、269ページのsetup関数とほぼ同じなので割愛します。ただ、今回のプログラムでは、通常の初期化に加えて、次の「**configTime**」という関数を実行しています。

```
configTime(9 * 3600, 0, "ntp.nict.jp", "time.google.com", "ntp.jst.mfeed.ad.jp");
```

configTime関数は、**NTP（Network Time Protocol）サーバー**[10]**に接続して日時の情報を取得**し、ESP32内蔵の時計をその時刻に合わせる処理をします。

温度等の情報をサーバーに送信する機能を付けますが（➡386ページ）、その際に送信した時点の日時の情報も入れるようにします。そのために時刻を合わせる処理を行っています。

▌Google Homeの初期化

Google Homeとの接続（**esp8266-google-home-notifier**）を初期化する部分は、リスト6.32のようになります。

6～9行目で、371ページで解説した手順に沿って初期化を行います。Google Homeの名前は、リスト6.26（➡376ページ）の変数ghNameから得るようにしています。そして、問題なく接続できたときには、「**GoogleHome接続OK**」としゃべらせます（11～14行目）。

なお、**Google Homeを使わない場合は、#ifdef文（1行目）と#endif文（16行目）を使って、この部分をコンパイルしないようにしています。**

リスト6.32　Google Homeの初期化

```
#ifdef USE_GOOGLE_HOME
// Google Homeに接続  2行目
void setup_google_home() {
  Serial.println("connecting to Google Home...");
  // Google Homeに接続する  5行目
  if (ghn.device(ghName , "ja") != true) {
    Serial.println(ghn.getLastError());
    return;
  }
  // 「GoogleHome接続OK」としゃべらせる  10行目
  if (ghn.notify("GoogleHome接続OK") != true) {
    Serial.println(ghn.getLastError());
    return;
  }
}
#endif
```

10　NTP（Network Time Protocol）サーバーは、インターネット上のサーバーの一種で、正確な日時の情報を配信しています。

▌mDNSの初期化

mDNSの初期化の手順は296ページで解説した通りですので、ここではリストは割愛します。

なお、esp8266-google-home-notifierライブラリと組み合わせる場合、そちらの初期化を先に行ってから、mDNSを初期化することが必要でした。順番を逆にすると、mDNSが動作しなくなりました。

▌Webサーバーの初期化

Webサーバーの初期化は、リスト6.33で行います。表6.26のように、それぞれのアドレスに対応して実行する関数を決めます（XXXはmDNSで付けた名前）。

なお、各アドレスに対応する関数については386ページで解説します。

リスト6.33　Webサーバーの初期化

```
// Webサーバーの初期化
void setup_web_server() {
    // 「http://XXX.local/」に接続されたらhandleRoot関数を実行する
    server.on("/", handleRoot);
    // 「http://XXX.local/json」に接続されたらhandleJSON関数を実行する
    server.on("/json", handleJSON);
    // それ以外のアドレスに接続されたらhandleNotFound関数を実行する
    server.onNotFound(handleNotFound);
    // Webサーバーを起動
    server.begin();
}
```

表6.26　アクセスされたアドレスに対応する関数

アドレス	関数
http://XXX.local/	handleRoot
http://XXX.local/json	handleJSON
そのほか	handleNotFound

▌固定の文字列の表示

環境計では、画面の左端に「気温」や「湿度」などの文字を表示します。これらの文字は表示したままにするので、初期化の際に表示しておきます（リスト6.34）。

6

プログラム制作事例

リスト6.34　固定の文字列の表示

```
// 固定の文字列の表示
void display_static() {
  tft.fillScreen(TFT_BLACK);
  tft.drawString("気温", 0, 0, 1);
  tft.drawString("湿度", 0, 60, 1);
  tft.drawString("気圧", 0, 120, 1);
  tft.drawString("空気", 0, 180, 1);
}
```

繰り返し行う処理

　初期化が終わったあとは、loop関数で処理を繰り返し行います（リスト6.35）。
繰り返し行う処理も内容が多いので、大まかに関数に分けました。

リスト6.35　loop関数

```
void loop() {
  // センサーから温度・湿度・気圧・空気状態を読み込む
  read_env();
  // Webサーバーの処理を行う
  server.handleClient();
  // 温度・湿度・気圧・空気状態を表示する
  show_env();
#ifdef USE_GOOGLE_HOME
  // 空気が汚れているときは通知する
  notify_air();
#endif
#ifdef SEND_ENV
  // 温度・湿度・気圧・空気状態を送信する
  send_env();
#endif
}
```

温度等を読み込む

　loop関数からは、まず**read_env関数**を呼び出します。この関数は、**センサーか
ら温度等の情報を読み込む**処理を行います（リスト6.36）。

　MQ-135の情報は、**analogRead関数**で読み込み（4行目）、それを電圧に変換し
ます（5行目）。あとのshow_env関数やnotify_air関数で、電圧が高いかどうかで
空気が汚れているかどうかを判断します。

また、温度／湿度／気圧は**BME280のメンバ関数**で読み込みます（7〜9行目）。気圧は一般にはヘクトパスカル（hPa）単位で表すことが多いですが、BME280の値は単位がパスカルになっています。1ヘクトパスカル＝100パスカルなので、読み込んだ値を100で割って、ヘクトパスカルに変換します。

リスト6.36 温度等を読み込む

```
// センサーから温度・湿度・気圧・空気状態を読み込む
void read_env() {
  // MQ-135の値を読み込む  3行目
  int mq = analogRead(MQ135);
  air = (float) mq / 4096 * 3.3;
  // 温度・湿度・気圧を読み込む  6行目
  temperature = bme.readTemperature();
  humidity = bme.readHumidity();
  pressure = bme.readPressure() / 100.0F;
}
```

温度等を表示する

温度等を読み込んだら、次にそれらの値をカラー液晶ディスプレイに表示します。この処理は、**show_env関数**で行います（リスト6.37）。

温度／湿度／気圧は、**dtostrf関数**（➡140ページ）で文字列に変換したあと、**strcat関数**（➡135ページ）で単位（℃など）を後ろに連結して、後述の「**show_str**」という関数で表示します。

たとえば、温度の表示の場合だと、14行目のdtostrf関数で文字列に変換し、15行目のstrcat関数で「℃」の記号を後ろに連結して、16行目のshow_str関数で表示します。

空気が汚れているかどうかは、26〜36行目で表示します。MQ-135から読み出した電圧（変数air）を、汚れているかどうかを判断する値（定数AIR_WARNINGとAIR_ERROR）と比較して、正常／注意／異常のいずれかを表示しています。

また、温度等は短時間で急に変わることは少ないので、**前回に表示を更新してから1秒以上経過してから表示**するようにしています。

変数last_timeに前回表示したときの時刻（ESP32が起動してからのミリ秒）を記憶しておき、それと現在時刻（6行目の変数now_time）とを比較して、両者の差が1,000ミリ秒を超えたときに温度等を表示します（8行目のif文）。そのあとに変数last_timeを現在時刻で更新し（38行目）、次回の表示に備えます。

リスト6.37 show_env関数

```c
// 温度・湿度・気圧・空気状態を表示する
void show_env() {
  char buf[15];
  static long last_time = -99999999;

  long now_time = millis();
  // 前回表示してから1秒以上経過したかどうかを判断  7行目
  if (now_time - last_time > 1000) {
    // 右揃えにする
    tft.setTextDatum(TR_DATUM);
    // 文字色を黒地に白にする
    tft.setTextColor(TFT_WHITE, TFT_BLACK);
    // 温度を表示する  13行目
    dtostrf(temperature, 6, 1, buf);
    strcat(buf, "℃");
    show_str(buf, temp_old, 320, 0);
    // 湿度を表示する
    dtostrf(humidity, 6, 1, buf);
    strcat(buf, "%");
    show_str(buf, humid_old, 320, 60);
    // 気圧を表示する
    dtostrf(pressure, 6, 1, buf);
    strcat(buf, "hPa");
    show_str(buf, pres_old, 320, 120);
    // 空気状態を表示する  25行目
    if (air < AIR_WARNING) {
      strcpy(buf, "正常");
    }
    else if (air < AIR_ERROR) {
      strcpy(buf, "注意");
      tft.setTextColor(TFT_BLACK, TFT_YELLOW);
    }
    else {
      strcpy(buf, "異常");
      tft.setTextColor(TFT_WHITE, TFT_RED);
    }
    show_str(buf, air_old, 320, 180);
    last_time = now_time;  // 38行目
  }
}
```

　また、温度等の文字列の表示は、**show_str**という関数で行うようにしています（リスト6.38）。この関数は、**前回に表示した文字列（引数のold_str）**と、今回新た

に表示しようとしている文字列（引数のstr）を比較して、両者が異なるときだけ新しい文字列を表示するものです。

　今回取り上げているカラー液晶ディスプレイでは、書き換えを行うと画面がちらつきます。表示する文字列が前回と同じなら書き換えないようにして、なるべくちらつきを抑えるようにしています。

リスト6.38　show_str関数

```
void show_str(char *str, char *old_str, int x, int y) {
  // 前回表示した文字列と異なるかどうかを判断
  if (strcmp(str, old_str) != 0) {
    // 文字列を表示
    tft.drawString(str, x, y, 1);
    // 今回表示した文字列を記憶
    strcpy(old_str, str);
  }
}
```

空気が汚れたらGoogle Homeで通知する

　空気の状況は、液晶ディスプレイに表示するだけでなく、**Google Home**にしゃべらせて通知するようにします。この処理は、notify_air関数で行います（リスト6.39）。

　MQ-135の電圧（変数air）と、空気が汚れているかどうかを表す定数（AIR_WARNING と AIR_ERROR）を比較し（7行目のif文）、air が AIR_WARNING などを上回っていれば、Google Homeにしゃべらせます（13行目／19行目）。

　また、「空気が汚れています」などのメッセージを頻繁にしゃべらせるとうるさいので、**前回しゃべらせてから30秒経過するまで待つ**ようにしています（9～10行目）。

リスト6.39　空気が汚れたらGoogle Homeで通知する

```
#ifdef USE_GOOGLE_HOME
// 空気が汚れているときは通知する
void notify_air() {
  static long last_notify = -99000000;

  // 空気状態が注意か異常になっているかどうかを判断する  6行目
  if (air >= AIR_WARNING) {
    // 前回の通知から30秒以上たっているかどうかを判断する  8行目
    long now_time = millis();
    if (now_time - last_notify > 30000) {
      // 異常の場合の通知を行う  11行目
      if (air >= AIR_ERROR) {
```

```
      if (ghn.notify("空気がかなり汚れています。至急換気してください。") != true) {
        Serial.println(ghn.getLastError());
      }
    }
    // 注意の場合の通知を行う  17行目
    else if (air >= AIR_WARNING) {
      if (ghn.notify("空気が汚れています。換気してください。") != true) {
        Serial.println(ghn.getLastError());
      }
    }
    last_notify = now_time;
  }
 }
}
#endif
```

Webサーバー／クライアント関係の処理

　環境計には**Webサーバー機能**も付けて、Webブラウザで温度等の情報を見られるようにします。また、外部のサーバーに温度等の情報を送信する機能も付けます。これらの処理を紹介します。

■ ルート（http://XXX.local/）にアクセスされたときの処理

　http://XXX.local/（XXXはmDNSで付けた名前）にアクセスされたときには、「**handleRoot**」という関数を実行するようにしました（➡381ページ）。

　handleRoot関数では、SPIFFSにある「index.html」ファイルを読み込んで、それをそのままクライアントに返すようにします（リスト6.40）。

　また、「ファイルを読み込んでクライアントに返す」という処理は汎用的ですので、「**sendFile**」という関数に分けました（リスト6.41）。

　ファイル名を引数で渡すと、SPIFFSのそのファイルを開いて（3行目）、そこから1文字ずつ読み込んで変数htmlに連結していきます（7〜9行目）。そして、ファイルを読み込み終わったら、**変数htmlの内容をクライアントに送信**します（13行目）。

リスト6.40　handleRoot関数

```
void handleRoot(void) {
  sendFile("/index.html");
}
```

リスト6.41　sendFile関数

```
void sendFile(String fname) {
  // SPIFFSのファイルを開く　2行目
  File f = SPIFFS.open(fname, FILE_READ);
  if (f) {
    // ファイルを読み込んで変数htmlに代入する　5行目
    String html = "";
    while(f.available()){
      html.concat((char) f.read());
    }
    // ファイルを閉じる
    f.close();
    // 変数htmlの内容をクライアントに出力する　12行目
    server.send(200, "text/html", html);
  }
  else {
    // ファイルを開けなかった場合はエラーを出力する
    server.send(403, "text/plain", "read error");
  }
}
```

JSONを出力する処理

http://XXX.local/json（XXXはmDNSで付けた名前）にアクセスされたときには、「handleJSON」という関数を実行するようにしました（➡381ページ）。この関数では、**温度等の情報を次のJSON形式にまとめて、その文字列を出力**します（リスト6.42）。

```
{"temperature":温度の値,"humidity":湿度の値,"pressure":気圧の値,"air":MQ-135の電圧}
```

4～13行目で、JSONの文字列を生成しています。そして、14行目でJSON文字列をクライアントに送信します。

このJSONを何らかのプログラミング言語で処理すれば、温度等の値を得て利用することができます。ちなみに、**SPIFFSに入れたindex.htmlでは、JavaScriptでこのJSONを読み込んで、温度等の情報を表示**するようにしています。

リスト6.42　handleJSON関数

```
void handleJSON(void) {
  // 温度・湿度・気圧・空気状態の各値をJSON文字列で出力する　2行目
  char buf[10];
  String json = "{\"temperature\":";
```

```
  json.concat(temperature);
  json.concat(",¥"humidity¥":");
  json.concat(humidity);
  json.concat(",¥"pressure¥":");
  json.concat(pressure);
  json.concat(",¥"air¥":");
  dtostrf(air, 4, 2, buf);
  json.concat(buf);
  json.concat("}");
  server.send(200, "application/json", json);  // 14行目
}
```

温度等の情報を外部のサーバーに送信する処理

　loop関数からは**send_env**関数を呼び出して、温度等の情報を定期的に外部のサーバーに**POST**メソッドで送信するようにします（リスト6.43）。

　この関数の前半（13〜32行目）では、POSTメソッドでサーバーに送信するために、次のような文字列を生成しています。

```
year=年&month=月&day=日&temperature=温度&humidity=湿度&pressure=気圧&air=MQ-135の電圧
```

　そして、後半の部分（34〜59行目）では、**HTTPClient**クラスを使って、**POST**でデータを送信します。送信の流れは286ページで解説した通りです。

　ただし、温度等は通常は急には変化しませんので、**10分おきに送信**するようにしています。現在時刻を取得し（8行目）、「秒が0かつ分の下1桁が0」かどうかを判断して（9行目）、10分おきの送信になるようにします。

　また、send_env関数は1秒に複数回実行されますので、単純に上の条件だけで送信すると、「秒が0かつ分の下1桁が0」を満たす間、複数回送信されてしまいます。そこで、すでに送信済みかどうかを判断して（11行目）、送信済みでないときだけ送信し、そのあとに送信済み状態を記憶します（43行目）。

リスト6.43　send_env関数

```
#ifdef SEND_ENV
// 温度・湿度・気圧・空気状態を送信する
void send_env() {
  static bool is_send = false;
  struct tm t;

  // ○○時X0分0秒かどうかを判断する  7行目
```

```
if(getLocalTime(&t)){
  if (t.tm_sec == 0 && t.tm_min % 10 == 0) {
    // 送信済みかどうかを判断する  10行目
    if (is_send == false) {
      // 送信する文字列を作る  12行目
      String data = "year=";
      data.concat(t.tm_year + 1900);
      data.concat("&month=");
      data.concat(t.tm_mon + 1);
      data.concat("&day=");
      data.concat(t.tm_mday);
      data.concat("&hour=");
      data.concat(t.tm_hour);
      data.concat("&min=");
      data.concat(t.tm_min);
      data.concat("&sec=");
      data.concat(t.tm_sec);
      data.concat("&temperature=");
      data.concat(temperature);
      data.concat("&humidity=");
      data.concat(humidity);
      data.concat("&pressure=");
      data.concat(pressure);
      data.concat("&air=");
      data.concat(air);
      // POSTでデータを送信する  33行目
      HTTPClient http;
      if (http.begin(url)) {
        http.addHeader("Content-type", "application/x-www-form-urlencoded");
        int status = http.POST(data);
        if (status > 0) {
          if (status == HTTP_CODE_OK) {
            String html = http.getString();
            Serial.print(html);
            // 送信済み状態にする  42行目
            is_send = true;
          }
          else {
            Serial.print("HTTP Error ");
            Serial.println(status);
          }
        }
        else {
          Serial.println("POST Failed");
        }
```

```
        http.end();
      }
      else {
        Serial.print("Connect error");
      }
    }
  }
  // 〇〇時X0分0秒でない場合  60行目
  else {
    // 送信済み状態をリセットする
    is_send = false;
  }
 }
}
#endif
```

サーバー側のプログラム

　温度等の情報をサーバーに送信するなら、send_env関数で送信された情報を**サーバー側で受信する処理**も作る必要があります。

　send_env関数からは、POSTメソッドで情報が送信されます。そこでサーバー側では、**POSTで送られた情報をもとにして何らかの処理（情報をデータベースに保存するなど）を行う**ようにします。

　サーバー側のプログラムのサンプルとして、「part6」→「env_sensor_php」フォルダに「env.php」というファイルがあります。このプログラムは、**送信されてきた情報をMySQLのデータベースに保存**するものです。ただし、180日以降経過したデータは、古いものから順に削除します。

　次の手順で、このサンプルを試すことができます。

❶ MySQLにデータベースを作成します。

❷ phpMyAdminなどで、「part6」→「env_sensor_php」フォルダにある「env.sql」を実行し、❶のデータベースに「env」という名前のテーブルを作ります。

❸ env.phpの先頭部分の「データベース名」「ホスト名」「ユーザー名」「パスワード」を、実際のデータベース名などに置き換えます。

❹ env.phpを、サーバー上でPHPとして動作させられるディレクトリにアップロードします。

❺ 376ページのリスト6.26の次の行を、アップロードしたPHPのアドレスに応じて書き換えます。

```
const char *url = "http://path.to/esp32/env.php";
```

3Dプリンタで電子工作をより楽しくしよう

　電子工作でいろいろなものを作ることができますが、より使いやすくするために、筐体を用意してそこにうまく収めたいところです。また、この章で紹介したラジコンカーのように、筐体がないと動作させられない場合もあります。

　市販のプラスチックケースなどを使い、穴あけなどの加工を行って、筐体として使うことも考えられます。しかし、加工には手間がかかりますし、よい道具を用意しないと綺麗に加工するのは難しいものです。また、市販のケースなどだと、欲しい大きさのものがないことも多いです。

　このように、電子工作では「筐体をどうやって作るか」という問題が付きまといます。この問題は、「3Dプリンタ」を使えば改善することができます。

　3Dプリンタは、材料として使うものなどによって、いろいろな方式の製品があります。その中でもっともポピュラーで、個人でも購入できるものとして、「熱溶解積層方式」の3Dプリンタがあります。英語では「Fused Deposition Modeling」と呼び、「FDM」と略します。

　FDMの3Dプリンタは、プラスチックを熱で溶かして、それをノズルで細い糸状にしてテーブルに噴出し、少しずつ塗り重ねて3次元の物体を作り出します。出力の精度や、出力できるものの大きさなどによって、値段はピンからキリまでありますが、ホビーユースレベルの製品であれば3万円程度で購入することができます。

　また、電子工作で作ったものに合わせて筐体を作るには、まず3次元のCADソフトなどでその筐体をモデリングし、それを3Dプリンタに出力するためのデータに変換する作業（「スライス」と呼びます）を行います。

　3次元CADソフトはいろいろありますが、Autodesk社の「Fusion 360」がよく使われています。本来は有償のソフトですが、個人が趣味のために使うのであれば無償で利用することができます。

　また、3次元CADソフトで作ったデータをスライスして、3Dプリンタ用のデータにするソフトも、いくつか存在します。3Dプリンタに付属しているものを使うこともできますし、オープンソースの「Ultimaker Cura」などのソフトを使うこともできます。

6

プログラム制作事例

あとがき

　本書を最後までお読みいただき、ありがとうございました。約400ページの長い本でしたが、いかがだったでしょうか。

　マイコンを使った電子工作は、非常に幅が広い世界です。この1冊の書籍で語れることは、広い世界の中の一角に過ぎません。本書で得た知識をベースにして、ほかの書籍を読んだり、インターネットで情報を探すなどして、よりさまざまな電子工作をお楽しみいただければ幸いです。

　なお、筆者のサイトやYouTubeチャンネルでは、電子工作の事例やモジュールの使い方など、電子工作関係の情報もご提供しています（そのほかの情報もあります）。ぜひそちらも合わせてご覧ください。

● サイト

　http://www.h-fj.com/blog/

● YouTube チャンネル

　http://www.h-fj.com/youtube/

索引

著者紹介

藤本 壱 (ふじもと・はじめ)

1969年兵庫県伊丹市生まれ。中学生の頃にBASIC言語でプログラミングを始め、機械語、C言語、PHP、JavaScriptなど、さまざまな言語でプログラミングを行ってきた。1993年からPC関係のフリーライターとなり、また2005年頃からCMSソフトのMovable Typeのプラグイン開発なども行っている。

2016年にRaspberry Piで電子工作を始め、その後Arduinoも使うようになり、現在では主にESP32で電子工作を行っている。「水槽の水温が下がりすぎたらスマホに通知する水温計」など、生活をちょっと便利にできそうなものを作って楽しんでいる。

また、2018年初めに3Dプリンタを導入し、本書内のラジコンカーの事例をはじめ、タンク型ロボットやライントレースロボットなど、電子工作で作ったものの筐体を出力するのに活用している。

ESP32 & Arduino 電子工作 プログラミング入門
（イーエスピーさんじゅうに アンド アルデュイーノ でんし こうさく プログラミング にゅうもん）

2020年 4月20日 初版 第1刷発行
2024年 5月 8日 初版 第5刷発行

著 者　　藤本 壱（ふじもと はじめ）
発行者　　片岡 巌
発行所　　株式会社技術評論社
　　　　　東京都新宿区市谷左内町21-13
　　　　　電話　03-3513-6150　販売促進部
　　　　　　　　03-3513-6185　書籍編集部

印刷／製本　日経印刷株式会社

定価はカバーに表示してあります。

ISBN978-4-297-11205-9 C3055
Printed in Japan

● **カバーデザイン　レイアウト**

TOP STUDIO